全国水利行业精品规划教材　高职高专水利水电类

"互联网+"融媒体新形态教材

中国水利教育协会策划组织

水利水电工程造价与招投标

（第3版·修订本）

主　编　尹红莲　高琴月

副主编　李金涛　刘春洁　刘淑文

　　　　王典鹤

主　审　孟祥礼　李丽琼

黄河水利出版社

·郑州·

内容提要

本书是全国水利行业精品规划教材,是根据中国水利教育协会职业技术教育分会高等职业教育教学研究会组织制定的水利水电工程造价与招投标课程教学标准及水利工程造价师职业资格标准校企合作、产教融合开发编写的教材。本书依据国家最新颁布的《水利工程设计概(估)算编制规定》《水利工程营业税改征增值税计价依据调整办法》《关于调整水利工程计价依据增值税计算标准的通知》以及《关于调整水利工程计价依据安全生产措施费计算标准的通知》编写,主要介绍了现行水利水电工程概预算编制原理、方法与步骤,以及工程招标与投标的程序、招标投标文件的内容、工程量清单计价、标底与报价的编制方法。全书共分 10 个学习项目,包括水利水电基本建设,水利水电工程造价基本知识,工程定额,基础单价,建筑与安装工程单价,设计总概算编制,施工图预算、施工预算与竣工决算,水利水电工程招标,水利水电工程投标,水利水电工程造价电算化。本书以项目教学为主导思想,结合工程案例,贯彻以学习者为中心、以教师为主导、注重学生动手操作的教学思路。

本书可作为高等职业技术学院、高等专科学校等水利水电工程智能管理、智慧水利技术、水利水电建筑工程、水利工程、水利水电工程技术、水利水电工程造价与管理等专业的教材,也可供水利类专业教师和水利水电工程行业从事施工、设计、监理、造价咨询等工作的工程技术人员参考。

图书在版编目(CIP)数据

水利水电工程造价与招投标/尹红莲,高琴月主编.—3版.—郑州:黄河水利出版社,2020.6(2024.1 修订本重印)
全国水利行业精品规划教材
ISBN 978-7-5509-2663-9

Ⅰ.①水… Ⅱ.①尹… ②高… Ⅲ.①水利水电工程-工程造价-高等职业教育-教材 ②水利水电工程-招标-高等职业教育-教材 ③水利水电工程-投标-高等职业教育-教材 Ⅳ.①TV512

中国版本图书馆 CIP 数据核字(2020)第 082054 号

组稿编辑:王路平 电话:0371-66022212 E-mail:hhslwlp@163.com

出 版 社:黄河水利出版社 网址:www.yrcp.com
地址:河南省郑州市顺河路黄委会综合楼 14 层 邮政编码:450003
发行单位:黄河水利出版社
发行部电话:0371-66020550、66028024 E-mail:hhslcbs@126.com
承印单位:河南育翼鑫印务有限公司
开本:787 mm×1 092 mm 1/16
印张:18
字数:410 千字 印数:8 001—11 000
版次:2009 年 8 月第 1 版 2020 年 6 月第 3 版 印次:2024 年 1 月第 4 次印刷
2015 年 8 月第 2 版 2024 年 1 月修订版

定价:49.00 元

第 3 版前言

本书是根据《中共中央关于认真学习宣传贯彻党的二十大精神的决定》，中共中央办公厅、国务院办公厅《关于推动现代职业教育高质量发展的意见》，依据国务院印发的《国家职业教育改革实施方案》，教育部印发的《职业院校教材管理办法》《高等学校课程思政建设指导纲要》等文件精神，在中国水利教育协会指导下，由中国水利教育协会职业技术教育分会高等职业教育教学研究会组织编写的第四轮水利水电类专业规划教材。本书结合产教融合、校企“双元”合作，以学生能力培养为主线，注重吸收水利产业升级和行业发展的新知识、新技术、新工艺、新方法、新规范，具有鲜明的时代特点，体现了实用性、实践性、创新性的特色，是理论联系实际、教学面向生产的高职高专教育精品规划教材。

本书第 1 版、第 2 版分别于 2009 年 8 月、2015 年 8 月出版，2017 年 6 月出版了营改增修订版，在此基础上于 2020 年 6 月出版了第 3 版。第 3 版教材以项目引导、任务引领编排教学内容，在每个学习项目前都编写了学习目标、学习任务、任务分析，在每个学习项目后附有小结和职业能力训练，以有助于学生职业能力的培养。该书出版以来，因其通俗易懂，全面系统，应用性知识突出，实用性强等特点，受到全国高职高专院校水利类专业师生及广大水利从业人员的喜爱。

为适应经济社会和水利建设与投资管理的需要，进一步加强造价管理和完善定额体系，合理确定和有效控制水利工程基本建设项目投资，提高投资效益，规范工程造价行为，推动水利工程建设高质量发展，维护国家和社会公共利益，近年来中华人民共和国水利部相继发布了一系列文件，2014 年发布了新的《水利工程设计概（估）算编制规定》（水总〔2014〕429 号），2016 年印发了《水利工程营业税改征增值税计价依据调整办法》（办水总〔2016〕）132 号），2019 年印发了《关于调整水利工程计价依据增值税计算标准的通知》（办财务函〔2019〕448 号）、2023 年印发了《关于调整水利工程计价依据安全生产措施费计算标准的通知》（办水总函〔2023〕38 号）、《水利工程造价管理规定》等。

为了不断提高教材质量，进一步满足教学需要，并使教材内容符合新的行业要求，编者于 2024 年 1 月，根据近年来国家及行业最新颁布的规范、标准、规定等，以及在教学实践中发现的问题和错误，在第 3 版的基础上再次对原教材内容进行了全面修订、补充和完善。本次修订除部分内容根据近 3 年新颁布的相关法律、法规、规范、标准作了局部小改动外，改动比较大的主要内容包括：

（1）在每个项目之前修订了学习目标，特别是增加了课程思政目标，并增设了动画、视频、法律、法规、规范等数字资源二维码链接，使教材全面变成了立体化教材，以适应信息技术的发展和学习者自主学习的需要。

（2）全面贯彻落实党的二十大精神和立德树人根本任务，以习近平新时代中国特色社会主义思想为指导,有机融入了党的二十大精神。

(3)在项目1水利水电基本建设程序中,根据最新的《水利工程建设程序管理暂行规定》进行了修订。

(4)在项目8中,根据现行电子招投标发展趋势,对招标案例做了全面修订。

(5)在项目9中,根据现行有关规定,对投标案例做了全面修订。

由于水利水电工程造价与招投标是一门经济性、政策性、实践性紧密结合的课程,随着改革的深入和经济的发展,国家和上级主管部门还将陆续颁布一些新的规定、定额、费用标准,同时各省、自治区、直辖市地方水利工程造价编制办法也不尽相同,因此在采用本教材讲授时,应结合国家和上级主管部门的新规定及本地区的实际情况和规定给予补充和修正。

本书编写单位及编写人员如下:山东水利职业学院尹红莲、王典鹤,河南水利与环境职业学院高琴月,吉林水利电力职业学院李金涛,潍坊振业水利建筑安装开发中心刘春洁,山西水利职业技术学院刘淑文。本书由尹红莲、高琴月担任主编,尹红莲负责全书内容规划和统稿;由李金涛、刘春洁、刘淑文、王典鹤担任副主编;由辽宁生态工程职业学院孟祥礼、日照市水务工程建设有限公司李丽琼担任主审。本书虚拟仿真教学动画由山东水利职业学院水利工程虚拟仿真软件开发团队制作录制完成,造价软件基础教学微课由四川锦瑞青山科技有限公司尹电坤制作完成。

由于本次编写时间仓促,编写人员还缺乏高等职业技术教育的经验,书中难免会出现缺点、错误及不妥之处,诚恳地希望广大师生及读者批评指正。

编　者

2024年1月

本书互联网全部资源

目 录

课程描述表

学习目标:

1. 知识目标

(1)了解水利工程造价范围。

(2)掌握工程造价的项目划分及费用组成。

(3)掌握定额的种类及使用方法。

(4)掌握基础单价的编制方法。

(5)掌握工程单价的编制方法。

(6)掌握概算、预算文件的编制依据和编制方法。

(7)掌握标底、投标报价的编制依据和编制方法。

(8)了解工程结算、决算文件的编制依据和编制方法。

(9)掌握工程造价软件的基本操作方法。

2. 能力目标

(1)能正确使用国家标准、行业标准、地方标准及相关法律法规等。

(2)能够熟练运用现行编制规定编制造价文件。

(3)能编制投标文件。

(4)能够运用造价软件编制工程造价;具备数字化造价能力。

(5)具备整体与创新思维能力。

3. 思政目标

(1)热爱社会主义和中华优秀传统文化,具有正确的社会主义核心价值观、人生观、世界观;具有良好的文化素养、职业道德、职业精神和工匠精神。

(2)遵纪守法、遵守国家相关标准和行业标准。

(3)具有耐心细致严谨、一丝不苟的工作作风和实事求是的工作态度。

(4)具有独立学习、与人合作、沟通交流的能力及团队精神、协作意识。

(5)具有诚实守信、公平公正的良好品质

学习内容:	学习方法:
(1)基本建设、基本建设程序。	(1)讨论。
(2)定额。	(2)演讲。
(3)基础单价。	(3)练习。
(4)工程单价。	(4)小组讨论。
(5)施工图预算、施工预算、概算。	(5)媒体介绍的个性工作。
(6)招标文件、招标组织、招标程序。	(6)模拟工作过程。
(7)投标文件、投标组织、投标程序。	(7)项目教学。
(8)投标技巧与策略。	(8)企业实训
(9)清单计价。	
(10)造价软件	

项目 1　水利水电基本建设

【学习目标】

了解基本建设项目的种类;熟悉基本建设、基本建设项目、基本建设程序的概念;掌握水利水电基本建设项目的划分;能针对实际工程进行项目划分,遵守客观规律,严格按基本建设程序办事,传承中华传统美德。

【学习任务】

(1)基本建设与基本建设项目的概念、种类;

(2)基本建设程序的概念、水利水电基本建设程序的内容;

(3)水利水电基本建设项目的划分。

【任务分析】

本部分内容是学习工程造价的基础,在学习造价编制之前,必须懂得基本建设和基本建设项目的内容,在此基础上学习项目的划分以及造价的编制,这样通过对知识的认知、领会,最后达到对知识的运用。

任务 1　水利水电基本建设及基本建设项目

1　基本建设

1.1　基本建设的含义

基本建设是指国民经济各部门利用国家预算拨款、自筹资金、国内外基本建设贷款以及其他专项基金进行的以扩大生产能力或增加工程效益为主要目的的新建、扩建、改建、恢复建、迁建及有关工作。它是通过对建筑产品的施工、拆迁或整修等活动形成固定资产的经济活动过程,需要消耗大量的劳动力、建筑材料、施工机械设备及资金,而且还需要多个具有独立责任的单位共同参与,需要对时间和资源进行合理有效的安排,是一个复杂的系统工程。如图 1-1 所示。

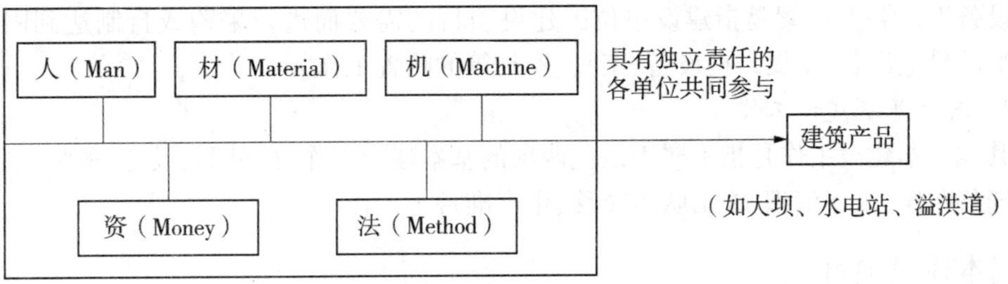

图 1-1　基本建设生产过程线

固定资产是指在其有效使用期内重复使用而不改变其实物形态的主要劳动资料,它是人们生产生活的必要物质条件。固定资产从它在生产和使用过程中所处的地位与作用的社会属性,可分为生产性固定资产和非生产性固定资产两大类。前者是指在生产过程中发挥作用的劳动资料,如工厂、矿山、油田、电站、铁路、水库、海港、码头、路桥工程等。后者是指在较长时间内直接为人民的物质文化生活服务的物质资料,如住宅、学校、医院、体育活动中心和其他生活福利设施等。

人类要生存和发展,就必须进行简单再生产和扩大再生产。前者是指在原来的规模上重复进行;后者是指扩大原来的规模,使生产能力有所提高。从理论上讲,这种生产活动包括固定资产的新建、扩建、改建、恢复建、迁建等多种形式。每一种形式又包含了固定资产形成过程中的建筑、安装、设备购置以及与此相联系的其他生产和管理活动等工作内容。

固定资产的简单再生产是通过固定资产的大修理和固定资产的更新改造等形式来实现的。大修理和更新改造是为了恢复原有性能而对固定资产的主要组成部分进行修理和更换,是对固定资产的某些部分进行修复和更新。固定资产的扩大再生产是通过新建、改建、扩建、迁建、恢复建等形式来实现的。

固定资产的此类生产活动属于基本建设。虽然固定资产的简单再生产和扩大再生产有不同的含义和形式,但在现实经济生活中它们是相互交错、紧密联系的统一体。

由此可见,基本建设是发展和扩大社会生产、增强国民经济实力的物质技术基础,是改善与提高人民群众物质生活水平和文化水平的重要手段,是实现社会扩大再生产的必要条件。基本建设就是固定资产的建设。

1.2 基本建设的工作内容

基本建设通过一系列的投资活动来实现。基本建设投资是为了进行固定资产再生产活动而预付的货币资金,是为取得预期效益而进行的一种经济行为,是反映基本建设规模和增长速度的综合性指标,其组成要素有以下三部分。

1.2.1 建筑、安装工程

建筑、安装工程是基本建设工作的重要组成部分,建筑行业通过建筑、安装活动生产出建筑产品,形成固定资产。建筑、安装工程包括建筑工程和安装工程。建筑工程包括各种建筑物、房屋、设备基础等的构造工作。安装工程包括生产、动力、起重、运输、输配电等需要安装的各种机电设备和金属结构设备的安装、试车等工作。

1.2.2 设备工(器)具购置

设备工(器)具购置是指建设单位因建设项目的需要而进行采购或自制达到固定资产标准的机电设备、金属结构设备、工具、器具等的购置工作。

1.2.3 其他基本建设工作

其他基本建设工作是指不属于以上两项的基本建设工作,如勘测、设计、科学试验、淹没及迁移赔偿、水库清理、施工队伍转移、生产准备等工作。

2 基本建设项目

基本建设项目是指在行政上有独立的组织形式,在经济上实行独立核算,可直接与其他企业或单位建立经济往来关系,按照一个总体设计进行施工的建设单位。一般以一个企业或联合企业单位、事业单位或独立工程作为一个建设项目。例如独立的工厂、矿山、水库、水电站、港口、灌区工程等。凡属于一个总体设计中的主体工程和相应的附属配套工程、综合利用工程、环境保护工程、供水工程、供电工程以及水库的干渠配套工程等,都作为一个建设项目。不得把不属于一个设计文件内的、经济上分别核算、行政分开管理的几个项目捆在一起作为一个建设项目,也不能把总体设计内的工程,按地区或施工单位划分为几个建设项目。在一个设计任务书范围内,规定分期进行建设时,仍为一个建设项目。

企业、事业单位按照规定用基本建设投资单纯购买设备、工具、器具,如车、船、勘探设备、施工机械等,虽然属于基本建设范围,但不作为基本建设项目。

3 基本建设项目种类

3.1 按建设项目性质分类

按照建设项目的建设性质,基本建设项目可分为新建项目、扩建项目、改建项目、恢复建项目和迁建项目。一个建设项目只有一种性质,在项目按总体设计全部建成之前,其建设性质是始终不变的。

3.1.1 新建项目

新建项目是指从无到有、平地起家的新开始建设项目。有的建设项目原有规模较小,扩大规模后,其新增加的固定资产价值超过原有固定资产价值的3倍以上,也可以称为新建项目。

3.1.2 扩建项目

扩建项目是指企业、事业单位为了扩大原有产品生产能力和效益,增加新产品的生产能力而新建的一些主要车间和其他固定资产等。

3.1.3 改建项目

改建项目是指原有企业、事业单位为了提高生产效率,以改进产品质量或者改变产品方向为目的,对原有设备或工程进行改造的项目。有的为了提高综合生产能力,增加一些附属或辅助车间和非生产性工程,也属于改建项目。在现行管理上,将固定资产投资分为基本建设项目和技术改造项目,从建设性质上看,后者属于基本建设中的改建项目。

3.1.4 恢复建项目

恢复建项目是指企业、事业单位因自然灾害、战争等原因,使原有固定资产全部或部分报废,需要投资重建以恢复生产能力和业务工作条件、生活福利设施等的建设项目。

3.1.5 迁建项目

迁建项目是指原有的企业、事业单位,由于改变生产布局或环境保护和安全生产以及其他特别需要,迁往外地建设的项目。

水利水电基本建设项目一般包括新建项目、续建项目、改建项目、加固和修复工程建设项目。

3.2 按用途分类

基本建设项目按用途分为生产性建设项目和非生产性建设项目。

3.2.1 生产性建设项目

生产性建设项目是直接用于物质生产或满足物质生产需要的建设项目。如工业、建筑业、农业、水利、气象、运输、邮电、商业、物资供应、地质资源等建设项目。

3.2.2 非生产性建设项目

非生产性建设项目是用于人民物质生活和文化生活需要的建设项目。如住宅、文教、卫生、科研、公用事业、机关和社会团体等建设项目。

3.3 按规模或投资大小分类

基本建设项目按规模或投资大小分为大型项目、中型项目和小型项目。国家对工业建设项目和非工业建设项目均规定有划分大、中、小型的标准。各部委对所属专业建设项目也有相应的划分标准。如水利水电建设项目就有对水库、水电站等划分为大、中、小型的标准。

3.4 按隶属关系分类

建设项目按隶属关系分为国务院各部门直属项目、地方投资国家补助项目、地方项目、企事业单位自筹建设项目。1997年10月国务院印发的《水利产业政策》把水利工程建设项目划分为中央项目和地方项目两大类。

3.5 按建设阶段分类

建设项目按建设阶段分为预备项目、筹建项目、施工项目、建成投产项目、收尾项目和竣工项目等。

3.5.1 预备项目(或探讨项目)

预备项目是按照中长期投资计划拟建而又未立项的建设项目,只作初步可行性研究或提出设想方案供参考,不进行建设的实际准备工作。

3.5.2 筹建项目(或前期工作项目)

筹建项目是经批准立项,正在进行建设前期准备工作而尚未开始的项目。

3.5.3 施工项目

施工项目是本年度计划内进行建筑或安装施工活动的项目,包括新开工项目和续建项目。

3.5.4 建成投产项目

建成投产项目是年内按设计文件建成主体工程和相应配套的辅助设施,形成生产能力或发挥工程效益,经验收合格并正式投入生产或交付使用的建设项目。包括全部投产项目、部分投产项目和建成投产单项工程。

3.5.5 收尾项目

上年度已经全部建成投产,但尚有少量不影响正常使用的辅助工程或非生产性工程,在本年度继续施工的项目。

3.5.6 竣工项目

竣工项目是本年内办理完竣工验收手续,交付投入使用的项目。

国家根据不同时期国民经济发展的目标、结构调整任务和其他需要,对以上各类建设项目制定不同的调控和管理政策、法规及办法。因此,系统了解上述建设项目各种分类对建设项目的管理具有重要的意义。

任务 2　水利水电建设项目划分

1　基本建设项目划分

一个基本建设项目往往规模大，建设周期长，影响因素复杂，尤其是大中型水利水电工程。因此，为了便于编制基本建设计划和工程造价，组织招标投标与施工，进行质量、工期和投资控制，拨付工程款项，实行经济核算和考核工程成本，须对一个基本建设项目进行系统的逐级划分，使之有利于工程造价的编审，以及基本建设的计划、统计、会计和基建拨款贷款等各方面的工作，也是为了便于同类工程之间进行比较和对不同分项工程进行技术经济分析，使编制工程造价项目时不重不漏，保证质量。基本建设项目通常按项目本身的内部组成，划分为单项工程、单位工程、分部工程和分项工程。如图 1-2 所示。

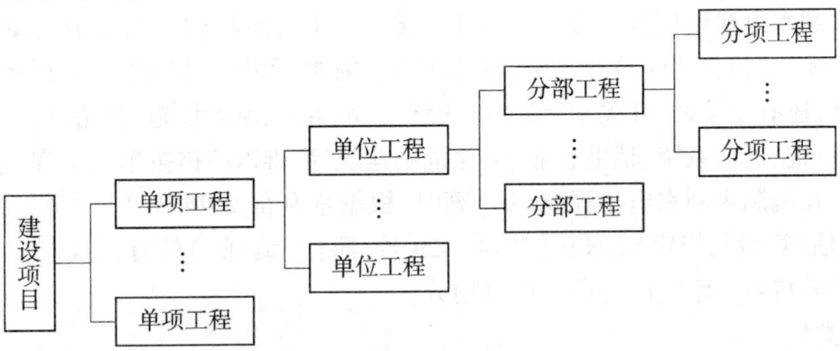

图 1-2　建设项目分解示意

1.1　单项工程

单项工程是基本建设项目的组成部分，是一个建设项目中具有独立的设计文件、竣工后能够独立发挥生产能力和使用效益的工程。如工厂内能够独立生产的车间、办公楼等，一所学校的教学楼、学生宿舍等，一个水利枢纽工程的发电站、拦河大坝等。

单项工程是具有独立存在意义的一个完整工程，也是一个极为复杂的综合体，它是由许多单位工程所组成的，如一个新建车间，不仅有厂房，还有设备安装等工程。

1.2　单位工程

单位工程是单项工程的组成部分，是指具有独立的设计文件、可以独立组织施工，但完工后不能独立发挥效益的工程。如工厂车间是一个单项工程，它又可以划分为建筑工程和设备安装工程两大类单位工程。

每一个单位工程依然是一个较大的组合体，它本身依然是由许多的结构或更小的部分组成的，所以对单位工程还需要进一步划分。

1.3　分部工程

分部工程是单位工程的组成部分，是按工程部位、设备种类和型号、使用的材料和工种的不同对单位工程所作的进一步划分。如建筑工程中的一般土建工程，按照不同的工种和不同的材料结构可划分为土石方工程、基础工程、砌筑工程、钢筋混凝土工程等分部工程。

分部工程是编制工程造价、组织施工、质量评定、包工结算与成本核算的基本单位,但在分部工程中影响材料消耗的因素仍然很多。例如,同样都是土方工程,由于土壤类别(普通土、坚硬土、砾质土)不同,挖土的深度不同,施工方法不同,则每一单位土方工程所消耗的人工、材料差别很大。因此,还必须把分部工程按照不同的施工方法、不同的材料、不同的规格等作进一步的划分。

1.4 分项工程

分项工程是分部工程的组成部分,是通过较为简单的施工过程就能生产出来,并且可以用适当计量单位计算其工程量大小的建筑或设备安装工程产品。例如,每立方米砖基础工程、一台电动机的安装等。一般来说,它的独立存在是没有意义的,它只是建筑或设备安装工程中最基本的构成要素。

2 水利水电建设工程项目划分

由于水利水电建设项目常常是由多种性质的水工建筑物构成的复杂的建筑综合体,同其他工程相比,包含的建筑种类多,涉及面广。例如,大中型水利水电工程除拦河大坝、主副厂房外,还有变电站、开关站、输变电线路、引水系统、泄洪设施、公路、桥涵、给水排水系统、供风系统、通信系统、辅助企业、文化福利建筑等,难以严格按单项工程、单位工程等确切划分。在编制水利水电工程概(估)算时,根据水利部2014年12月颁发的《水利工程设计概(估)算编制规定》(水总〔2014〕429号,简称《编规》)的有关规定,结合水利水电工程的性质特点和组成内容进行项目划分。

2.1 三大类型

水利工程按工程性质和功能划分为三大类型,分别是枢纽工程、引水工程和河道工程。其中:

枢纽工程包括水库、水电站、大型泵站、大型拦河水闸和其他大型独立的建筑物。

引水工程包括供水工程、灌溉工程(1)。

河道工程包括堤防工程、河湖整治工程和灌溉工程(2)。

灌溉工程(1)指设计流量≥5 m^3/s 的灌溉工程,灌溉工程(2)指设计流量<5 m^3/s 的灌溉工程和田间工程。

2.2 四大部分

水利工程概算项目划分为工程部分、建设征地移民补偿、环境保护工程、水土保持工程四部分。具体划分如下。

2.2.1 工程部分

工程部分划分为建筑工程、机电设备及安装工程、金属结构设备及安装工程、施工临时工程和独立费用五个部分。

2.2.1.1 第一部分 建筑工程

(1)枢纽工程。

枢纽工程指水利枢纽建筑物、大型泵站、大型拦河水闸和其他大型独立建筑物(含引水工程中的水源工程),包括挡水工程、泄洪工程、引水工程、发电厂(泵站)工程、升压变电站工程、航运工程、鱼道工程、交通工程、房屋建筑工程、供电设施工程和其他建筑工程。

其中,挡水工程等前七项为主体建筑工程。

(2)引水工程。

引水工程指供水工程、调水工程和灌溉工程(1),包括渠(管)道工程、建筑物工程、交通工程、房屋建筑工程、供电设施工程和其他建筑工程。

(3)河道工程。

河道工程指堤防修建与加固工程、河湖整治工程以及灌溉工程(2),包括河湖整治与堤防工程、灌溉及田间渠(管)道工程、建筑物工程、交通工程、房屋建筑工程、供电设施工程和其他建筑工程。

2.2.1.2 第二部分 机电设备及安装工程

(1)枢纽工程。

枢纽工程指构成枢纽工程固定资产的全部机电设备及安装工程。本部分由发电设备及安装工程、升压变电设备及安装工程和公用设备及安装工程三项组成。

(2)引水工程及河道工程。

引水工程及河道工程指构成该工程固定资产的全部机电设备及安装工程。一般由泵站设备及安装工程、水闸设备及安装工程、电站设备及安装工程、供变电设备及安装工程和公用设备及安装工程五项组成。

2.2.1.3 第三部分 金属结构设备及安装工程

金属结构设备及安装工程指构成枢纽工程、引水工程和河道工程固定资产的全部金属结构设备及安装工程。包括闸门、启闭机、拦污设备、升船机等设备及安装工程,水电站(泵站等)压力钢管制作及安装工程和其他金属结构设备及安装工程。金属结构设备及安装工程项目要与建筑工程项目相对应。

2.2.1.4 第四部分 施工临时工程

施工临时工程指为辅助主体工程施工所必须修建的生产和生活用临时性工程。包括导流工程、施工交通工程、施工场外供电工程、施工房屋建筑工程、其他施工临时工程。

2.2.1.5 第五部分 独立费用

独立费用由建设管理费、工程建设监理费、联合试运转费、生产准备费、科研勘测设计费和其他六项组成。

(1)建设管理费。

建设管理费包括项目建设单位开办费、建设单位人员费、项目管理费三项。

(2)工程建设监理费。

(3)联合试运转费。

联合试运转费主要包括联合试运转期间所消耗的燃料、动力、材料及机械使用费,工具用具购置费,施工单位参加联合试运转人员的工资。

(4)生产准备费。

生产准备费包括生产及管理单位提前进场费、生产职工培训费、管理用具购置费、备品备件购置费和工器具及生产家具购置费。

(5)科研勘测设计费。

科研勘测设计费包括工程科学研究试验费和工程勘测设计费。

(6)其他。

其他包括工程保险费、其他税费。

第一、二、三部分均为永久性工程,均构成生产运行单位的固定资产。第四部分施工临时工程的全部投资扣除回收价值后,第五部分独立费用扣除流动资产和递延资产后,均以适当的比例摊入各永久工程中,构成固定资产的一部分。

2.2.2 建设征地移民补偿

建设征地移民补偿包括农村部分、城(集)镇部分、工业企业、专业项目、防护工程、库底清理、其他费用以及预备费和有关税费。

2.2.3 环境保护工程

环境保护工程包括环境保护设施、环境监测设施、设备及安装工程、环境保护临时设施和其他费用五项。

2.2.4 水土保持工程

水土保持工程包括建筑工程、植物措施、设备及安装工程、水土保持临时设施和其他费用五项。

本书主要讲述工程部分概(估)算编制规定,建设征地移民补偿、环境保护工程、水土保持工程分别执行相应编制规定,在编制时将结果汇总到工程总概算中。

2.3 三级项目

根据水利水电工程性质,工程项目分别按枢纽工程、引水工程和河道工程划分,工程各部分下设一、二、三级项目。其中一级项目相当于单项工程,二级项目相当于单位工程,三级项目相当于分部分项工程。如图1-3所示。

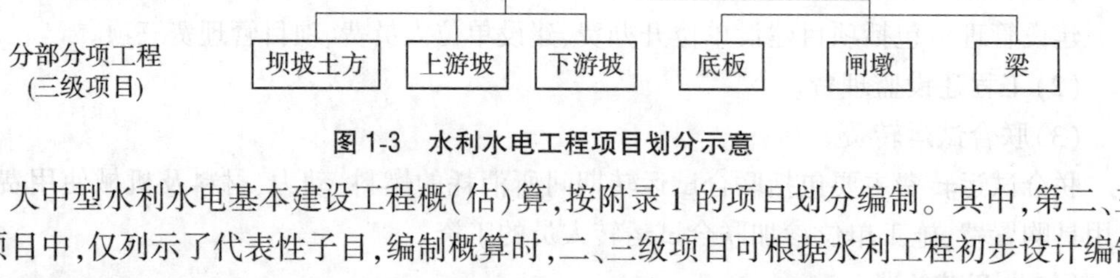

图1-3 水利水电工程项目划分示意

大中型水利水电基本建设工程概(估)算,按附录1的项目划分编制。其中,第二、三级项目中,仅列示了代表性子目,编制概算时,二、三级项目可根据水利工程初步设计编制规程的工作深度要求和工程情况增减或再划分,下列项目宜作必要的再划分。

2.3.1 土方开挖工程

土方开挖工程,应将土方开挖与砂砾石开挖分列。

2.3.2 石方开挖工程

石方开挖工程,应将明挖与暗挖,平洞与斜井、竖井分列。

2.3.3 土石方回填工程

土石方回填工程,应将土方回填与石方回填分列。

2.3.4 混凝土工程

混凝土工程,应将不同工程部位、不同强度等级、不同级配的混凝土分列。

2.3.5 模板工程

模板工程,应将不同规格形状和材质的模板分列。

2.3.6 砌石工程

砌石工程,应将干砌石、浆砌石、抛石、铅丝(钢筋)笼块石等分列。

2.3.7 钻孔工程

钻孔工程,应按使用不同钻孔机械及钻孔的不同用途分列。

2.3.8 灌浆工程

灌浆工程,应按不同灌浆种类分列。

2.3.9 机电、金属结构设备及安装工程

机电、金属结构设备及安装工程,应根据设计提供的设备清单,按分项要求逐一列出。

2.3.10 钢管制作及安装工程

钢管制作及安装工程,应将不同管径的钢管、叉管分列。

对于招标工程,应根据已批准的初步设计概算,按水利水电工程业主预算项目划分进行业主预算(执行概算)的编制。

2.4 项目划分注意事项

(1)现行的项目划分适用于估算、概算、施工图预算。对于招标文件和业主预算,要根据工程分标及合同管理的需要来调整项目划分。

(2)建筑安装工程三级项目的设置除深度应满足《编规》的规定外,还必须与采用定额相适应。

(3)对有关部门提供的工程量和预算资料,应按项目划分和费用构成正确处理。如施工临时工程,按其规模、性质,有的应在第四部分施工临时工程一至四项中单独列项,有的包括在"其他施工临时工程"中,不单独列项。

(4)注意设计单位的习惯与概算项目划分的差异。如施工导流用的闸门及启闭设备大多由金属结构设计人员提供,但应列在第四部分施工临时工程内,而不是第三部分金属结构内。

任务3 水利水电基本建设程序

1 基本建设程序

工程项目建设的各阶段、各环节、各项工作之间存在着一定的不可违反的先后顺序。基本建设程序是指基本建设项目从决策、设计、施工到竣工验收整个工作进行过程中各阶

段及其工作所必须遵循的先后次序与步骤。党的二十大报告指出:“必须坚持系统观念。万事万物是相互联系、相互依存的。只有用普遍联系的、全面系统的、发展变化的观点观察事物,才能把握事物发展规律。”而基本建设程序所反映的是在基本建设过程中各有关部门之间一环扣一环的紧密联系和工作中相互协调、相互配合的工作关系,各环节之间不能孤立开来。基本建设是一项十分复杂的工作,它涉及面广,需要内外各有关部门协作配合的环节多。要完成一项工程,需要多方面的工作,有些是前后衔接的,有些是左右配合的,更有些是相互交叉的。因而这些工作必须按照一定的程序和先后次序依次进行,才能确保基本建设工作的顺利进行,否则,违反了基本建设程序将会造成无法挽回的经济损失。例如,不做可行性研究,就轻率决策定案;没有搞清水文、地质情况就仓促开工;边勘察、边设计、边施工等,不仅浪费了投资,也降低了质量,更严重的是,建设项目迟迟不能发挥效益,即“工期马拉松,投资无底洞,质量无保证”。因此,基本建设程序是遵循客观规律、经济规律以获得最大效益的科学方法,必须严格地按基本建设程序办事。

2 水利工程基本建设程序

码 1-1 水利工程建设程序管理暂行规定

我国的基本建设程序,最初是1952年由政务院颁布实施的。70多年来,随着各项建设的不断发展,特别是近30多年来建设管理所进行的一系列改革,基本建设程序也得到了进一步完善。根据《水利工程建设程序管理暂行规定》(1998年发布,2014年、2016年、2017年、2019年修正),水利工程的基本建设程序一般分为:项目建议书、可行性研究报告、施工准备、初步设计、建设实施、生产准备、竣工验收、后评价等阶段。

鉴于水利工程建设规模大、施工工期相对较长、施工技术复杂、横向交叉面广、内外协作关系和工序多,故水利工程基本建设较其他部门的基本建设有一定的特殊性,工程失事后危害性也比较大,因此水利工程基本建设程序较其他部门更为严格,否则将会造成严重的后果和巨大的经济损失。

水利工程基本建设程序的具体工作内容如下。

2.1 项目建议书阶段

项目建议书应根据国民经济和社会发展长远规划、流域综合规划、区域综合规划、专业规划,按照国家产业政策和国家有关投资建设方针进行编制,是对拟进行建设项目的初步说明。项目建议书应按照《水利水电工程项目建议书编制暂行规定》(水利部水规计〔1996〕608号)编制。

项目建议书是在流域规划的基础上,由主管部门提出建设项目的轮廓设想,从宏观上衡量分析项目建设的必要性和可能性,分析建设条件是否具备,是否值得投入资金和人力。

项目建议书编制一般由政府委托有相应资质的设计单位承担,并按照国家现行规定权限向主管部门申报审批。项目建议书被批准后,由政府向社会公布,若有投资建设意向,则组建项目法人筹备机构,进行可行性研究工作。

2.2 可行性研究报告阶段

可行性研究是项目能否成立的基础,这个阶段的成果是可行性研究报告。其任务是对项目进行方案比较，在技术上是否可行和经济上是否合理进行科学地分析和论证。经过批准的可行性研究报告，是项目决策和进行初步设计的依据。可行性研究报告，由项目法人（或筹备机构）组织编制。

水利水电工程项目的可行性研究是在流域（河段）规划的基础上，组织各方面的专家、学者对拟建项目的建设条件进行全方位多方面的综合论证比较。例如：三峡工程就涉及许多部门和专业，甚至整个流域的生态环境、文物古迹、军事等学科。

可行性研究报告，按国家现行规定的审批权限报批。申报项目可行性研究报告，必须同时提出项目法人组建方案及运行机制、资金筹措方案、资金结构及回收资金的办法。可行性研究报告经批准后，不得随意修改和变更，在主要内容上有重要变动，应经原批准机关复审同意。项目可行性报告批准后，应正式成立项目法人，并按项目法人责任制实行项目管理。

美国在20世纪30年代开发田纳西密西西比河时，就提出要加强可行性研究的内容，为项目的正确决策起到了良好作用。通常国外所指的可行性研究，大致包括机会研究、初步可行性研究和可行性研究三个阶段。

机会研究主要是鉴别投资机会，对拟建项目的投资方向提出建议，并确定是否有必要作进一步研究，其深度较浅。

初步可行性研究是对项目的进一步研究，以便有较可靠的依据，以确定是否有必要新建，是否要进行专题补充研究。

可行性研究亦称为最终可行性研究，通过进一步调查研究，对拟建项目的投资额、工程效益、环境评价、移民拆迁等提出分析和建议，为投资或项目兴建决策提供可靠的技术经济依据。

2.3 施工准备阶段

水利工程建设项目可行性研究报告、环境影响评价文件等已经批准，年度水利投资计划已下达或建设资金已落实，项目法人即可开展施工准备、开工建设。

施工准备工作的主要内容包括：

（1）施工现场的征地、拆迁；

（2）完成施工用水、电、通信、路和场地平整等工程；

（3）必须的生产、生活临时建筑工程；

（4）实施经批准的应急工程、试验工程等专项工程；

（5）组织招标设计、咨询、设备和物资采购等服务；

（6）组织相关监理招标，组织主体工程招标准备工作。

工程建设项目施工，除某些不适应招标的特殊工程项目外（须经水行政主管部门批准），均须实行招标投标。水利工程建设项目的招标投标，按有关法律、行政法规和《水利工程建设项目招标投标管理规定》等规章规定执行。

2.4 初步设计阶段

初步设计是根据批准的可行性研究报告和必要且准确的设计资料，对设计对象进行通盘研究，阐明拟建工程在技术上的可行性和经济上的合理性，规定项目的各项基本技术参数，编制项目的总概算。初步设计任务应择优选择有相应资质的设计单位承担，依照有关初步设计编制规定进行编制。

初步设计文件报批前,一般须由项目法人对初步设计中的重大问题组织论证。设计单位根据论证意见,对初步设计文件进行补充、修改、优化。初步设计由项目法人组织审查后,按国家现行规定权限向主管部门申报审批。

设计单位必须严格保证设计质量,承担初步设计的合同责任。初步设计文件经批准后,主要内容不得随意修改、变更,并作为项目建设实施的技术文件基础。如有重要修改、变更,须经原审批机关复审同意。

2.5 建设实施阶段

建设实施阶段是指主体工程的建设实施。项目法人按照批准的建设文件,组织工程建设,保证项目建设目标的实现。

项目法人或其代理机构,必须按审批权限,向主管部门提出主体工程开工申请报告,经批准后,主体工程方可正式开工。项目法人或者建设单位应当自工程开工之日起15个工作日内,将开工情况的书面报告报项目主管单位和上一级主管单位备案。

主体工程开工须具备以下条件:

(1)前期工程各阶段文件已按规定批准,施工详图设计可以满足初期主体工程施工需要。

(2)建设项目已列入国家或地方水利水电工程建设投资年度计划,年度建设资金已落实。

(3)主体工程招标已经决标,工程承包合同已经签订,并得到主管部门的同意。

(4)现场施工准备和征地移民等建设外部条件能够满足主体工程开工需要。

(5)建设管理模式已经确定,投资主体与项目主体的管理关系已经理顺。

(6)项目建设所需全部投资来源已经明确,且投资结构合理。

(7)项目产品的销售,已有用户承诺,并确定了定价原则。

项目法人要充分发挥建设管理的主导作用,为施工创造良好的建设条件。项目法人要充分授权工程监理,使之能独立负责项目的建设工期、质量、投资的控制和现场施工的组织协调,监理单位选择必须符合《水利工程建设监理规定》(水利部水建〔1996〕396号)的要求。要按照"政府监督、项目法人负责、社会监理、企业保证"的要求,建立健全质量管理体系,重要的建设项目,须设立质量监督项目站,行使政府对项目建设的监督职能。

施工是把设计变为具有使用价值的建设实体,必须严格按照设计图纸进行,如有修改变动,要征得设计单位同意。施工单位要严格履行合同,要与建设单位、设计单位和监理单位工程师密切配合。在施工过程中,各个环节要相互协调,加强科学管理,确保工程质量,全面按期完成施工任务。要按设计和施工验收规范验收,对于地下工程,特别是基础和结构的关键部位,一定要在验收合格后,才能进行下一道工序施工,并做好原始记录。

2.6 生产准备阶段

生产准备是项目投产前所要进行的一项重要工作,是建设阶段转入生产经营的必要条件。项目法人应按照建管结合和项目法人责任制的要求,适时做好有关生产准备工作,生产准备工作应根据不同类型的工程要求确定，一般应包括如下内容：

(1)生产组织准备。建立生产经营的管理机构及其相应管理制度。

(2)招收和培训人员。按照生产运营的要求，配备生产管理人员，并通过多种形式的培训，提高人员素质，使之能满足运营要求。生产管理人员要尽早介入工程的施工建设，参加设备的安装调试，熟悉情况，掌握好生产技术和工艺流程，为顺利衔接基本建设和生产经营阶段做好准备。

(3)生产技术准备。主要包括技术资料的汇总、运行技术方案的制订、岗位操作规程的制订和新技术准备。

(4)生产物资准备。主要是落实投产运营所需要的原材料、协作产品、工器具、备品备件和其他协作配合条件的准备。

(5)正常的生活福利设施准备。

2.7 竣工验收

竣工验收是工程完成建设目标的标志，是全面考核基本建设成果、检验设计和工程质量的重要步骤。竣工验收合格的项目即从基本建设转入生产或使用。

当建设项目的建设内容全部完成，经过单位工程验收，符合设计要求，并按水利基本建设项目档案管理的有关规定，完成了档案资料的整理工作；在完成竣工报告、竣工决算等必需文件的编制后，项目法人按照《水利工程建设项目管理规定(试行)》(水建〔1995〕128号)规定，向验收主管部门提出申请，根据国家和部颁验收规程，组织验收。

竣工决算编制完成后，须由审计机关组织竣工审计，其审计报告作为竣工验收的基本资料。

对工程规模较大、技术较复杂的建设项目可先进行初步验收。不合格的工程不予验收；有遗留问题必须有具体处理意见，且有限期处理的明确要求并落实负责人。

水利水电工程按照设计文件所规定的内容建成以后，在办理竣工验收以前，必须进行试运行。例如，对灌溉渠道来说，要进行放水试验；对水电站、抽水站来说，要进行试运转和试生产，检查考核其是否达到设计标准和施工验收的质量要求。如工程质量不合格，应返工或加固。

竣工验收的目的是全面考核建设成果，检查设计和施工质量，及时解决影响投产的问题；办理移交手续，交付使用。

竣工验收程序一般分为两个阶段，即单项工程验收和整个工程项目的全部验收。对于大型工程，因建设时间长或建设过程中逐步投产，应分批组织验收。验收之前，项目法人要组织设计、施工等单位进行初验并向主管部门提交验收申请，根据国家和部验收规程组织验收。

项目法人要系统整理技术资料，绘制竣工图，分类立卷，在验收后作为档案资料交生产单位保存。项目法人要认真清理所有财产和物资，编好工程竣工决算，报上级主管部门审批。竣工决算编制完成后，须由审计机关组织竣工审计，审计报告作为竣工验收的基本资料。

水利水电工程把上述验收程序分为阶段验收和竣工验收，凡能独立发挥作用的单项工程均应进行阶段验收，如截流、下闸蓄水、机组启动、通水等。

2.8 后评价

后评价是工程交付生产运行后一段时间内(一般经过1~2年),对项目的立项决策、设计、施工、竣工验收、生产运营等全过程进行系统评估的一种技术活动,是基本建设程序的最后一环。通过后评价达到肯定成绩、总结经验、研究问题、提高项目决策水平和投资效果的目的。通常包括影响评价、经济效益评价和过程评价。

2.8.1 影响评价

影响评价是项目投产后对各方面的影响所进行的评价。

2.8.2 经济效益评价

经济效益评价是对项目投资、国民经济效益、财务效益、技术进步和规模效益、可行性研究深度等方面进行的评价。

2.8.3 过程评价

过程评价是对项目立项、设计、施工、建设管理、竣工投产、生产运营等全过程进行的评价。

项目后评价工作一般按三个层次组织实施,即项目法人的自我评价、项目行业的评价、计划部门(或主要投资方)的评价。

建设项目后评价工作必须遵循客观、公正、科学的原则,做到分析合理、评价公正。通过建设项目的后评价以达到肯定成绩、总结经验、研究问题、吸取教训、提出建议、改进工作,不断提高项目决策水平和投资效果的目的。

以上所述基本建设程序的8项内容,既是我国对水利工程建设程序的基本要求,也基本反映了水利工程建设工作的全过程。

同我国基本建设相比,国外通常也把工程建设的全过程分为3个时期,即投资前期、投资时期和投资回收时期。内容主要包括:投资机会研究、初步可行性研究、可行性研究、项目评估、基础设计、原则设计、详细设计、招标发包、施工、竣工投产、生产阶段、工程后评估及项目终止等步骤。国外也非常重视前期工作,其建设程序与我国现行程序大同小异。

不同的国家,在具体的项目划分上有所不同。美国把设计工作划分成一些更为详细的工作阶段。例如,编制工艺流程图、总布置图、系统技术说明、工艺和仪表系统图、项目准则、设备清单、设备技术规定、施工图及施工技术规定等。这些工作或相继进行,或交错进行,其工作成果则陆续完成,陆续送审,这样便于及时听取雇主意见,并取得雇主的认可。

另外,在基本建设领域内,以货币形式表示的投入就是基本建设投资,其产出产品就是构成固定资产的建筑产品。基本建设要投入大量的资金,因此要有计划地进行安排。对于一个具体基本建设项目有总投资额和分年度投资额。正确地估计建设项目投资和拟订投资计划不仅对确保项目本身顺利建成,而且对整个国家和部门的基本建设投资规模的有效控制都具有重大意义;正确估算项目的投资不仅为项目建设过程中的费用控制提供了依据,为建设拨款或贷款提供了依据,而且既可避免因计划资金缺口而停工待料、拖延工期,又可防止敞口花钱等浪费现象,从而保证项目建设获得良好的经济效益。

预测估算建设项目的投资是本书研究的中心问题,估算和控制项目投资随项目的规划深度不同分阶段进行。可行性研究要编制投资估算,为国家选定近期开发项目和进一步进行初步设计提供决策依据。初步设计和技术设计分别编制总概算和修正总概算,它是确定和控制投资,编制基本建设计划、编制工程招标标底和执行概算、实行项目投资包干、考核工程造价和工程经济合理性的依据。

小 结

基本建设是形成固定资产的生产活动。固定资产是指在其有效使用期内重复使用而不改变其实物形态的主要劳动资料,它是人们生产生活的必要物质条件。基本建设的工作内容为建筑及安装工程、设备工(器)具购置、其他基本建设工作。基本建设项目是指在行政上有独立的组织形式,在经济上实行独立核算,可直接与其他企业或单位建立经济往来关系,按照一个总体设计进行施工的建设单位。其种类多,可根据不同类别划分。

基本建设项目划分是为了便于编制基本建设计划和工程造价而对建设项目进行系统的逐级划分。通常划分为单项工程、单位工程、分部工程和分项工程。对于水利水电建设项目,将其划分为枢纽工程、引水工程和河道工程三大类型,这三大类型又可以分为建筑工程、机电设备及安装工程、金属结构设备及安装工程、施工临时工程和独立费用五大部分。工程各部分下设一、二、三级项目。其中一级项目相当于单项工程,二级项目相当于单位工程,三级项目相当于分部分项工程。

基本建设程序反映的是在基本建设过程中各有关部门之间一环扣一环的紧密联系和工作中相互协调、相互配合的工作关系。水利工程基本建设程序一般分为:项目建议书、可行性研究报告、施工准备、初步设计、建设实施、生产准备、竣工验收、后评价等阶段。根据资源条件和国民经济长远发展规划,进行流域或河段规划,提出项目建议书;进行可行性研究和项目评估,编制可行性研究报告;可行性研究报告批准后,进行施工准备;初步设计经过审批,项目列入国家基本建设年度计划;开工报告批准后正式施工;建成后进行验收投产;生产运行一定时间后,对建设项目进行后评价。

职业能力训练1

一、单项选择题

1. 在国家有关部门规定的基本建设程序中,各个步骤(　　)。

A. 次序可以颠倒,但不能进行交叉

B. 次序不能颠倒,但可以进行合理交叉

C. 次序不能颠倒,也不能进行交叉

D. 次序可以颠倒,同时也可以进行合理交叉

2. 根据现行部颁规定,水利工程项目一般划分为三级项目,其中二级项目相当于(　　)。

A. 单项工程　　B. 单位工程

C. 分部工程　　D. 分项工程

3. 下列不属于后评价内容的是(　　)。

A. 影响评价　　B. 财务评价

C. 经济效益评价　　D. 过程评价

4. 水利水电工程按工程性质划分可划分为三大类,下列(　　)不是。

A. 枢纽工程　　B. 河道工程

C. 田间工程　　D. 引水工程

5. 下列属于引水工程的有(　　)。

A. 泵站、水闸、渡槽　　B. 水库工程

C. 水电站工程　　D. 其他大型独立建筑物工程

二、多项选择题

1. 建设项目按照建设性质划分为(　　)。

A. 新建项目　　B. 生产性建设项目

C. 扩建、改建、恢复、迁建项目　　D. 非生产性建设项目

E. 公益性项目

2. 按照项目规模分类,基本建设项目可划分为(　　)。

A. 大型　　B. 限额以上　　C. 小型

D. 限额以下　　E. 中型

3. 下列属于新建项目的是(　　)。

A. 因自然灾害等原因,原有固定资产部分报废后按原有规模建设的项目

B. 原来没有,现在开始建设的项目

C. 由于生产布局需要,迁往外地新建设的项目

D. 经扩大建设规模,新增加固定资产价值是原有固定资产价值的2倍

E. 经扩大建设规模,新增加固定资产价值是原有固定资产价值的5倍

4. 按现行水利工程项目划分,下列(　　)属于枢纽工程。

A. 堤防工程　　B. 水库工程　　C. 水电站工程

D. 灌溉工程　　E. 供水工程

5. 生产准备阶段一般包括的主要内容是(　　)。

A. 生产组织准备　　B. 招收和培训人员

C. 生产技术准备　　D. 生产物资准备

E. 正常的生活福利设施准备

三、判断题

1. 基本建设不仅包括固定资产的外延扩大再生产,也包括固定资产的内涵扩大再生产。(　　)

2. 恢复修理、更新改造不属于基本建设范畴。(　　)

3. 一般基本建设工程把一个建设项目从大到小依次划分为单位工程、单项工程、分部工程、分项工程。(   )

4. 单位工程是指不能独立发挥生产能力,但能独立组织施工的工程,一般按建筑物建筑及安装来划分。(   )

5. 基本建设程序是指基本建设项目从设计、施工到竣工验收各阶段必须遵循的先后次序和步骤。(   )

四、名词解释

基本建设项目;单项工程;单位工程;分部工程;分项工程。

项目2 水利水电工程造价基本知识

【学习目标】

了解建筑产品的特点和价格特点、水利水电工程概预算编制程序及编制方法;熟悉水利水电工程造价的概念及具体的分类;理解水利水电工程造价与基本建设程序之间的关系;掌握现行水利工程费用构成以及概预算文件的组成内容等。遵守国家法律、法规、规范、标准。

【学习任务】

(1)水利水电建筑产品的特点和价格特点;

(2)水利水电工程造价的概念、分类、费用构成;

(3)水利水电工程概预算编制程序及方法;

(4)水利水电工程概预算文件组成。

【任务分析】

本部分内容是学习工程造价的基础,在学习造价编制之前,必须了解建筑产品的价格特点,工程造价的费用构成、编制方法,造价文件的内容和格式,这样才能正确编制工程造价。

任务1 水利水电建筑产品的特点和价格特点

1 水利水电建筑产品的特点

与一般工业产品相比,水利水电建筑产品具有以下特点:

(1)不同建筑产品的建设施工地点不固定性。建筑产品都是在选定的地点上建造的,如水利工程一般都是建筑在河流上或河流旁边,它不能像一般工业产品那样在工厂里重复地批量进行生产,工业产品的生产条件一般不受时间及气象条件限制。由于水利水电建筑产品的施工地点不同,使得对于用途、功能、规模、标准等基本相同的建筑产品,因其建设地点的地质、气象、水文条件等不同,其造型、材料选用、施工方案等都有很大的差异,从而影响着产品的造价。此外,不同地区人员的工资标准以及某些费用标准,例如材料运输费,冬、雨季施工增加费等,都会由于建设地点的不同而不同,使建筑产品的造价有很大的差异。水利水电建筑产品一般都是建筑在河流上或河流旁边,受水文、地质、气象因素的影响大,形成价格的因素比较复杂。

(2)建筑产品的单件性。水利水电工程一般都随所在河流的特点而变化,每项工程都要根据工程的具体情况进行单独设计,在设计内容、规模、造型、结构和材料等各方面都互不相同。同时,因为工程的性质(新建、改建、扩建或恢复建等)不同,其设计要求不一样。即使工程的性质或设计标准相同,也会因建设地点的地质、水文条件不同,其设计也不尽相同。

(3)建筑产品生产的露天性。水利水电建筑产品的生产一般都是在露天进行的,季节的更替,气候、自然环境条件的变化,会引起产品设计的某些内容和施工方法的变化,也会造成防寒防雨或降温等费用的变化,水利水电工程还涉及施工期工程防汛。这些因素都会使建筑产品的造价发生相应的变动,使得各建筑产品的造价不相同。

此外,由于建筑产品规模大,大于任何工业产品,由此决定了它的生产周期长,程序多,涉及面广,社会协作关系复杂,这些特点也决定了建筑产品价值构成不可能一样。

水利水电建筑产品的上述特点,决定了它不可能像一般工业产品那样,可以采用统一价格,而必须通过特殊的计划程序,逐个编制概预算来确定其价格。

2　水利水电建筑产品的价格特点

2.1　水利水电建筑产品的属性

商品是用来交换的、能满足他人需要的产品。它具有价值和使用价值两种属性。水利水电建筑产品也是商品,水利水电建筑企业进行的是商品生产。

(1)水利水电建筑企业生产的建筑产品是为了满足建设单位或使用单位的需要。由于建筑产品建设地点的不固定性、建筑产品的单件性和生产的露天性,建筑企业(承包者)必须按使用者(发包者)的要求(设计)进行施工,建成后再移交给使用者。这实际上是一种"加工定做"的方式,先有买主,再进行生产和交换。因此,水利水电建筑产品是一种特殊的商品,它有着特殊的交换关系。

(2)建筑产品也有使用价值和价值。建筑产品的使用价值表现在它能满足用户的需要,这是由它的自然属性决定的。在市场经济条件下,建筑产品的使用价值是它的价值的物质承担者。建筑产品的价值是指它凝结的物化劳动和活劳动。

2.2　建筑产品的价格特点

建筑产品作为商品,其价格与所有商品一样,是价值的货币表现,是由成本、税金和利润组成的。但是,建筑产品又是特殊的商品,其价格有自身的特点,其定价要解决两方面的问题:一是如何正确反映成本;二是盈利如何反映到价格中去。

承包商的基本活动,是组织并建造建筑产品,其投资及施工过程,也就是资金的消费过程。因此,建造工程过程中耗费的物化劳动(表现为耗费的劳动对象和劳动工具的价值)和活劳动(表现为以工资的形式支付给劳动者的报酬)就构成了工程的价值。在工程价值物化劳动消耗及活劳动消耗中的物化劳动部分就是建筑产品的必要消耗,用货币形式表示,就构成建筑产品的成本。所以,工程成本按其经济实质来说,就是用货币形式反映的已消耗的生产资料价值和劳动者为自己所创造的价值。

事实上,在实际工作中,工程成本或许还包括一些非生产性消耗,即包括由于企业经营管理不善所造成的支出、企业支付的流动资金贷款利息和职工福利基金等。

由此可见,实际工作中的工程成本,就是承包商在投资及工程建设的过程中,完成一定数量的建筑工程和设备安装工程所发生的全部费用。需要指出的是,成本是部门的社会平均成本,而不是个别成本,应准确地反映生产过程中物化劳动和活劳动消耗,不能把由于管理不善而造成的损失都计入成本。

关于盈利问题有多种计算类型:一是按预算成本乘以规定的利润率计算;二是按法定利润和全部资金比例关系确定;三是按利润与劳动者工资之间的比例关系确定;四是利润一部分以生产资金为基础,另一部分以工资为基础,按比例计算。

建筑产品的价格主要有以下两个方面的特点。一是,建筑产品的价格不能像工业产品那样有统一的价格,一般都需要通过逐个编制概预算进行估价。建筑产品的价格是一次性的,同时具有地区差异性。二是,建筑产品坐落的地区不同,特别是水利水电工程所在的河流和河段不同,其建造的复杂程度也不同,这样所需的人工、材料和机械的价格就不同,最终决定建筑产品的价格具有多样性。

从形式上看,建筑产品价格是不分段的整体价格,在产品之间没有可比性。实际上它是由许多共性的分项价格组成的个性价格。建筑产品的价格竞争也正是以共性的分项价格为基础进行的。

任务2　水利水电工程造价的概念及分类

1　工程造价的概念

工程造价是基本建设项目建设造价的简称,包括两层含义,即建设项目的建设成本和工程承发包价格。二者既有区别,又相互联系。《水利工程造价管理规定》将水利工程造价定义为:水利工程建设项目从项目建议书到竣工验收阶段发生的全部建设费用。显然此定义为第一层含义。

码2-1　水利工程造价管理规定及其解读

1.1　二者之间的区别

(1)建设成本的边界涵盖建设项目的全部费用,工程价格的范围却只包括建设项目的局部费用,如承发包工程的费用。在总体数额及内容组成上,建设成本总是大于工程承发包价格的。这种区别即使对“交钥匙”工程也是存在的,比如业主本身对项目的管理费、咨询费、建设项目的贷款利息等是不可能纳入工程承发包范围的。

(2)建设成本是对应于业主而言的。在确保建设要求、质量的基础上,为谋求以较低的投入获得较高的产出,建设成本总是越低越好。工程价格如工程承包价格是对应于发包方、承包方双方而言的。工程承发包价格形成于发包方与承包方的承发包关系中,亦即合同下的买卖关系中。双方的利益是矛盾的。在具体工程上,双方都在通过市场谋求有利于自身的承发包价格,并保证价格的兑现和风险的补偿,因此双方都需要对具体工程项目进行管理。这种管理显然属于价格管理范畴。

(3)建设成本中不含业主的利润和税金,它形成了投资者的固定资产,工程价格中含有承包方的利润与税金。

1.2　二者之间的联系

(1)工程价格以“价格”形式进入建设成本,是建设成本的重要组成部分。

(2)实际的建设成本(决算)反映实际的工程承发包价格(结算),预测的建设成本则要反映市场正常行情下的工程价格。也就是说,在预测建设成本时,要反映建筑市场的正常情况,反映社会必要劳动时间,亦即通常所说的标准价、指导价。

(3)建设项目中承发包工程的建设成本等于承发包价格。目前承发包一般限于建筑安装工程,在这种情况下,建筑或安装工程的建设成本也就等于建筑或安装工程承发包价格。

(4)建设成本的管理要服从工程价格的市场管理,工程价格的市场管理要适当估计建设成本的承受能力。

无论工程造价的哪种含义,它强调的都只是工程建设所消耗资金的数量标准。

2 水利工程的费用构成

建设项目费用是指工程项目从筹建到竣工验收、交付使用所需要的费用总和。根据现行水利部 2014 年 12 月颁发的《水利工程设计概(估)算编制规定》(水总〔2014〕429 号)和水利部办公厅印发的《水利工程营业税改征增值税计价依据调整办法》(办水总〔2016〕132 号)规定,水利工程工程部分费用由工程费、独立费用、预备费、建设期融资利息组成,其中工程费包括建筑及安装工程费、设备费。

码 2-2 水利工程设计概估算编制规定

码 2-3 水利工程营业税改征增值税计价依据调整办法

2.1 建筑及安装工程费

建筑及安装工程费由直接费、间接费、利润、材料补差及税金组成。

2.1.1 直接费

直接费指建筑及安装工程施工过程中直接消耗在工程项目上的活劳动和物化劳动。由基本直接费、其他直接费组成。

2.1.1.1 基本直接费

基本直接费指施工过程中耗费的构成工程实体和有助于工程形成的各项费用,包括人工费、材料费和施工机械使用费。

(1)人工费。指直接从事建筑安装工程施工的生产工人开支的各项费用,包括基本工资、辅助工资等。

(2)材料费。指用于建筑安装工程的消耗性材料、装置性材料和周转性材料摊销费,包括定额工作内容规定应计入的未计价材料和计价材料。材料预算价格一般包括材料原价、运杂费、运输保险费和采购及保管费四项。

(3)施工机械使用费。指消耗在建筑安装工程项目上的机械磨损、维修安装、拆除和动力燃料费用及其他有关费用等,包括折旧费、修理及替换设备费、安装拆卸费、机上人工费和动力燃料费等。

2.1.1.2 其他直接费

其他直接费是指基本直接费以外在施工过程中直接发生的其他费用,包括冬、雨季施工增加费,夜间施工增加费,特殊地区施工增加费,临时设施费,安全生产措施费及其他。

(1)冬雨季施工增加费。指在冬、雨季施工期间为保证工程质量和安全生产所需增加的费用。包括增加施工工序,增设防雨、保温、排水等设施消耗的动力、燃料、材料以及因人工、机械效率降低而增加的费用。

(2)夜间施工增加费。指施工场地和公用施工道路的照明费用。照明线路工程费用包括在“临时设施费”中;施工附属企业系统、加工厂、车间的照明费用,列入相应的产品中,均不包括在本项费用之内。

(3)特殊地区施工增加费。指在高海拔、原始森林、沙漠等特殊地区施工而增加的费用。

(4)临时设施费。指施工企业为进行建筑安装工程施工所必需的但又未被划入施工临时工程的临时建筑物、构筑物和各种临时设施的建设、维修、拆除、摊销等费用。如供风、供水(支线)、供电(场内)、照明、供热系统及通信支线,土石料场,简易砂石料加工系统,小型混凝土拌和浇筑系统,木工、钢筋、机修等辅助加工厂,混凝土预制构件厂,施工排水,场地平整、道路养护及其他小型临时设施。

(5)安全生产措施费。指为保证施工现场安全作业环境及安全施工、文明施工所需,在工程设计已考虑的安全支护措施之外发生的安全生产、文明施工相关费用。

(6)其他。包括施工工具用具使用费,检验试验费,工程定位复测及施工控制网测设费,工程点交、场地清理费,工程项目及设备仪表移交生产前的维护费,工程验收检测费等。

2.1.2 间接费

间接费指施工企业为建筑安装工程施工而进行组织与经营管理所发生的各项费用。间接费构成产品成本,由规费和企业管理费组成。

2.1.2.1 规费

规费是指政府和有关部门规定必须缴纳的费用,包括社会保险费和住房公积金。

(1)社会保险费。

①养老保险费。指企业按照规定标准为职工缴纳的基本养老保险费。

②失业保险费。指企业按照规定标准为职工缴纳的失业保险费。

③医疗保险费。指企业按照规定标准为职工缴纳的基本医疗保险费。

④工伤保险费。指企业按照规定标准为职工缴纳的工伤保险费。

⑤生育保险费。指企业按照规定标准为职工缴纳的生育保险费。

(2)住房公积金。

住房公积金是指企业按照规定标准为职工缴纳的住房公积金。

2.1.2.2 企业管理费

企业管理费是指施工企业为组织施工生产经营活动所发生的管理费用。内容包括:

(1)管理人员的工资。指管理人员的基本工资、辅助工资。

(2)差旅交通费。指企业职工因公出差、工作调动的差旅费、误餐补助费、职工探亲路费,劳动力招募费,职工离退休、退职一次性路费,工伤人员就医路费,工地转移费,交通工具运行费及牌照费等。

(3)办公费。指企业办公用具、纸张、账表、印刷、邮电、书报、会议、水电、烧煤(气)等费用。

(4)固定资产使用费。指企业属于固定资产的房屋、设备、仪器等折旧、大修理、维修费或租赁费等。

(5)工具用具使用费。指企业管理使用的不属于固定资产的工具、用具、家具、交通工具和检验、试验、消防用具等的维修和摊销费等。

(6)职工福利费。是指企业按照国家规定支出的职工福利费，以及由企业支付离退休职工的易地安家补助费、职工退职金、六个月以上的病假人员工资、按规定支付给离休干部的各项经费，职工发生工伤时企业依法在工伤保险基金之外支付的费用，其他在社会保险基金之外依法由企业支付给职工的费用。

(7)劳动保护费。指企业按照国家有关部门规定标准发放给职工的劳动保护用品的购置费、修理费、保健费、防暑降温费、高空作业及进洞津贴、技术安全措施费以及洗澡用水、饮用水的燃料费等。

(8)工会经费。指企业按职工工资总额计提的工会经费。

(9)职工教育经费。指企业为职工学习先进技术和提高文化水平按职工工资总额计提的费用。

(10)保险费。指企业财产保险、管理用车辆等的保险费用，高空、井下、洞内、水下、水上作业等特殊工种安全保险费，危险作业意外伤害保险费等。

(11)财务费用。指企业为筹集资金而发生的各项费用，包括企业经营期间发生的短期融资利息净支出、汇兑净损失、金融机构手续费、企业筹集资金发生的其他财务费用，以及投标和承包工程发生的保函手续费等。

(12)税金。指企业按规定缴纳的房产税、管理用车辆使用税、印花税、城市维护建设税、教育费附加和地方教育附加等。

(13)其他。包括技术转让费、企业定额测定费、施工企业进退场费、施工企业承担的部分施工辅助工程设计费、投标报价费、工程图纸资料费及工程摄影费、技术开发费、业务招待费、绿化费、公证费、法律顾问费、审计费、咨询费等。

2.1.3　利润

利润指按规定应计入建筑安装工程费用中的利润。

2.1.4　材料补差

材料补差指根据主要材料消耗量、主要材料预算价格与材料基价之间的差值，计算的主要材料补差金额。材料基价是指计入基本直接费的主要材料的限制价格。

2.1.5　税金

税金指国家对施工企业承担建筑、安装工程作业收入所征收的增值税销项税额。

2.2　设备费

设备费包括设备原价、运杂费、运输保险费和采购保管费。

2.3　独立费用

独立费用指在生产准备和施工过程中与工程建设直接有关联而又难于直接摊入某个工程的费用。独立费用由建设管理费、工程建设监理费、联合试运转费、生产准备费、科研勘测设计费和其他六项组成。

2.3.1　建设管理费

建设管理费指建设单位在工程项目筹建和建设期间进行管理工作所需的费用，包括建设单位开办费、建设单位人员费、项目管理费三项。

2.3.1.1　建设单位开办费

建设单位开办费指新组建的工程建设单位，为开展工作所必须购置的办公及生活设施、交通工具等,以及其他用于开办工作的费用。

2.3.1.2 建设单位人员费

建设单位人员费指建设单位从批准之日起至完成该工程建设管理任务之日止,需开支的建设单位人员费用。主要包括工作人员的基本工资、辅助工资、职工福利费、劳动保护费、教育经费、养老保险费、失业保险费、医疗保险费、工伤保险费、生育保险费、住房公积金。

2.3.1.3 项目管理费

项目管理费指建设单位从筹建到竣工期间所发生的各种管理费用。包括该工程建设过程中用于资金筹措、召开董事(股东)会议、视察工程建设所发生的会议和差旅等费用,工程宣传费,土地使用税、房产税、印花税、合同公证费,审计费,施工期所需的水情、水文、泥沙、气象监测费和报讯费,工程验收费,建设单位人员的教育经费、办公费、差旅交通费、会议费、交通车辆使用费、技术图书资料费、固定资产折旧费、零星固定资产购置费、低值易耗品摊销费、工具用具使用费、修理费、水电费、采暖费,招标业务费,经济技术咨询费,公安、消防部门派驻工地补贴费以及其他属于工程管理的费用。

2.3.2 工程建设监理费

工程建设监理费指建设单位在工程建设工程中委托监理单位,对工程的质量、进度、安全和投资进行监理所发生的全部费用。

2.3.3 联合试运转费

联合试运转费指水利工程的发电机组、水泵等安装完毕,在竣工验收前,进行整套设备带负荷联合试运转期间所需的各项费用。主要包括联合试运转期间所消耗燃料、动力、材料及机械使用费,工具用具购置费,施工单位参加联合试运转人员的工资等。

2.3.4 生产准备费

生产准备费指水利建设项目的生产、管理单位为准备正常的生产运行或管理发生的费用。包括生产及管理单位提前进场费、生产职工培训费、管理用具购置费、备品备件购置费和工器具及生产家具购置费。

2.3.4.1 生产及管理单位提前进场费

生产及管理单位提前进场费指在工程完工之前,生产、管理单位有一部分工人、技术人员和管理人员提前进场进行生产筹备工作所需的各项费用。包括提前进场人员的基本工资、辅助工资、职工福利费、劳动保护费、养老保险费、失业保险费、医疗保险费、工伤保险费、生育保险费、住房公积金、教育经费、办公费、差旅交通费、会议费、技术图书资料费、零星固定资产购置费、修理费、低值易耗品摊销费、工具用具使用费、水电费、取暖费等,以及其他属于筹建任务应开支的费用。

2.3.4.2 生产职工培训费

生产职工培训费指工程在竣工验收之前,生产及管理单位为保证生产、管理工作能顺利进行,需对工人、技术人员与管理人员进行培训所发生的费用。

2.3.4.3 管理用具购置费

管理用具购置费指为保证新建项目的正常生产和管理所必须购置的办公和生活用具等费用。包括办公室、会议室、资料档案室、阅览室、文娱室、医务室等公用设施需要配置的家具器具费用。

2.3.4.4 备品备件购置费

备品备件购置费指工程在投产运行初期,由于易损件损耗和可能发生事故,而必须准备的备品备件和专用材料的购置费。不包括设备价格中配备的备品备件。

2.3.4.5 工器具及生产家具购置费

工器具及生产家具购置费指按设计规定,为保证初期生产正常运行所必须购置的不属于固定资产标准的生产工具、器具、仪表、生产家具等费用。不包括设备价格中已包括的专用工具。

2.3.5 科研勘测设计费

科研勘测设计费指工程建设所需的科研、勘测和设计等费用。包括工程科学研究试验费和工程勘测设计费。

2.3.5.1 工程科学研究试验费

工程科学研究试验费指在工程建设过程中,为解决工程的技术问题,而进行必要的科学研究试验所需的费用。

2.3.5.2 工程勘测设计费

工程勘测设计费指工程从项目建议书开始至以后各阶段发生的勘测费、设计费。包括可行性研究、初步设计和施工图设计阶段(含招标设计)发生的勘测费、设计费。

2.3.6 其他

2.3.6.1 工程保险费

工程保险费指工程建设期间,为使工程能在遭受水灾、火灾等自然灾害和意外事故造成损失后得到经济补偿,而对建筑、设备及安装工程进行投保所发生的保险费用。

2.3.6.2 其他税费

其他税费指按国家规定应缴纳的与工程建设有关的税费。

2.4 预备费

预备费指在设计阶段难以预料而在施工过程中又可能发生的规定范围内的工程费用,以及工程建设期内发生的价差。包括基本预备费和价差预备费两项。

2.4.1 基本预备费

基本预备费主要为解决在工程施工过程中,设计变更和有关技术标准调整增加的投资以及工程遭受一般自然灾害所造成的损失和为预防自然灾害所采取的措施费用。

2.4.2 价差预备费

价差预备费主要为解决在工程项目建设过程中,因人工工资、材料和设备价格上涨以及费用标准调整而增加的投资。

2.5 建设期融资利息

建设期融资利息指根据国家财政金融政策规定,工程在建设期内需偿还并应计入工程总投资的融资利息。

党的二十大报告指出:“加快建设法治社会。法治社会是构筑法治国家的基础。弘扬社会主义法治精神,传承中华优秀传统法律文化,引导全体人民做社会主义法治的忠实崇尚者、自觉遵守者、坚定捍卫者。”在上述水利工程费用构成中,安全生产措施费和税金为不可竞争费用,必须严格遵守相关取费标准。

3 水利水电工程造价的分类

(1)在区域规划和工程规划阶段,工程造价文件的表现形式是投资匡算。

(2)在可行性研究阶段,工程造价文件的表现形式是投资估算。

(3)在初步设计阶段,工程造价文件的表现形式是投资概算,个别复杂的工程需要进行技术设计,表现形式是修正概算。

(4)在招标设计阶段,工程造价文件的表现形式是执行概算,以此为据编制招标标底,施工企业(厂家)要根据项目法人提供的招标文件编制投标报价。

(5)在施工图设计阶段,工程造价文件的表现形式是施工图预算。

(6)在竣工验收过程中,工程造价文件的表现形式是竣工决算。

4 水利水电工程造价与基本建设程序的关系

根据我国基本建设程序的规定,在工程的不同建设阶段,要编制相应的工程造价。

4.1 投资估算

投资估算是指在项目建议书阶段、可行性研究阶段对建设工程造价的预测,它应考虑多种可能的需要、风险、价格上涨等因素,要打足投资、不留缺口,适当留有余地。它是项目建议书、可行性研究文件的重要组成部分,是控制拟建项目投资的最高限额,是根据规划阶段和前期勘测阶段所提供的资料、有关数据对拟建项目所做出的不同建设方案进行比较、论证后所提出的投资总额,这个投资额连同可行性研究报告一经上级批准,即作为该拟建项目进行初步设计、编制概算投资总额的控制依据。

4.2 设计概算

设计概算是指在初步设计阶段,设计单位为确定拟建基本建设项目所需的投资额或费用而编制的工程造价文件。设计概算是国家控制建设项目投资总额,编制年度基本建设计划,控制基本建设拨款、投资贷款的依据;是实行建设项目投资包干,招标项目控制标底的依据;是控制施工图预算,考核设计单位设计成果经济合理的依据;也是建设单位进行成本核算、考核成本是否经济合理的依据。

4.3 修改概算

由于水利水电工程受自然、地质条件变化的影响很大,加之建设工期长,受物价变动等因素的影响也较大,因此对设计概算的修正是正常的。其目的是对在编制设计概算时所确定或所依据的某些发生变化了的条件和内容进行修改,以代替原来编制的设计概算。但由于变化的内容多种多样,因而修改的形式也是多种多样的。

(1)概算调整书形式,主要适用于设计概算的局部修改,如设备、材料价格变动的调整。

(2)补充概算形式(也称追加概算),主要适用于设计需修改或增加一个或几个项目。

(3)修改概算书形式,主要适用于修改范围广、内容较多的工程。

(4)概算重编本形式,主要适用于原设计概算的编制原则、采用的标准发生变化,须重新编制设计概算以代替原设计概算。

4.4 业主预算

业主预算又称执行概算，它是对确定招标的项目在已经批准的设计概算的基础上，按照项目法人的管理要求和分标情况，对工程项目进行合理调整后而编制的。其主要目的是有针对性地计算建设项目各部分的投资，对临时工程费与其他费用进行摊销，以利于设计概算与承包单位的投标价格同口径比较，便于对投资进行管理和控制。但业主工程项目间的投资调整不应影响工程投资总额，它应与投资概算总额相一致。

4.5 标底、招标控制价与报价

标底是招标工程的预期价格，它主要是以招标文件、图纸，按有关规定，结合工程的具体情况，计算出的合理工程价格。它是由业主委托具有相应资质的设计单位、社会咨询单位编制完成的，包括发包造价、与造价相适应的质量保障措施及主要施工方案、为了缩短工期所需的措施费等。其中，主要是合理的发包造价，它应在编制完成后报送招标投标管理部门审定。标底的主要作用是招标单位在一定浮动范围内合理控制工程造价、明确自己在发包工程上应承担的财务义务。标底也是投资单位考核发包工程造价的主要尺度。

招标控制价是在工程量清单计价模式下，招标人根据国家或省、行业建设主管部门颁发的有关计价依据和办法，以及招标文件和招标工程量清单，编制的招标工程的最高限价。投标人的投标报价高于招标控制价的，其投标应予以拒绝。招标控制价应在招标时公布。

投标报价，即报价，是施工企业（或厂家）对建筑工程施工产品（或机电、金属结构设备）的自主定价。它反映的是市场价格，体现了企业的经营管理、技术和装备水平。中标报价是基本建设产品的成交价格。

4.6 施工图预算

施工图预算是指在施工图设计阶段，根据施工图纸、施工组织设计、国家颁布的预算定额和工程量计算规则、地区材料预算价格、施工管理费标准、企业利润率、税金等，计算每项工程所需人力、物力和投资额的文件。它应在已批准的设计概算控制下进行编制。它是施工前组织物资、机具、劳动力，编制施工计划，统计完成工作量，办理工程价款结算，实行经济核算，考核工程成本，实行建筑工程包干和建设银行拨（贷）工程款的依据。它是施工图设计的组成部分，由设计单位负责编制。它的主要作用是确定单位工程项目造价，是考核施工图设计经济合理性的依据。一般建筑工程以施工图预算作为编制施工招标标底的依据。

4.7 施工预算

施工预算是承担项目施工的单位根据施工工序而自行编制的人工、材料、机械台时耗用量及其费用总额，即单位工程成本。它主要用于施工企业内部人工、材料、机械（人、材、机）的计划管理，是控制成本和班组经济核算的依据。

4.8 竣工决算和完工结算

竣工决算是建设单位向国家（或业主）汇报建设成果和财务状况的总结性文件，是竣工验收报告的重要组成部分，它反映了工程的实际造价。竣工决算由建设单位负责编制。

竣工决算是建设单位向管理单位移交财产，考核工程项目投资，分析投资效果的依据。编好竣工决算对促进竣工投产、积累技术经济资料有重要意义。

完工结算是施工单位与建设单位对承建工程项目的最终结算(施工过程中的结算属中间结算),完工结算与竣工决算的主要区别有两点:一是范围,完工结算的范围只是承建工程项目,是基本建设项目的局部,而竣工决算的范围是基本建设项目的整体;二是成本内容,完工结算只是承包合同范围内的工程成本,而竣工决算是完整的工程成本,它还要计入工程建设的其他费用开支、临时工程设施费和建设期融资利息等工程成本和费用。由此可见,完工结算是竣工决算的基础,只有先做好完工结算,才有条件编制竣工决算。

水利水电工程造价与基本建设程序之间的关系如图 2-1 所示。

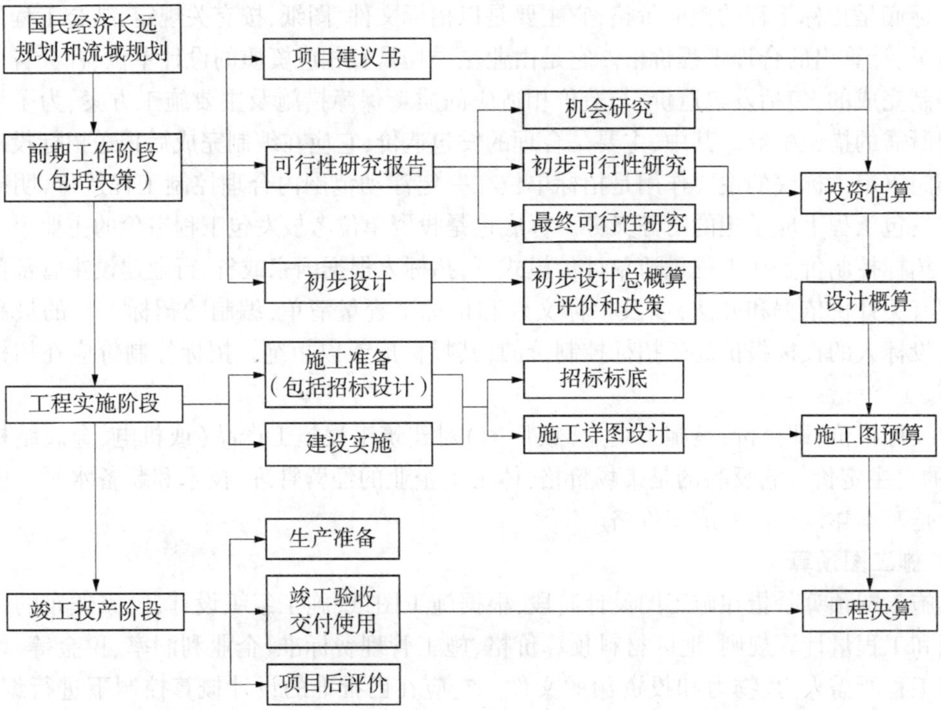

图 2-1 水利水电工程造价与基本建设程序之间的关系

任务3 水利水电工程造价预测的基本方法

基本建设项目主要由建筑和安装工程构成,准确、合理地进行建筑和安装工程造价的编制,对预测整个建设项目的工程造价具有重要意义。目前,国内外预测建筑和安装工程造价的基本方法有综合指标法、单价法和实物量法三种。

1 综合指标法

在项目建议书阶段,由于设计深度不足,只能提出概括性的项目,确定不出具体项目的工程量,因此编制投资估算时常常采用综合指标法。其特点是概括性强,不需作具体分析。如大坝混凝土综合指标包括坝体、溢流面、闸墩、胸墙、导流墙、工作桥、消力池、护坦、海漫等;综合指标中包括人工费、材料费、机械使用费及其他费用并考虑了一定的扩大系数。在编制设计概算时,水利水电工程的其他永久性专业工程,如铁路、公路、桥梁、供电线路、房屋建筑工程等,也可采用综合指标法编制设计概算。

2　单价法

将建安工程按工程性质、部位划分为若干个分部分项工程,其划分的粗细程度应与所采用的定额相适应,根据定额给定的分部分项工程所需的人工、材料、机械台时数量乘以相应人工、材料、机械的价格,求得人工费、材料费和机械使用费,再按有关规定的其他直接费、间接费、利润和税金的取费标准,计算出工程单价。各分部分项工程的工程量分别乘以相应的工程单价,然后,合计求得工程造价。

单价法计算简单、方便。但由于我国的单价法确定人工、材料、机械定额数量的标准反映的是一定时期和一定地区范围的“共性”,与各个具体工程项目的自然条件、施工条件及各种影响因素的“个性”之间存在有差异,有时甚至差异还很大。这也是用统一定额计算单价,预测工程造价的主要弊端。

3　实物量法

实物量法预测工程造价是根据确定的工程项目、施工方案及劳动组合,计算各种资源(人、材、机)的消耗量,求得完成工程项目的基本直接费用。其他费用的计算过程和单价法类似。实物量法编制工程造价的关键是施工规划,该方法编制工程造价的一般程序如下所述。

3.1　直接费分析

(1)把工程中的各个建筑物划分为若干个工程项目。如土方工程、石方工程、混凝土工程等。

(2)把每个工程项目再划分为若干个施工工序,如石方工程的钻孔、爆破、出渣等工程。

(3)根据施工条件选择施工方法和施工设备,确定施工设备的生产率。

(4)根据所要求的施工进度确定各个工序的施工强度,由此确定施工设备、劳动力的组合,根据进度计算出人工、材料、机械的总数量。

(5)将人工、材料、机械的总数量分别乘以相应的基础单价,计算出工程直接费用。

(6)工程直接费用除以该工程项目的工程量即得直接费单价。

3.2　间接费分析

根据施工管理单位的人员配备、车辆和间接费包括的范围,计算施工管理费和其他间接费。

3.3　承包商加价分析

根据工程施工特点和承包商的经营状况等因素,具体分析承包商的总部管理费、中间商的佣金、承包人不可预见费以及利润和税金等费用。

3.4　工程风险分析

根据工程规模、结构特点、地形地质条件、设计深度,以及劳动力、设备材料等市场供求状况,进行工程风险分析,确定工程不可预见准备金。

3.5 工程总成本计算

工程总成本为直接成本、间接成本、承包商加价之和,再加上施工准备工程费、设备采购工程、技术采购工程及有关公共费用、保险、不可预见准备金、建设期融资利息等。

实物量法的主要缺点是计算比较麻烦、复杂。但这种方法是"逐个量体裁衣",针对每个工程项目的具体情况预测工程造价,对设计深度满足要求、施工方法符合实际的工程采用此方法比较合理、准确,这也是国外普遍采用此方法的缘故。

采用实物量法预测工程造价在我国尚处于积极探索阶段。由于采用实物量法预测工程造价,要求造价人员有较高的业务水平和丰富的工程经验,且要掌握大量的基本资料,所以在我国目前还没有全面推广。

本书主要介绍的工程造价的编制方法为单价法。

任务4 水利水电工程概算编制程序

1 设计概算编制依据

(1)国家及省、自治区、直辖市颁发的有关法令法规、制度、规程。

(2)《水利工程设计概(估)算编制规定》。

(3)水利行业主管部门颁发的概算定额和有关行业主管部门颁发的定额。

(4)水利水电工程设计工程量计算规定。

(5)初步设计文件及图纸。

(6)有关合同协议及资金筹措方案。

(7)其他。

2 设计概算编制程序

2.1 准备工作

(1)了解工程概况,即了解工程位置、规模、枢纽布置、地质、水文情况、主要建筑物的结构型式和主要技术数据、施工总体布置、施工导流、对外交通条件、施工进度及主体工程施工方案等。

(2)拟订工作计划,确定编制原则和依据;确定计算基础价格的基本条件和参数;确定所采用的定额、标准及有关数据;明确各专业提供的资料内容、深度要求和时间;落实编制进度及提交最后成果的时间;编制人员分工安排和提出计划工作量。

(3)调查研究、收集资料。主要了解施工砂、石、土料储量、级配,料场位置、料场内外交通条件,开挖运输方式等。收集物资、材料、税务、交通等价格及主要设备价格资料,调查新技术、新工艺、新材料的有关价格等。

2.2 计算基础单价

基础单价是建安工程单价计算的重要依据。应根据收集到的各项资料,按工程所在地编制年价格水平,执行上级主管部门的有关规定进行分析计算。

2.3 划分工程项目、计算工程量

按照水利水电基本建设项目划分的规定对工程项目进行划分,并按水利水电工程量计算规定计算工程量。

2.4 套用定额计算工程单价

在上述工作的基础上,根据工程项目的施工组织设计、现行定额、费用标准和有关基础单价,分别编制工程单价,计算设备购置费。

2.5 编制各部分工程概算

根据工程量、设备清单、工程单价和费用标准分别编制各部分概算。

2.6 进行人工、材料、机械分析汇总

将各工程项目所需的人工工时和费用,主要材料数量和价格,施工机械的规格、型号、数量及台时,进行汇总。

2.7 汇总总概算

各部分概算投资计算完成后,即可进行总概算汇总,主要内容为:

(1)汇总建筑工程、机电设备及安装工程、金属结构设备及安装工程、施工临时工程、独立费用五部分投资。

(2)五部分投资合计之后,再依次计算基本预备费、价差预备费、建设期融资利息,最终计算静态总投资和总投资。

2.8 编写编制说明及装订整理

最后编写编制说明并将校核、审定后的概算成果一同装订成册,形成设计概算文件。

任务5 水利水电工程概算文件组成

概算文件包括设计概算报告(正件)、附件、投资对比分析报告。

1 概算正件组成内容

1.1 编制说明

1.1.1 工程概况

工程概况是初步设计报告内容的概括介绍,主要包括流域、河系、工程兴建地点,对外交通条件,工程规模、工程效益、工程布置形式,主体建筑工程量,主要材料用量,施工总工期,施工总工时,施工平均人数和高峰人数,资金筹措情况和投资比例等。

1.1.2 主要投资指标

工程静态总投资和总投资,年度价格指数,基本预备费费率,建设期融资额度、利率和利息等。

1.1.3 编制原则和依据

(1)概算编制原则和依据。

(2)人工预算单价,主要材料,施工用电、风、水、砂石料等基础单价的计算依据。

(3)主要设备价格的编制依据。

(4)费用计算标准及依据。

(5)工程资金筹措方案。

1.1.4 概算编制中其他应说明的问题

主要说明概算编制方面的遗留问题,影响今后投资变化的因素,以及对某些问题的处理意见,或其他必要的说明等。

1.1.5 主要技术经济指标表

以表格形式反映工程规模,主要建筑物及设备形式,主要工程量、主要材料及人工消耗量等主要技术指标。

1.2 工程概算总表

工程概算总表应汇总工程部分、建设征地移民补偿、环境保护工程、水土保持工程总概算表。

1.3 工程部分概算表和概算附表

1.3.1 概算表

(1)工程部分总概算表。

(2)建筑工程概算表。

(3)机电设备及安装工程概算表。

(4)金属结构设备及安装工程概算表。

(5)施工临时工程概算表。

(6)独立费用概算表。

(7)分年度投资表。

(8)资金流量表(枢纽工程)。

1.3.2 概算附表

(1)建筑工程单价汇总表。

(2)安装工程单价汇总表。

(3)主要材料预算价格汇总表。

(4)次要材料预算价格汇总表。

(5)施工机械台时费汇总表。

(6)主要工程量汇总表。

(7)主要材料量汇总表。

(8)工时数量汇总表。

2 概算附件组成内容

(1)人工预算单价计算表。

(2)主要材料运输费用计算表。

(3)主要材料价格计算表。

(4)施工用电价格计算书。

(5)施工用水价格计算书。

(6)施工用风价格计算书。

(7)补充定额计算书。

(8)补充施工机械台时费计算书。

(9)砂石料单价计算书。

(10)混凝土材料单价计算表。

(11)建筑工程单价表。

(12)安装工程单价表。

(13)主要设备运杂费率计算书(附计算说明)。

(14)施工房屋建筑工程投资计算书(附计算说明)。

(15)独立费用计算书(勘测设计费可另附计算书)。

(16)分年度投资表。

(17)资金流量计算表。

(18)价差预备费计算表。

(19)建设期融资利息计算书(附计算说明)。

(20)计算人工、材料、设备预算价格和费用依据的有关文件、询价报价资料及其他。

概算正、附件均应单独成册并随初步设计文件报审。以上正件及附件的部分表格形式见附录 2。

3　投资对比分析报告

应从价格变动、项目及工程量调整、国家政策性变化等方面进行详细分析,说明初步设计阶段与可行性研究阶段(或可行性研究阶段与项目建议书阶段)相比较的投资变化原因和结论,编写投资分析报告。工程部分报告应包括以下附表:

(1)总投资对比表。

(2)主要工程量对比表。

(3)主要材料和设备价格对比表。

(4)其他相关表格。

投资对比分析报告应汇总工程部分、建设征地移民补偿、环境保护、水土保持各部分对比分析内容。

设计概算报告(正件)、投资对比分析报告可单独成册,也可作为初步设计文件报告(设计概算章节)的相关内容。设计概算附件宜单独成册,并应随初步设计文件报审。

以上正件及附件的部分表格形式见附录 2。

4　说明

编制概算小数点后位数取定方法:

基础单价、工程单价为“元”,计算结果精确到小数点后两位。

一至五部分概算表、分年度概算表及总概算表单位为“万元”,计算结果精确到小数点后两位。

计量单位为“m”“m^2”“m^3”的工程量精确到整数位。

小 结

与一般工业产品相比,水利水电建筑产品具有建设地点不固定性、产品单件性、生产的露天性等特点,这些特点决定了建筑产品不可能像工业产品那样统一定价,而必须逐个计算,从而决定了建筑产品的价格具有一次性和地区差异性的特点。

水利工程建设项目费用由工程费(包括建筑及安装工程费和设备费)、独立费用、预备费、建设期融资利息组成。工程造价文件的种类有很多,在基本建设的不同阶段编制不同的造价文件。在学习时要搞清每种造价文件的编制主体、作用及编制阶段。

目前,国内外编制工程造价采用的方法主要有综合指标法、单价法和实物量法。每种方法各有特点。结合目前国内的实际情况,主要采用单价法,要理解其编制程序。工程概算文件包括设计概算报告(正件)、附件、投资对比分析报告,要熟练掌握其组成内容。

职业能力训练2

一、单项选择题

1. 竣工结算是在(　　)阶段,由(　　)编制。

A. 工程施工　　B. 工程竣工验收

C. 建设单位　　D. 施工单位

2. 对工程造价前期预控主要在(　　)通过控制工程规模、范围、标准等方法进行前期预控。

A. 项目建议书阶段　　B. 可行性研究阶段

C. 可行性研究和初步设计阶段　　D. 施工图设计阶段

3. 工程造价两种含义的主要区别是(　　)。

A. 第一种含义属于价格管理范畴,第二种含义属于投资管理范畴

B. 第一种含义对于投资者是追求投资决策的正确性,第二种含义对于承包商是追求较高的工程造价

C. 第一种含义是作为市场供给主体,出售商品和劳务的价格总和,第二种含义是"购买"项目付出的价格

D. 第一种含义通常认定为工程发包价格,第二种含义是工程投资费用

4. 水利工程初步设计阶段编制的工程造价文件是(　　)。

A. 施工图预算　　B. 设计概算　　C. 投资估算　　D. 施工预算

5. 工程部分建设项目费用包括(　　)。

A. 建筑及安装工程费、独立费用、预备费、建设期融资利息

B. 工程费、独立费用、预备费、建设期融资利息

C. 工程费、独立费用、基本预备费、建设期融资利息

D. 工程费、独立费用、价差预备费、建设期融资利息

二、多项选择题

1. 工程造价管理的核心内容是(　　)。

A. 工程造价的合理确定　　B. 工程造价的有效控制

C. 推行限额设计　　D. 做好招标投标工作

E. 竣工结算

2. 在有关工程造价的基本概念中,下列说法正确的是(　　)。

A. 工程造价两种含义表明需求主体和供给主体追求的经济利益相同

B. 工程造价在建设过程中不是工程的实际造价,直至竣工决算后才能确定工程的实际造价

C. 实现工程造价职能的最主要条件是形成市场竞争机制

D. 生产性项目总投资包括其总造价和流动资产投资两部分

E. 建设项目各阶段依次形成的工程造价之间的关系是前者制约后者,后者补充前者

3. 下列选项中,属于水利水电工程建设项目费组成部分的有(　　)。

A. 工程费　　B. 独立费用　　C. 预备费

D. 建设期融资贷款利息　　E. 钻探勘测设计费

4. 以下属于基本建设“三算”的是(　　)。

A. 设计概算　　B. 施工预算　　C. 施工图预算

D. 竣工结算　　E. 竣工决算

5. 工程完工结算与竣工决算的主要区别有(　　)。

A. 作用不相同　　B. 基础不相同

C. 范围不相同　　D. 内容不相同

E. 定额依据不相同

三、判断题

1. 工程造价是指完成一个建设项目所需费用的总和,它不仅包括承包方的利润,而且还包括投资者的利润和税金。(　　)

2. 投资估算是项目建议书和可行性研究阶段对建筑工程造价的预测,应充分考虑多种可能的需要、风险、价格上涨等因素,并适当留有余地。(　　)

3. 设计概算是初设阶段对建设工程造价的预测,它是在已经批准的可行性研究投资估算总投资的控制下进行编制的。(　　)

4. 建筑及安装工程费由直接费、间接费、利润、材料补差、税金组成。(　　)

5. 建设管理费由项目建设单位开办费、建设单位人员费及项目管理费三项费用组成。(　　)

四、综合题

1. 名词解释:工程造价;直接费;间接费;利润;税金;基本直接费;其他直接费;施工机械使用费;基本预备费;价差预备费。

2. 水利工程的费用由哪些构成?

3. 水利水电工程概预算的文件组成内容有哪些?

项目3　工程定额

【学习目标】

了解定额的概念及种类;熟悉施工定额、预算定额、概算定额、投资估算指标的内容及作用;能够根据实际正确选用定额。遵守国家法律、法规、规范、标准;具有一丝不苟的工作作风。

【学习任务】

(1)工程定额的概念、作用及分类;

(2)概算定额、预算定额及施工定额的内容;

(3)工程定额的应用。

【任务分析】

单价法编制工程造价是目前流行的一种方法,而这种方法必须要用定额,只有正确地选用定额才能正确编制工程造价。

任务1　工程定额的概念、作用及分类

1　定额的概念

定额是在一定的生产力水平下,预先规定完成某项合格产品所消耗的人力、物力、财力和时间等的数量标准。它是国家、地方、部门或企业制定的标准,其大小反映了社会一定时期的生产和管理水平。

定额水平是指在一定时期内,定额的劳动力、材料、机械台班消耗量的变化程序。即消耗在单位合格产品上的劳动、材料和机械数量的多寡。定额水平是一定时期社会生产力水平的反映,影响它的因素有:操作人员的技术水平、机械化程度及新材料、新工艺、新技术的发展和应用及企业的组织管理水平等。所以,定额是随着生产力水平的发展而变化的。一定时期的定额水平,必须坚持平均先进的原则。所谓平均先进水平,就是在一定的生产条件下,大多数企业、班组和个人,经过努力可以达到或超过的标准。

工程建设定额是指在一定的技术组织条件下,预先规定消耗在单位合格建筑产品上的人工、材料、机械和工期的标准额度。除规定有数量标准外,还规定了它的工作内容、质量标准、生产方法、安全要求和适用的范围等。因此,定额不单纯是一种数量关系,还是一种质、量和安全的统一体。

2　定额的特性

(1)科学性。主要表现在用科学的态度制定定额,尊重客观实际,力求定额水平合理,所确定的定额水平是大多数建筑企业和职工经过努力达到的水平。只有工程定额符合建筑生产客观规律,才能促进生产的发展。从这点上来说,定额是一门科学技术。

(2)法令性。指定额一经国家、地方主管部门或授权单位颁布,各有关单位必须严格遵守和执行,不得随意调整和修改。如需进行调整、修改和补充,必须经授权编制部门批准。因此,定额具有经济法规的性质。

(3)群众性。定额的拟定和执行都离不开群众。定额在是在大量测定、综合、分析、研究实际生产中的有关数据和资料的基础上制定出来的,而当定额一旦制定颁发,在实际生产中运用时,则成为广大群众奋斗的目标。

(4)稳定性和时效性。定额水平的高低,是根据一定时期社会生产力水平确定的。在一段时期内表现为较稳定的状态,在执行时不能朝令夕改。但是,当生产力水平提高了,技术进步了,定额就会变得陈旧,则授权部门必须根据新情况制定出新的定额或补充原有的定额。

3 定额的作用

水利工程定额是水利施工企业实行科学管理的必备条件,建设过程中涉及的设计、施工、估价、结算等各项工作都必须以它作为衡量的尺度。具体地说,定额主要有以下几方面的作用:

(1)定额是编制工程计划、组织和加强管理的重要工具。

国家和企业计划都直接或间接地以各种定额为依据来计算人力、物力、财力等各种资源需要量,所以定额是编制计划的基础。企业在计算和平衡资源需要量、组织材料供应、编制施工进度计划和作业计划、组织劳动力、签发任务书、考核工料消耗、实行承包责任制等一系列管理工作时,都要以定额作为标准。

(2)定额是实行经济责任制及编制招标标底和投标报价的依据。

为了提高水利水电工程建设的经济效益,我国在经济改革中推行了投资包干和招标投标制度。在实施过程中,签订投资包干协议、计算招标标底和投标报价、签订总包和分包合同协议等,都要以定额为依据。

(3)定额是确定产品成本的依据,是评价设计方案合理性的重要尺度。

建筑产品的价格是由其产品生产过程中所消耗的人工、材料、机械台班数量以及其他资源、资金的数量所决定的,而它们的消耗量又是根据定额计算得到的,所以定额可以对工程成本进行分析。并通过经济分析找出薄弱环节,提出改进措施,从而降低单位工程成本,取得更好的经济效益。同时,同一建筑产品的不同设计方案反映的技术经济水平也不相同。因此,定额也是比较和评价设计方案是否经济合理的尺度。

(4)定额是总结、推广先进生产方法的手段。

定额是在先进合理的条件下,通过对生产和施工过程的观察、实测、分析而综合制定的,它准确地反映出生产技术和劳动组织的先进合理程度。因此,可以用定额标定的方法,对同一产品在相同操作条件下的不同生产方式进行观察、分析和总结,从而得到一套比较完善的先进生产方法,并经过试验,然后予以推广,使生产效率得以提高。

4 工程定额的分类

工程定额是工程建设中各类定额的总称。它包括许多种类的定额,可以按照不同的原则和方法对它进行科学的分类。

4.1 **按生产要素分类**

生产要素包括劳动者、劳动手段和劳动对象三部分。与其相对应的是劳动定额、材料消耗定额和机械台班(时)使用定额。

4.2 **按用途分类**

定额按用途可分为施工定额、预算定额、概算定额及投资估算指标。各定额的概念、作用及编制见本项目任务2。

4.3 **按费用性质分类**

4.3.1 直接费定额

直接费定额是指直接用于施工生产的人工、材料、机械消耗的定额。如现行水利水电建安工程预算定额和概算定额等。

4.3.2 间接费定额

间接费定额是指施工企业进行施工组织和管理所发生的费用定额。

4.3.3 施工机械台班/时费定额

施工机械台班/时费定额是指施工机械在单位台班或台时中,为使机械正常运转所损耗和分摊的费用定额,如《水利工程施工机械台时费定额》。

4.3.4 其他基本建设费用定额

其他基本建设费用定额是指不属于建筑安装工程的独立费用定额,如勘测设计费定额、工程项目管理费定额等。

4.4 **按编制单位和管理权限分类**

4.4.1 全国统一定额

全国统一定额是由国家建设行政主管部门综合全国工程建设中技术和施工组织管理的情况编制,并在全国范围内执行的定额。如送电线路工程预算定额、通信设备安装预算定额、电气工程预算定额等。

4.4.2 地区统一定额

地区统一定额是指省、自治区、直辖市根据地方工程特点,编制颁布的不宜执行国家或主管部门统一定额的情况下,在本地区执行的定额。它主要是考虑地区性特点,对全国统一定额水平作适当调整和补充编制的。如《山东省水利水电建筑工程预算定额》。

4.4.3 行业统一定额

行业统一定额是由一个或几个主管部门在考虑到各行业部门专业工程技术特点的基础上组织编制颁发,一般只在本行业和相同专业性质的范围内使用的定额。如公路工程定额、水利建筑工程定额、矿井建设工程定额、铁路建设工程定额等。

4.4.4 企业定额

企业定额是指企业在生产经营过程中,依据其施工技术和管理水平,参考国家定额、行业统一定额、地区统一定额以及有关工程造价资料而自行编制并供本企业内部执行的定额。如施工企业附属的加工厂、车间为了内部核算便利而编制的定额。

4.4.5 补充定额

补充定额是指随着设计、施工技术的发展,现行定额不能满足需要的情况下,为了补充缺陷所编制的定额。

4.5 按专业性质分类

4.5.1 一般通用定额

一般通用定额是指工程地质、施工条件、方法相同的建设工程，各部门都应共同执行的定额。如工业与民用建筑工程定额。

4.5.2 专业通用定额

专业通用定额是指一些工程项目，具有一定的专业性质，但有几个专业共同使用的定额。如煤炭、化工、建材、冶金等部门共同编制的矿山、井巷工程定额。

4.5.3 专业专用定额

专业专用定额是指一些专业性工程，只在某一专业内使用的定额。如水利工程定额、化工工程定额等。

水利水电工程历年颁发的定额如表 3-1 所示。

表 3-1 水利水电工程历年定额

颁发年份	定额名称	颁发单位
1954	水利水电工程预算定额(草案)	水利部、燃料工业部水电总局
	水力发电建筑安装工程施工定额(草案)	
	水力发电建筑安装工程预算定额(草案)	
1956	水力发电建筑安装工程预算定额	电力部
1957	水利工程施工定额(草案)	水利部
1958	水利水电建筑安装工程预算定额	水利电力部
	水力发电设备安装价目表	
1964	水利水电安装工程工、料、机械施工指标	
	水利水电建筑安装工程预算指标(征求意见稿)	
	水力发电设备安装价目表(征求意见稿)	
1965	水利水电工程预算指标(即“65”定稿)	
1973	水利水电建筑安装工程定额(讨论稿)	
1975	水利水电建筑工程概算指标	
	水利水电设备安装工程概算指标	
1980	水利水电工程设计预算定额(试行)	
1983	水利水电建筑安装工程统一劳动定额	水利电力部水电总局
1985	水利水电工程其他工程费用定额	水利电力部
	水利水电建筑安装工程机械台班费定额	
1986	水利水电设备安装工程预算定额	
	水利水电设备安装工程概算定额	
	水利水电建筑工程预算定额	
1988	水利水电建筑工程概算定额	
1989	水利水电工程设计概(估)算费用构成及计算标准	
1990	水利水电工程投资估算指标(试行)	能源部、水利部
1991	水利水电工程勘测设计收费标准(试行)	
	水利水电工程勘测设计生产定额	水利水电规划总院
	水利水电工程施工机械台班费定额	能源部、水利部

续表 3-1

颁发年份	定额名称	颁发单位
1994	水利水电建筑工程补充预算定额	水利部
	水利水电工程设计概(估)算费用构成及计算标准	
1997	水力发电建筑工程概算定额	电力工业部
	水力发电设备安装工程概算定额	
	水力发电工程施工机械台时费定额	
1998	水利水电工程设计概(估)算费用构成及计算标准	水利部
1999	水利水电设备安装工程预算定额	水利部
	水利水电设备安装工程概算定额	水利部
2000	水力发电设备安装工程概算定额	国家经济贸易委员会
2002	水利建筑工程预算定额(上、下册)	水利部
	水利建筑工程概算定额(上、下册)	水利部
	水利工程设计概(估)算编制规定	水利部
	水电工程设计概算编制办法及计算标准	国家经济贸易委员会
2003	水力发电设备安装工程预算定额	国家经济贸易委员会
2004	水利工程施工机械台时费定额	水利部
2005	水利工程概预算补充定额	水利部
2014	水利工程设计概(估)算编制规定	水利部
2016	水利工程营业税改征增值税计价依据调整办法	水利部
2019	关于调整水利工程计价依据增值税计算标准的通知	水利部
2023	关于调整水利工程计价依据安全生产措施费计算标准的通知	水利部

任务2 施工定额、预算定额、概算定额及估算指标

1 施工定额

1.1 施工定额的概念

施工定额是指在一定的施工条件、施工方法和施工组织下，按照一定的工艺要求完成某一结构部位或构件的施工过程中所生产合格单位产品必须消耗的人工、材料和机械台班(时)的数量标准。

施工定额是施工企业内部直接用于施工管理的一种技术定额，由劳动定额、机械使用定额和材料消耗定额所组成。

1.2 施工定额的作用

施工定额是施工企业内部直接用于组织与管理施工、控制工料消耗的一种定额，在施工过程中，具有以下几方面的作用：

(1)施工定额是企业计划管理的依据。

(2)施工定额是组织和指挥施工生产的有效工具。

(3)施工定额是计算工人劳动报酬的依据。

(4)施工定额是企业激励工人的条件。

(5)施工定额有利于推广先进技术。

(6)施工定额是编制施工预算,加强企业成本管理的基础。

(7)施工定额是施工企业进行工程投标、编制报价的基础和依据。

1.3 施工定额的编制原则和依据

1.3.1 施工定额的编制原则

施工定额能否在施工管理中促进生产力水平和经济效益的提高,取决于定额本身的质量。因此,保证定额的质量是编制施工定额的关键。而衡量定额质量的主要标志是定额水平及定额的内容与形式。所以,确保定额质量就是要合理确定定额水平并确定恰当的定额内容与形式。为此,必须在定额编制过程中贯彻如下原则。

1.3.1.1 定额水平的平均先进原则

施工定额水平应是平均先进水平,因为只有这样才能使其发挥真正的作用,使企业的劳动生产力水平进一步提高。

所谓平均先进水平,是指在正常条件下多数施工班组或生产者经过努力可以达到,少数班组或生产者难以接近,个别班组或生产者可以超过的水平。一般来说,它低于先进水平,略高于平均水平。这种水平使后进的班组或工人感到有一定压力,能鼓励他们进一步提高技术水平;大多数处于中间水平的班组或工人感到定额水平可望也可即,能增强他们达到定额甚至超过定额的信心。平均先进水平不迁就少数后进者,而是使他们产生努力工作的责任感,认识到必须花精力去改善施工条件、改进技术操作方法,才能缩短差距,尽快达到定额水平。所以,平均先进水平是一种鼓励先进、勉励中间、鞭策后进的定额水平。只有这样贯彻,才能达到不断提高劳动生产率,进而提高水利施工企业经济效益的目的。

1.3.1.2 定额内容及形式简明适用的原则

简明适用即指定额从内容到形式要方便贯彻执行。它要求定额具有多方面的适应性,能满足施工组织与管理、正确计算工人劳动报酬等需要;同时又简明扼要,易为工人和业务人员所掌握,便于查阅、计算。

定额的简明性要服从适用性的要求,即简明要以适用为前提。贯彻简明适用的原则,关键是做到项目齐全,项目划分粗细恰当。具体要求是:项目划分细而不繁,粗而不漏,以工序为基础,适当进行综合;对主要工种和常用项目的工作过程都必须直接在定额项目中予以反映,而且步距要小些。对于次要工种和工程量不大、不常有的项目,步距可综合得大些;注意选择适当的计量单位,以准确反映水利工程的特性,系数的使用要恰当合理;说明和附注要明确,应反映已成熟和推广的新结构、新材料、新技术、新机具的内容;对于缺项的项目,要尽量补充完善。

1.3.1.3 专群结合的原则

以专为主,施工定额的编制工作要以有丰富的技术知识和管理经验的专业人员为主,有专职机构和人员负责组织,掌握方针政策,做经常性的资料积累和管理工作,同时还要有工人群众配合。广大工人是生产实践的主体,是施工定额的直接执行者,他们熟悉生产、了解实际消耗水平、知道定额在执行过程中的情况和问题。因此,在编制施工定额时必须依靠工人群众的密切配合与支持。

1.3.2 施工定额的编制依据

(1)现行的建筑安装工程施工验收规范、技术安全操作规程和质量检查评定标准。

(2)现场测定的技术资料和有关历史统计资料。

(3)有关混凝土、砂浆等半成品配合比资料和建筑工人技术等级资料。

(4)现行的劳动定额、机械使用定额、材料消耗定额和有关定额编制资料及手册。

(5)有关标准图集或典型工程图纸。

1.4 施工定额的内容

施工定额包括劳动定额、材料消耗定额、施工机械台班(时)定额。

1.4.1 劳动定额

劳动定额又称人工定额,是指具有某种专长和规定的技术水平的工人,在正常施工组织条件下,完成单位合格产品(工程实体或劳务)规定活劳动消耗的数量标准。有时间定额和产量定额两种形式。

1.4.1.1 时间定额

时间定额是生产单位产品或完成一定工作量所规定的时间消耗量,单位以"工日"或"工时"表示。定额时间包括准备时间与结束时间、基本生产时间、辅助生产时间、不可避免的中断时间及休息时间。时间定额的单位一般以"工日""工时"表示,一个工日表示一个人工作一个工作班,每个工日工作时间为每个人 8 h。其计算公式为

单位产品时间定额(工日/工时)= 1/每工日或工时产量 (3-1)

1.4.1.2 产量定额

产量定额也可称工作定额,是在单位时间内(如小时、工作日或班次)规定的应生产合格产品的数量。其计算公式为

每工日或工时产量=1/单位产品时间定额(工日或工时) (3-2)

产量定额的计量单位,一般以产品计量单位和工日来表示,如 m^3(m^2、m、t)/工日。时间定额与产量定额互为倒数关系,使用过程中可以任意选择。若生产过程中需要较长时间才能完成一件产品,通常采用时间定额;若需要时间不长或在单位时间内产量很多,则以产量定额较为方便。时间定额一般用作计划,而产量定额常用于分配任务。

1.4.2 材料消耗定额

材料消耗定额简称材料定额,它是指在节约和合理使用材料的条件下,生产单位合格产品所需消耗一定品种规格的建筑材料、半成品、配件和水、电、燃料等的数量标准。

定额材料消耗量既包括构成产品实体净用的材料数量,又包括施工场内运输及操作过程中不可避免的损耗量。

总消耗量=净用量+损耗量 (3-3)

损耗率=损耗量/总消耗量×100% (3-4)

总消耗量=净用量/(1-损耗率) (3-5)

所以,制定材料消耗定额,关键是确定净用量和损耗率。

根据材料使用次数的不同,建筑安装材料分为非周转性材料和周转性材料。非周转性材料也称为直接性材料,是指施工中一次性消耗并直接构成工程实体的材料,包括不可避免的,如钢筋、水泥、木材、石、砂子等。周转性材料是指在工程施工中能多次使用、反复

周转但并不构成工程实体的工具性材料，如模板、活动支架、脚手架、支撑、挡土板等。

直接性材料消耗定额的制定方法有观测法、实验法、统计法和计算法。

周转性材料的消耗定额应按照多次使用、分次摊销的方法进行计算。摊销量是指周转材料使用一次在单位产品上的消耗量，即应分摊到每一单位分项工程或结构构件上的周转材料消耗量。

1.4.3 施工机械台班(时)定额

施工机械台班(时)定额是在一定的施工组织条件及合理使用机械的条件下，完成单位合格产品所必须消耗的机械台班(时)数量的标准，它由机械的有效工作时间、不可避免的无效工作时间和工艺中断时间三部分组成。也有两种表达形式，即机械时间定额和机械产量定额。

1.4.3.1 机械时间定额

机械时间定额就是在正常的施工、劳动组织条件下，使用某种规定的机械完成单位合格产品所必须消耗的台班(时)数量，可用式(3-6)计算：

机械时间定额(台班/台时)=1/机械台班或台时产量定额 (3-6)

当人工配合机械工作时，可用式(3-7)计算：

机械时间定额(台班/台时)=小组成员工日数总和/机械台班(时)产量定额 (3-7)

1.4.3.2 机械产量定额

机械产量定额就是指某种机械在正常的施工、劳动组织条件下，由熟练工人操纵机械，在工作小组成员配合下，单位时间内必须完成合格产品的数量，计算公式如下：

机械台班产量定额=小组成员工日数总和/机械时间定额 (3-8)

2 预算定额

2.1 预算定额的概念

预算定额是完成单位分部分项工程的人工、材料和机械台班使用量的数量标准。它是一种计价性定额，由国家主管部门或其授权单位组织编制、审批并颁发执行。

2.2 预算定额的作用

(1)预算定额是编制施工图预算和确定水利建筑工程价格的基础。

(2)预算定额是编制施工组织设计文件时，确定劳动力、材料、成品、半成品及施工机械需要量的依据。

(3)预算定额是拨付工程价款和工程完工结算的依据。

(4)预算定额是施工企业内部经济核算的依据。

(5)预算定额是编制概算文件的基础。

(6)预算定额是合理编制招标标底及投标报价的依据。

2.3 预算定额的编制原则和依据

2.3.1 预算定额的编制原则

(1)按社会平均水平确定预算定额的原则。

预算定额的社会平均水平是在正常的施工、合理的施工组织和工艺条件、平均劳动熟练程度和劳动强度条件下，完成单位工程基本构造要素所需的劳动时间。

(2)简明适用原则。

贯彻简明适用原则,便于执行预算定额的可操作性。

2.3.2 预算定额的编制依据

(1)现行劳动定额和施工定额。

(2)现行设计、施工及验收规范、质量评定标准和安全操作规程。

(3)具有代表性的典型水利工程施工图及有关标准图。

(4)新技术、新结构、新材料和先进的施工方法等。

(5)有关科学实验、技术测定的统计、经验资料。

(6)现行的水利工程预算定额、材料预算价格及有关文件规定等。

2.4 预算定额的编制方法与步骤

(1)确定预算定额的计量单位。

预算定额的计量单位关系到预算工作的繁简和准确性,主要根据分部分项工程的形体和结构构件特征及其变化来确定。

要正确地确定各分部分项工程的计量单位,一般依据水利工程结构构件形体的特点确定。若构件的断面有一定形状和大小,但是长度不定,可按长度以延长米为计量单位,如压力钢管制作及安装等;若厚度有一定规格,但是长度和宽度不定,可按面积以"m^2"为计量单位,如泵站的墙面;若长、厚(高)和宽度都变化,可按体积以"m^3"为计量单位,如坝基土方开挖、导流洞钢筋混凝土构件等;若质量与价格差异很大,形状又不固定,采用质量以"t"为计量单位,如进水阀的阀壳、阀体等;若水利工程结构没有一定规格,而其构造又较复杂,可按个、台、座、组为计量单位,如启闭机安装、水轮发电机等。

(2)计算工程量。

选择水利工程设计图纸和资料计算工程量。

(3)确定预算定额各项目人工、材料和机械台班消耗指标。

(4)编制预算定额表及拟定有关说明。

预算定额表在不同时期、不同专业和不同地区虽不完全相同,但变化不大,主要由目录、总说明、各章说明、定额项目表、分章附录及总附录表等组成。

3 概算定额

3.1 概算定额的概念

概算定额是在预算定额基础上,确定完成合格的单位扩大分项工程或单位扩大结构构件所需消耗的人工、材料和机械台班的数量标准,所以概算定额又称作扩大结构定额。例如:模板工程中的直墙圆拱形隧洞衬砌钢模板概算定额是由预算定额中的顶拱圆弧面、边墙墙面、底板等的模板制作和安装拆除等定额项目,综合在一起并适当扩大编制而成的,以适应概算编制的需要。

3.2 概算定额的作用

(1)概算定额是初步设计阶段编制概算、扩大初步设计阶段编制修正概算的主要依据。

(2)概算定额是对设计项目进行技术经济分析比较的基础资料之一。

3.3　概算定额的编制原则和依据

概算定额的编制原则应该贯彻社会平均水平和简明适用的原则。

概算定额的编制依据如下：

(1)现行的设计规范和建筑工程预算定额。

(2)具有代表性的标准设计图纸和其他设计资料。

(3)现行的人工工资标准、材料预算价格、机械台班预算价格及其他的价格资料。

3.4　概算定额的编制步骤

3.4.1　准备阶段

准备阶段的主要任务是确定编制机构和人员组成，了解现行概算定额执行情况，明确编制的目的并制订概算定额的编制方案和确定概算定额的项目。

3.4.2　编制初稿阶段

编制初稿阶段是根据已经确定的编制方案和概算定额项目，收集和整理各种编制依据，对各种资料进行深入细致的测算和分析，确定人工、材料和机械台班的消耗量指标，最后编制概算定额初稿。

3.4.3　审查定稿阶段

审查定稿阶段的主要工作是测算概算定额水平，即测算新编制概算定额与原概算定额及现行概算定额之间的水平。

4　估算指标

估算指标是在编制项目建议书可行性研究报告和编制设计任务书阶段进行投资估算、计算投资需要量时而使用的一种定额，是由概算定额综合扩大和统计资料分析编制而成的。

投资估算指标是确定和控制建设项目全过程各项投资支出的技术经济指标。其范围涉及建设前期、建设实施期和竣工验收交付使用期等各个阶段的费用支出，内容因行业不同而各异，其主要作用是为项目决策和投资控制提供依据。

5　概算定额、预算定额与施工定额的关系

概算定额与预算定额的相同之处，在于它们都是以建(构)筑物各个结构部分和分部分项工程为单位表示的；内容都包括人工、材料和机械使用量定额三个基本部分。概算定额表达的主要内容、主要方式及基本使用方法都与预算定额相近。

概算定额与预算定额的不同之处，在于项目划分和综合扩大程度上的差异，概算定额主要用于设计概算的编制，预算定额用于编制施工图预算或甲乙双方结算。两者相比，预算定额的工程项目划分的较细，每一项目所包括的工程内容较单一；概算定额的工程项目划分的较粗，每一项目所包括的工程内容较多，也就是把预算定额中的多项工程内容合并到一项之中了。因此，概算定额中的工程项目较预算定额中的项目要少得多。同时，概算定额以预算定额为基础，是预算定额经过适当综合扩大编制而成的，两者之间允许有5%的幅度差。在水利工程中，从预算定额过渡到概算定额，一般采用1.03~1.05的扩大系数。

预算定额不同于施工定额,它不是企业内部使用的定额,不具有企业定额的性质。预算定额是以施工定额为基础编制的。预算定额中包含了更多的可变因素,如工序搭接的停歇时间,机械的维修、保养、加油等所发生的停工损失,工程检查所需的时间等。因此,确定预算定额水平时需要保留合理的幅度差,幅度差是预算定额与施工定额的重要区别。预算定额是平均水平,施工定额是平均先进水平。所以,确定预算定额时,水平要相对降低一些。一般预算定额水平比施工定额水平低5%~7%。

任务3 定额的使用

1 定额的组成

现行水利水电工程定额一般由总说明、分册分章说明、目录、定额表和附录组成。其中,定额表是定额的主要部分。

水利部颁布的现行《水利建筑工程概算定额》《水利建筑工程预算定额》是以完成不同子目单位工程量所消耗的人工、材料和机械台时数表示的。《水利水电设备安装工程预算定额》是以实物量形式表示的,如表3-2所示的是《水利建筑工程预算定额》第一章第18节定额形式。

表3-2 人工装土自卸汽车运输

适用范围:工人固定在装卸地点装卸,汽车在一般工地路面行驶,露天作业。

工作内容:人工装车、运输、卸车、空回等。

单位:100 m^3

项目	单位	运距(100 m)					增运 100 m
		1	2	3	4	5	
工长	工时						
高级工	工时						
中级工	工时						
初级工	工时	122.5	122.5	122.5	122.5	122.5	
合计	工时	122.5	122.5	122.5	122.5	122.5	
零星材料费	%	1	1	1	1	1	
推土机 59 kW	台时	0.30	0.30	0.30	0.30	0.30	
自卸汽车 3.5 t	台时	19.48	23.66	27.50	31.13	34.60	3.20
自卸汽车 5 t	台时	14.73	17.44	19.92	22.27	24.52	2.07
自卸汽车 8 t	台时	11.96	13.65	15.21	16.67	18.08	1.30
编号		10252	10253	10254	10255	10256	10257

现行的《水利工程施工机械台时费定额》是一种综合式定额,其一类费用是价目表式,二类费用是实物量式。综合式表示形式见表 3-3。

表 3-3 土石方机械

项目		单位	单斗挖掘机				
			油动		电动		
			斗容(m^3)				
			0.5	1.00	2.00	3.00	4.00
(一)	折旧费	元	21.97	28.77	41.56	68.28	175.15
	修理及替换设备费	元	20.47	29.63	43.57	55.67	84.67
	安装拆卸费	元	1.48	2.42	3.08		
	小计	元	43.92	60.82	88.21	123.95	259.82
(二)	人工	工时	2.7	2.7	2.7	2.7	
	汽油	kg					
	柴油	kg	10.7	14.2			
	电	kWh			100.6	128.1	166.8
	风	m^3					
	水	m^3					
	煤	kg					
备注						*	*
编号			1001	1002	1003	1004	1005

注:* 表示该项定额未计入安装拆卸费。

2 定额的使用原则

定额在水利水电工程建设经济管理中有着重要的作用,造价管理人员必须熟练、准确地使用定额。

2.1 专业对口的原则

水利水电工程除水工建筑物和水利水电设备外,还有房屋建筑、公路、铁路、输电线路、通信线路等永久性设施。水工建筑物和水利水电设备安装应采用水利部、国家电力公司颁发的定额。其他永久性工程应分别采用所属主管部门颁发的定额,如铁路、公路工程应采用交通运输部颁发的工程定额。

2.2 设计阶段对口的原则

设计阶段可分为初步设计阶段、扩大设计阶段和施工图设计阶段。科研阶段编制投资估算应采用估算指标;初设阶段编制概算应采用概算定额;施工图设计阶段编制施工图预算应采用预算定额。因本阶段定额缺项,须采用下一阶段定额时,应按规定乘以过渡系数。

2.3 工程定额与费用定额配套的原则

在计算各类永久性设施工程时,采用的工程定额除应执行专业对口的原则外,其费用定额也应遵照专业对口的原则与之相适应。如采用公路工程定额计算永久性公路投资时,应相应采用交通运输部颁发的费用定额。对于实行招标承包制工程,在编制标底时应按照主管部门批准颁发的综合定额和扩大指标,以及相应的间接费定额的规定来执行。施工企业投标报价可适当浮动。

3 使用定额的注意事项

定额是编制水利工程造价的重要依据,因此工程造价人员都必须熟练准确地使用定额。在使用过程中应注意以下事项:

(1)要认真阅读定额的总说明和分册分章说明。对说明中指出的定额适用范围、包含的工作内容和费用、有关的调整系数及使用方法等均应熟悉。

(2)要了解定额项目的工作内容、工序。能根据工程部位、施工方法、施工机械和其他施工条件正确地选用定额项目,做到不错项、漏项、重项。

(3)要学会利用定额的各种附录。例如对建筑工程要掌握土壤和岩石分级、混凝土配合比的确定,对于安装工程要掌握安装费调整和各种装置性材料用量的确定等。

(4)要把握住定额修正的各种换算关系。当施工条件与定额项目规定条件不符时,应按定额说明和定额表下的"注"中有关规定换算修正。各系数换算,除特殊注明者外,一般均按连乘计算。使用时,还要区分修正系数是全面修正,还是只在人工、材料和机械台班消耗的某一项或几项上修正。

(5)要注意定额中数字表示的范围和单位。概预算项目的计量单位要和定额项目的计量单位一致;区分土石方工程的自然方和压实方;砂石备料中的成品方、自然方与堆方;砌石工程中的砌体方与码方;混凝土的拌和方与实体方等。定额中凡只用一个数字表示的,仅适用于该数字本身;数字后面用"以上""以外""超过"等表示的,都不包括数字本身;数字后面用"以下""以内""小于或等于""不大于"等表示的,都包括数字本身;当需要选用的定额介于两子目之间时,可用插入法计算;数字用上下限表示的,如2 000~2 500,适用于大于2 000、小于或等于2 500的数字范围。

4 定额使用举例

【例3-1】 某浆砌块石平面护坡工程量为2 000 m^3(砌体方),采用人工坐浆砌筑,砂浆强度等级为M10,砌石等材料已运至工地就近堆放。求该护坡的材料预算量。

解:(1)求1 m^3 浆砌石所需材料预算量。

查《水利建筑工程预算定额》(水利部2002年,简称《预算定额》)定额编号30017,得砌筑100 m^3 平面块石护坡需要块石108 m^3(码方),砂浆35.3 m^3。查《预算定额》附录7

表7-5，得1 m^3M10砌筑砂浆需要水泥305 kg，砂1.10 m^3，水0.183 m^3。则得到1 m^3浆砌石所需材料预算量为：

块石　108÷100=1.08(m^3)(码方)

水泥　35.3÷100×305=107.67(kg)

砂　35.3÷100×1.10=0.388(m^3)

水　35.3÷100×0.183=0.065(m^3)

(2)求2 000 m^3护坡的材料预算量。

块石　1.08×2 000=2 160 m^3(码方)

水泥　107.67×2 000=215 340(kg)

砂　0.388×2 000=776(m^3)

水　0.065×2 000=130(m^3)

【例3-2】 某一般土方明挖工程量为24 000 m^3，Ⅲ类土，采用1 m^3挖掘机开挖10 t自卸汽车运输，运距5 km，每天两班作业，配备5台挖掘机，则几天能够完成？至少配备多少辆自卸汽车？

解：(1)求挖掘机、自卸汽车的生产率。

根据已知条件，查《预算定额》定额编号10369，开挖运输100 m^3土(自然方)需要1 m^3挖掘机1台时，10 t自卸汽车11.88台时，则：

10 m^3挖掘机生产率为100÷1=100(m^3/台时)(自然方)。

8 t自卸汽车生产率为100÷11.88≈8.42(m^3/台时)(自然方)。

(2)求需要的天数。

1台挖掘机一天的开挖量为100×8×2=1 600(m^3/天)(自然方)，则5台挖掘机开挖24 000 m^3需要的天数为24 000÷1 600÷5=3(天)。

(3)求配备的自卸汽车数量。

1辆自卸汽车一天的运输量为8.42×8×2=134.72(m^3/天)(自然方)，则需要配备的自卸汽车数量为24 000÷3÷134.72=59.38≈60(辆)。

小结

定额是在一定的生产力水平下，预先规定完成某项合格产品所消耗的人力、物力、财力和时间等的数量标准。它是国家、地方、部门或企业制定的标准，其大小反映了社会一定时期的生产和管理水平。定额具有科学性、法令性、群众性、时效性、稳定性等特性。定额根据不同的分类标准有不同的类型，按用途可分为施工定额、预算定额、概算定额、投资估算指标；按所包含生产要素可分为劳动定额、材料消耗定额、机械使用定额，要搞清楚它们之间的区别与联系。

定额在使用时首先要读懂定额的组成和内容，注意一些使用原则，根据工程实际正确选用定额子目。

职业能力训练3

一、单项选择题

1. 定额是随着生产力水平的发展而变化的,编制定额必须坚持(　　)原则。

A. 简明　　B. 适用　　C. 科学性　　D. 平均先进

2. 工程建设前期阶段造价文件编制所使用的定额,其原则宜(　　)。

A. 反映社会平均水平　　B. 反映企业平均先进水平

C. 反映国家经济发展水平　　D. 反映先进企业所达到的水平

3. 技术工人在一定施工组织条件下,在单位时间内应当完成合格产品的数量或完成单位合格产品所需的劳动时间,称为(　　)。

A. 材料消耗定额　　B. 劳动定额　　C. 综合定额　　D. 时间定额

4. 概算定额是在(　　)基础上综合扩大编制而成的。

A. 预算定额　　B. 劳动定额　　C. 时间定额　　D. 施工定额

5. (　　)是完成单位分部分项工程的人工、材料和机械台班使用量的数量标准。

A. 施工定额　　B. 预算定额　　C. 概算定额　　D. 投资估算指标

二、多项选择题

1. 定额包括许多种类的定额,按用途分类可分为(　　)。

A. 施工定额　　B. 预算定额　　C. 概算定额　　D. 投资估算指标

E. 施工机械台时费定额

2. 建设工程进行多次计价,它们之间的关系是(　　)。

A. 投资估算控制设计概算

B. 设计概算控制施工图预算

C. 设计概算是对投资估算的落实

D. 投资估算作为工程造价的目标限额,应比设计概算更为准确

E. 在正常情况下投资估算应小于设计概算

3. 定额是国家、地方、部门或企业制定的标准,具有(　　)特点。

A. 科学性　　B. 法令性　　C. 群众性

D. 稳定性　　E. 时效性

4. 定额水平是一定时期社会生产力的反映,影响它的因素有(　　)。

A. 操作人员的技术水平　　B. 机械化程度

C. 新材料、新工艺、新技术的发展和应用

D. 企业的组织管理水平　　E. 人工、材料、机械的费用

5. 定额的使用过程中应遵循(　　)原则。

A. 专业对口原则　　B. 设计阶段对口原则　　C. 经济适用原则

D. 明确合理原则　　E. 工程定额与费用定额配套的原则

三、名词解释

定额;劳动定额;机械使用定额;材料消耗定额;概算定额;预算定额;施工定额。

四、论述题

试分析施工定额、预算定额、概算定额的联系与区别。

五、计算题

河道堤防工程施工采用 1 m^3 挖掘机挖装Ⅲ类土，10 t 自卸汽车运输，平均运距 7 km，74 kW 拖拉机碾压（土料干密度为 17.3 kN/m^3，堤防工程量为 5.0×10^5 m^3 实方（折合 5.754×10^5 m^3 自然方），每天两班作业。

问：若要求在 80 天内完成，此堤防工程至少需配备多少台挖掘机、自卸汽车、拖拉机？

项目4 基础单价

【学习目标】

了解施工用电、风、水单价、砂石料单价编制方法;掌握人工单价、材料单价、机械台时费、混凝土材料单价的费用构成及编制方法;能够根据现行水利工程计价规定及工程实际合理编制各基础单价。具有严谨细致、认真负责、实事求是的工作态度和勤俭节约精神。

【学习任务】

(1)人工预算单价;

(2)材料预算价格;

(3)施工机械台时费;

(4)施工用电、风、水单价;

(5)砂石料单价;

(6)混凝土、砂浆材料单价。

【任务分析】

在编制水利水电工程概预算时,需要根据国家以及工程项目所在地区的有关规定、工程所在地的具体条件、工程规模、施工技术、材料来源等,编制人工预算单价,材料预算价格,施工机械台时费,施工用电、风、水预算价格,砂石料单价,混凝土及砂浆材料单价等,作为编制建筑与安装工程单价的基础性资料。

任务1 人工预算单价

人工预算单价是指在编制概预算时,用来计算各种生产工人人工费时所采用的人工工时价格,是生产工人在单位时间(工时)所需的费用。它是计算建筑安装工程单价和施工机械台时费中机上人工费的重要基础单价。

人工预算单价的组成内容和标准,在不同时期、不同地区、不同行业、不同部门都是不相同的。因此,在编制概预算时,必须根据工程所在地区的工资类别和现行水利水电施工企业人工工资标准及有关工资性津贴标准,按照国家有关规定,正确地确定生产工人人工预算单价。人工预算单价编制准确与否,对概预算的编制质量起到至关重要的作用。

1 人工预算单价组成

根据水利部现行《水利工程设计概(估)算编制规定》(水总〔2014〕429号,简称《编规》)的规定,人工预算单价由基本工资、辅助工资两项内容组成,并划分为工长、高级工、中级工、初级工四个档次。

1.1 基本工资

基本工资包括岗位工资、生产工人年应工作天数内非作业天数的工资。

1.1.1　岗位工资

岗位工资是指按照职工所在岗位从事的各项劳动要素测评结果确定的工资。

1.1.2　生产工人年应工作天数内非作业天数的工资

生产工人年应工作天数内非作业天数的工资包括职工开会学习、培训期间的工资，职工调动工作、休假、探亲期间的工资，因气候影响的停工工资，女工哺乳期间的工资，病假在六个月以内的工资及产、婚、丧假期间的工资等。

1.2　辅助工资

辅助工资是指在基本工资之外，以其他形式支付给职工的工资性收入，根据国家有关规定属于工资性质的各种津贴，主要包括艰苦边远地区津贴、施工津贴、夜餐津贴、节日加班津贴。

2　人工预算单价计算

人工预算单价的计算应根据国家有关规定和水利部水利企业工资制度改革办法，按照工程所在地区的工资区类别和水利水电施工企业工人工资标准并结合水利工程性质特点等进行。其具体计算方法执行水利部《编规》(水总〔2014〕429号)的规定。

人工预算单价按照表4-1所示标准计算。

表4-1　人工预算单价计算标准　(单位:元/工时)

类别与等级	一般地区	一类区	二类区	三类区	四类区	五类区 西藏二类区	六类区 西藏三类区	西藏四类区
枢纽工程								
工长	11.55	11.80	11.98	12.26	12.76	13.61	14.63	15.40
高级工	10.67	10.92	11.09	11.38	11.88	12.73	13.74	14.51
中级工	8.90	9.15	9.33	9.62	10.12	10.96	11.98	12.75
初级工	6.13	6.38	6.55	6.84	7.34	8.19	9.21	9.98
引水工程								
工长	9.27	9.47	9.61	9.84	10.24	10.92	11.73	12.11
高级工	8.57	8.77	8.91	9.14	9.54	10.21	11.03	11.40
中级工	6.62	6.82	6.96	7.19	7.59	8.26	9.08	9.45
初级工	4.64	4.84	4.98	5.21	5.61	6.29	7.10	7.47
河道工程								
工长	8.02	8.19	8.31	8.52	8.86	9.46	10.17	10.49
高级工	7.40	7.57	7.70	7.90	8.25	8.84	9.55	9.88
中级工	6.16	6.33	6.46	6.66	7.01	7.60	8.31	8.63
初级工	4.26	4.43	4.55	4.76	5.10	5.70	6.41	6.73

注:1. 艰苦边远地区划分执行人事部、财政部《关于印发〈完善艰苦边远地区津贴制度实施方案〉的通知》(国人部发〔2006〕61号)及各省(自治区、直辖市)关于艰苦边远地区津贴制度实施意见。一至六区地区的类别划分参见附录3，执行时应根据最新文件进行调整。一般地区指附录3之外的地区。

2. 跨地区建设项目的人工预算单价可按主要建筑物所在地确定，也可按工程规模或投资比例进行综合确定。

任务2 材料预算价格

1 概述

材料是指在建筑工程(如水利工程、房屋建筑工程、道路与桥梁工程等)的建设过程中,所直接耗用的原材料、半成品、成品、零部件等的统称。材料是各项基本建设的重要物质基础之一,是建筑安装工人加工和施工的劳动对象,它包括直接消耗在工程上的消耗性材料、构成工程实体的装置性材料和在施工过程中可重复使用的周转性材料。

材料预算价格是指材料从购买地运到工地分仓库或相当于工地分仓库的材料堆放场地的出库价格。材料从工地分仓库至施工现场用料点的场内运杂费已计入定额内。在水利水电工程建设过程中,材料消耗的品种多、数量大,材料费是建筑安装工程投资的主要组成部分,所占的比重很大,一般可达到建安工程投资的30%~65%。而材料预算价格是编制建筑安装工程单价中材料费的基础单价,因此准确的计算材料预算价格,对于提高工程概预算编制质量、正确合理地确定工程造价与工程投资具有重要意义。所以,在编制材料预算价格过程中,必须通过深入细致的市场调查研究,并结合工程所在地编制年的物价水平,实事求是地进行计算。

2 水利水电工程主要材料与次要材料的划分

水利水电工程建设中所使用的材料品种繁多、数量多少不同、规格型号各异,在编制材料的预算价格时没必要也不可能逐一详细计算,而是按其用量的多少及对工程投资的影响程度大小,将材料划分为主要材料和次要材料。对于主要材料要逐一详细地计算其材料预算价格,而对于次要材料则采用简化的方法进行计算。

2.1 主要材料

主要材料是指在施工中用量大或用量虽小但价格很高,对工程投资影响较大的材料。

水利水电工程中常用的主要材料一般有:

(1)水泥。水泥包括硅酸盐水泥、普通硅酸盐水泥、矿渣硅酸盐水泥、火山灰质硅酸盐水泥、粉煤灰硅酸盐水泥及一些特殊性能的水泥。

(2)钢材。钢材包括各种钢筋、钢绞线、钢板、工字钢、角钢、槽钢、扁钢、钢轨、钢管等。

(3)木材。木材包括原木、板枋材等。

(4)油料。油料包括汽油、柴油。

(5)火工产品。火工产品包括炸药(起爆炸药、单质猛炸药、混合猛炸药)、雷管(火雷管、电雷管、延期雷管、毫秒雷管)、导电线或导火线(导火索、纱包线、导爆索等)。

(6)砂石料。砂石料包括砂砾料、砂、卵(砾)石、碎石、块石、料石等当地建筑材料,是建筑工程中混凝土、反滤层、堆砌石和灌浆等结构物的主要建筑材料。

(7)电缆及母线。

(8)粉煤灰。

2.2 次要材料

次要材料又称其他材料,是指施工中品种繁多且用量少,对工程投资影响较小的除主要材料外的其他材料。

次要材料与主要材料是相对而言的,两者之间并没有严格的界限,要根据工程对某种材料用量的多少及其在工程投资中所占的比重来确定。例如:大体积混凝土工程为了温控措施,需要掺用大量的粉煤灰;碾压混凝土坝工程也掺有大量的粉煤灰;还有大量采用沥青混凝土的防渗工程等,可将粉煤灰、沥青视为主要材料。而对于石方开挖量很小的工程,炸药可作为次要材料。对于土石坝工程,木材用量很少则也可以作为次要材料。

3 主要材料预算价格

3.1 主要材料预算价格的组成内容

主要材料预算价格一般包括材料原价、运杂费、运输保险费、采购及保管费四项内容。其计算公式为

$$材料预算价格=(材料原价+运杂费)\times(1+采购及保管费费率\times 1.1)+运输保险费 \quad (4\text{-}1)$$

3.2 主要材料预算价格的编制

编制材料预算价格,首先要了解有关材料各方面的信息:工程所在地区就近建筑材料市场的材料价格、材料供应情况、对外交通条件,已建工程的有关经验和资料,国家或地方有关法规、规范等。其次应综合考虑,科学合理地选择材料供货商、供货地点、供货比例和运输方式等。使编制的材料预算价格尽可能符合工程实际,以达到节约投资,降低工程造价的目的。

3.2.1 材料原价

材料原价指材料指定交货地点的价格。按不含增值税进项税额的价格计算。

3.2.2 材料运杂费

材料运杂费是指材料由产地或交货地点至工地分仓库或相当于工地分仓库的材料堆放场地所发生的全部费用之和,包括各种运载工具的运输费、装卸费及其他费用。按不含增值税进项税额的价格计算。由工地分仓库或相当于工地分仓库的材料堆放场地至现场各施工点的运输费用,已包括在定额内,在材料预算价格中不再计算。

材料预算价格的编制,应根据施工组织设计所选定的材料来源、运输方式、运输工具、运输线路和运输里程,并按照交通部门的有关规定,计算材料的运杂费。特殊材料或部件运输,还要考虑特殊措施费、改造路面和桥梁等费用。

3.2.2.1 铁路运杂费

在国有铁路线路上运输材料时,其运杂费一律按原铁道部现行《铁路货物运价规则》规定计算。在地方营运的铁路线路上运输材料时,执行地方的规定。

(1)铁路运输费。国有铁路部门运输费计算三要素是货物运价号、运价里程、运价率。

①确定运价里程。根据货物运价里程表按到发站最短路径查得。

②确定计费质量。整车货物以吨为单位。火车整车运输货物时,除特殊情况外,一律按车辆标记载重量计费。零担货物按实际质量计费,单位为 10 kg,不足 10 kg 按 10 kg 计。对每立方米不足 333 kg 的轻浮货物(如油桶),整车运输时,装车高度、宽度和长度不得超过规定限度,以车辆标重计费;零担运输时,以货物包装最高、最宽、最长部分计算体积,按每立方米折重 333 kg 计价。

③确定运价号。根据铁道部门有关规定,按所运材料的品名,对照查出采用整车或零担运输的运价号。常用材料的运价号见表 4-2(根据铁道部铁运〔2000〕71 号文及计价格〔2000〕797 号文规定)。

表 4-2 常用材料铁路运输运价号

材料名称	水泥	钢材	木材	汽油、柴油	炸药	砂石料
整车(1~9 号)	5	5	5	8+20%	6+50%	2
零担(21~24 号)	22	22	22	24	24+50%	21

④确定运价率。根据铁道部门有关规定,按运价号,对照查出货物的运价率。现行铁路货物的运价率见表 4-3。

表 4-3 现行铁路货物运价率

办理类别	运价号	发到基价		运行基价	
		单位	标准	单位	标准
整车	1	元/t	4.60	元/(t·km)	0.021 0
	2	元/t	5.20	元/(t·km)	0.023 9
	3	元/t	6.00	元/(t·km)	0.027 3
	4	元/t	6.80	元/(t·km)	0.311
	5	元/t	7.60	元/(t·km)	0.034 8
	6	元/t	8.50	元/(t·km)	0.039 0
	7	元/t	9.60	元/(t·km)	0.043 7
	8	元/t	10.70	元/(t·km)	0.049 0
	9			元/(轴·km)	0.150 0
零担	21	元/10 kg	0.085	元/10(kg·km)	0.000 350
	22	元/10 kg	0.101	元/(10kg·km)	0.000 420
	23	元/10 kg	0.122	元/(10kg·km)	0.000 504
	24	元/10 kg	0.146	元/(10kg·km)	0.000 605

⑤确定运价。根据国家现行规定,按照材料运价号确定运价标准。

⑥铁路运价组成。现行铁路运价由发到基价和运行基价组成,计算公式为

$$\text{整车货物每吨运价}=\text{发到基价}+\text{运行基价}\times\text{运价里程} \tag{4-2}$$

$$\text{零担货物每 10 kg 运价}=\text{发到基价}+\text{运行基价}\times\text{运价里程} \tag{4-3}$$

(2)计算材料运输费时应注意以下几点:

①整车与零担比例。

整车与零担比例是指火车运输中整车和零担货物的比例,又称整零比。汽车运输不

考虑整零比。在铁路运输方式中，要根据工程具体所消耗的材料量，来确定每一种材料运输中的整车与零担比例，据以计算其运输费。

整车运价较零担便宜，材料运费的计算中，应以整车运输为主。根据已建大、中型水利水电工程实际情况，水泥、木材、炸药、汽油和柴油等可以全部按整车运输计算；钢材可考虑一部分零担，其比例应按实际资料选取。若无实际资料，则可据已建工程经验值选取，大型水利水电工程可按10%~20%选取，中型工程按20%~30%选取。

整零比在实际计算时多以整车或零担所占百分率表示。计算时，按整车和零担所占的百分率加权平均计算运价。计算公式为

$$运价=整车运价\times整车量(\%)+零担运价\times零担量(\%) \tag{4-4}$$

②装载系数。

装载系数是指货物实际运输重量与车辆标记载重量的比值。火车整车运输货物时，除特殊情况外，一律按车辆标记载重量计费。但在实际运输过程中，经常出现不能满载的情况（如：由于材料批量原因，可能装不满一整车而不能满载；或虽已满载，但因材料容重小其运输重量达不到车皮的标记载重量；或为保证行车安全，对炸药类危险品也不允许满载），因此就存在实际运输重量与运输车辆标记载重量不同的问题，在计算运输费用时，常用装载系数来表示，火车整车装载系数如表4-4所示，供计算时参考。计算公式为

$$装载系数=实际运输重量\div运输车辆标记载重量 \tag{4-5}$$

考虑装载系数后实际运价计算公式为

$$运价=规定运价\div装载系数 \tag{4-6}$$

表4-4 火车整车运输装载系数

序号	材料名称		单位	装载系数
1	水泥、油料		t/(车皮·t)	1.00
2	木材		m^3/(车皮·t)	0.90
3	钢材	大型工程	t/(车皮·t)	0.90
4		中型工程	t/(车皮·t)	0.80~0.85
5	炸药		t/(车皮·t)	0.65~0.70

③毛重系数。

材料毛重指包括包装品重量的材料运输重量。运输部门不是以物资的实际重量计算运费，而是按毛重计算运费的，所以材料运输费中要考虑材料的毛重系数。计算公式为

$$毛重系数=\frac{毛重}{净重}=\frac{材料实际重量+包装品重量}{材料实际重量} \tag{4-7}$$

$$材料毛重=材料重量\times毛重系数 \tag{4-8}$$

毛重系数大于或等于1。一般情况下，建筑材料中，水泥、钢材、木材和油罐车运输的油料毛重系数为1，炸药的毛重系数为1.17，油料采用自备油桶运输时，其毛重系数：汽油为1.15，柴油为1.14。

考虑毛重系数后的实际运价为

$$实际运价 = 规定运价 \times 毛重系数 \quad (4-9)$$

(3)铁路运价计算。综合考虑以上因素,铁路运价可按下式计算:

$$铁路运价 = \frac{整车规定运价}{装载系数} \times 毛重系数 \times 整车比例 + 零担整车运价 \times 毛重系数 \times 零担比例 \quad (4-10)$$

【例4-1】 一列火车,货车车厢标记重量(质量)为50 t,装2#岩石铵梯炸药1 420箱,每箱炸药净重24 kg,箱重0.6 kg,查得整车炸药铁路运价为16.65元/t。试计算炸药:①计费重量;②装载系数;③毛重系数;④每吨实际运价是多少?

解:①炸药的计费重量:50 t

②炸药的实际运输重量=1 420×(24+0.6)=34.93(t)

装载系数=实际运输重量÷车厢标记重量=34.93÷50=0.7

③毛重系数=毛重÷净重=(24+0.6)÷24=1.03

④炸药每吨实际运价=规定运价÷装载系数×毛重系数

=16.65÷0.7×1.03=24.50(元/t)

(4)铁路杂费。主要包括调车费、装卸费、捆扎费、出入库费和其他杂费等。

3.2.2.2 公路及水路运杂费

公路运杂费按工程所在省(自治区、直辖市)交通部门现行有关规定或市场价计算。公路运费的计费重量,一般货物均按实际运输重量计算。汽车运输货物不考虑装载系数。

3.2.2.3 综合运杂费

一个工程有两种以上对外交通方式时,还需要确定每种材料在各种运输方式中所占的比例,求出加权平均运杂费,即综合运杂费。

3.2.3 材料运输保险费

材料运输保险费是指向保险公司缴纳的货物保险费,其计算公式为

$$材料运输保险费 = 材料原价 \times 材料运输保险费费率 \quad (4-11)$$

材料运输保险费费率可按工程所在省、自治区、直辖市或中国人民保险公司的有关规定计算。

3.2.4 材料采购及保管费

材料采购及保管费是指材料在采购、供应和保管过程中所发生的各项费用。其主要内容包括:

(1)各级材料采购、供应及保管部门工作人员的基本工资、辅助工资、职工福利费、劳动保护费、养老保险费、失业保险费、医疗保险费、工伤保险费、生育保险费、住房公积金、教育经费、办公费、差旅交通费及工具用具使用费等。

(2)仓库、转运站等设施的检修费、固定资产折旧费、技术安全措施费等。

(3)材料在运输、保管过程中发生的损耗。

采购及保管费的计算公式为

$$材料采购及保管费 = (材料原价 + 运杂费) \times 采购及保管费费率 \times 1.10 \quad (4-12)$$

材料采购及保管费费率见表4-5。1.10为《水利工程营业税改征增值税计价依据调整办法》(办水总〔2016〕132号)规定的调整系数。

表 4-5 采购及保管费费率表

序号	材料名称	费率(%)
1	水泥、碎(砾)石、砂、块石	3
2	钢材	2
3	油料	2
4	其他材料	2.5

【例 4-2】 某混凝土坝工程所用水泥由某地水泥厂直供,水泥强度等级为 42.5,其中袋装水泥占 20%,散装水泥占 80%,袋装水泥不含增值税进项税额的价格为 320 元/t,散装水泥不含增值税进项税额的价格为 290 元/t。通过调查确定的运输流程及各项费用为:自水泥厂通过公路运往工地仓库,其中袋装水泥不含增值税进项税额的运杂费为 21.6 元/t,散装水泥不含增值税进项税额的运杂费为 12.8 元/t;从仓库到拌和楼由汽车运送,不含增值税进项税额的运费为 1.7 元/t,进罐费为 1.5 元/t;运输保险费费率按 1%计;采购及保管费费率按 3%计。试计算水泥的预算价格。

解:(1)水泥原价=袋装水泥不含增值税进项税额的价格×20%+散装水泥不含增值税进项税额的价格×80%

=320×20%+290×80%=296(元/t)

(2)水泥运杂费=水泥厂至工地仓库运杂费+工地仓库至拌和楼运杂费+进罐费

=(21.6×20%+12.8×80%)+1.7+1.5=17.76(元/t)

(3)水泥采购及保管费=(原价+运杂费)×采购及保管费费率×1.10

=(296+17.76)×3%×1.10=10.35(元/t)

(4)水泥运输保险费=水泥原价×运输保险费费率=296×1%=2.96(元/t)

(5)水泥预算价格=水泥原价+运杂费+采购及保管费+运输保险费

=296+17.76+10.35+2.96=327.07(元/t)

【例 4-3】 某水利枢纽工程位于某省 A 市,工地距 A 市 73 km,距 B 市火车站 28 km,钢筋由省物资站供应 30%,由 A 市金属材料公司供应 70%。两供应点供应的钢筋,低合金 20MnSi 螺纹钢占 60%,普通 A3 光面钢筋占 40%(与设计要求一致),按下列资料计算钢筋的综合预算价格。

1. 出厂价

低合金 20MnSi 螺纹钢:2 400 元/t;普通 A3 光面钢筋:2 200 元/t。

2. 运输流程

(1)省物资站供应的钢筋:用火车运至 B 市火车站,运距 150 km,再用汽车运至工地分仓库,运距 28 km。

(2)A 市金属材料公司供应的钢筋:直接由汽车运至工地分仓库,运距 73 km。

3. 计算依据

(1)铁路:火车运输整车零担比 70 :30,整车装载系数 0.80;火车运价:整车运价 20.00 元/t,零担运价 0.06 元/kg;火车出库装车综合费 4.60 元/t,卸车费 1.6 元/t。

(2)公路:汽车运价 0.55 元/(t · km);汽车装车费 2.00 元/t、卸车费 1.8 元/t。

(3)运输保险费费率为0.8%。

(4)毛重系数为1。

(说明:以上价格均不含增值税进项税额)

解:(1)综合材料原价=2 400×60%+2 200×40%=2 320(元/t)

(2)综合运杂费=60.90×0.3+43.95×0.7=49.04(元/t)

其中,省物资站供应钢筋的运杂费为:

①火车出库装车费:4.60元/t;

②运至B市站的铁路运费为:

$$20.00 \div 0.8 \times 0.7 + 0.06 \times 1\,000 \times 0.3 = 35.50(元/t)$$

③B市站的火车卸车费为:1.60元/t

④汽车装、卸费为:2.00+1.8=3.8(元/t)

⑤B市站至工地分仓库的汽车运费为:0.55×28=15.40(元/t)

小计运杂费为:60.90元/t。

A市材料供应公司供应钢筋的运杂费为:

①汽车装、卸费为:2.00+1.80=3.80(元/t)

②汽车运费为:0.55×73=40.15(元/t)

小计运杂费为43.95元/t。

(3)运输保险费为:2 320×0.8%=18.56(元/t)

(4)采购及保管费为:(2 320+49.04)×2%×1.10=52.12(元/t)

(5)钢筋综合预算价格为:

$$\begin{aligned}钢筋综合预算价格 &= 综合材料原价 + 综合运杂费 + 运输保险费 + 采购及保管费 \\ &= 2\,320 + 49.04 + 18.56 + 52.12 = 2\,439.72(元/t)\end{aligned}$$

本例题也可采用主要材料运输费用计算表和主要材料预算价格计算表进行计算。先分别计算低合金20MnSi螺纹钢和普通A3光面钢筋的预算价格,再按其所占比例求得钢筋的综合预算价格。计算过程如表4-6、表4-7所示,计算结果与上述解法相同。

表4-6 主要材料运输费用计算

编号	1	2	材料名称	钢筋		材料编号	
交货条件	物资站	材料公司	运输方式	火车	汽车	火车	
交货地点			货物等级			整车	零担
交货比例	30%	70%	装载系数	0.80		70%	30%

编号	运输费用项目	运输起讫地点	运输距离(km)	计算公式	合计(元)
1	铁路运杂费	物资站—B市站	150	20.00÷0.8×0.7+0.06×1 000×0.3+4.6+1.6	41.70
	公路运杂费	B市站—工地	28	0.55×28+2.00+1.8	19.20
	综合运杂费				60.90
2	公路运杂费	材料公司—工地	73	0.55×73+2.00+1.80	43.95
	综合运杂费				43.95
每吨运杂费				60.90×0.3+43.95×0.7=49.04	

表4-7 主要材料预算价格计算

编号	名称及规格	原价依据	单位毛重(t)	每吨运费(元)	价格(元/t)					
					原价	运杂费	采购及保管费	运到工地分仓库价格	保险费	预算价格
1	20MnSi 螺纹钢		1.0	49.04	2 400	49.04	53.88	2 502.92	19.2	2 522.12
2	普通 A3 光面钢筋		1.0	49.04	2 200	49.04	49.48	2 298.52	17.6	2 316.12
钢筋综合材料预算价格			2 522.12×60%+2 316.12×40%						2 439.72	

4 其他材料预算价格的确定

其他材料预算价格可参考工程所在地区的工业与民用建筑安装工程材料预算价格或信息价格。

5 基价及材料补差

为了避免材料市场价格起伏变化，造成间接费、企业利润的相应变化，有些部门(如工业与民用建筑)和有些地方的水利水电主管部门，对主要材料规定了统一价格，按此价格进入工程单价计取有关费用，故称为取费价格。这种价格由主管部门发布，在一定时期内固定不变，故又称基价。

水利部颁发的《水利工程营业税改征增值税计价依据调整办法》(办水总〔2016〕132号)中规定，主要材料预算价格超过表4-8规定的材料基价时应按基价计入工程单价参与取费，预算价与基价的差值以材料补差形式计算税金后计入工程单价。外购的砂、卵(砾)石、碎石、块石、料石等材料预算价格如超过70元/m^3，按70元/m^3取费，余额以补差形式计算税金后计入工程单价。

表4-8 主要材料基价表

序号	材料名称	单位	基价(元)
1	柴油	t	2 990
2	汽油	t	3 075
3	钢筋	t	2 560
4	水泥	t	255
5	炸药	t	5 150

任务3 施工机械台时费

1 概述

一台施工机械正常工作一个小时，称为施工机械台时。施工机械台时费是指一台施工机械在一个工作小时内,为使机械正常运行所需支付、消耗和分摊的各种费用的总和,又称台时价格。施工机械台时费是编制建筑安装工程单价中机械使用费的基础单价,应根据《水利工程施工机械台时费定额》(水总[2002]116号文)及有关规定进行编制。在水利水电工程施工中,随着施工机械化程度的不断提高,施工机械台时费在工程投资中所占比例越来越大,目前已达到20%~30%。因此,准确计算施工机械台时费对合理确定工程造价非常重要。

2 施工机械台时费的组成内容

施工机械台时费由两类费用组成,包括一类费用和二类费用。

2.1 一类费用

一类费用由折旧费、修理及替换设备费、安装拆卸费组成。一类费用是按定额编制年的物价水平在施工机械台时费定额中以金额表示,编制台时费时应考虑物价上涨因素,按主管部门公布的物价调整系数进行调整。

2.1.1 基本折旧费

折旧费是指施工机械在规定使用期内收回原始价值的台时折旧摊销费用。

2.1.2 修理及替换设备费

修理及替换设备费是指施工机械在使用过程中,为了使机械保持正常功能而进行修理所需的费用、日常保养所需的润滑油料费、擦拭用品费、机械保管费以及替换设备、随机使用的工具附具等所需的台时摊销费。

2.1.2.1 大修理费

大修理费是指施工机械使用一定台时,为了使机械保持正常功能而进行大修理所需的台时摊销费用。部分属于大型施工机械的中修费合并入大修理费内一起计列。

2.1.2.2 经常性修理费

经常性修理费是指施工机械在寿命期内除大修理费外的保养、临时故障排除及机械停置期间的维护等所需各种费用,包括中修费(属于大型施工机械不包括中修费)、小修费、各级保养费、润滑及擦拭材料费以及保管费等费用的台时摊销费。

2.1.2.3 替换设备费

替换设备费包括施工机械需用的蓄电池、变压器、启动器、电线、电缆、电器开关、仪表、轮胎、传动皮带、输送皮带、钢丝绳、胶皮管等替换设备和为了保证机械正常运转所需的随机使用的工具附具的摊销、维护费。

2.1.3 安装拆卸费

安装拆卸费是指施工机械进出工地的安装、拆卸、试运转和场内转移及辅助设施的摊销费用。部分大型施工机械的安装拆卸不在其施工机械使用费中计列,包含在其他施工临时工程中。

现行施工机械台时费定额中,凡备注栏内注有“※”的大型施工机械,表示该项定额未计列安装拆卸费,其费用在临时工程中的“其他施工临时工程”中计算,如混凝土搅拌楼、缆索起重机、塔带机、钢模台车等。

2.2 二类费用

二类费用是指机上人工费和施工机械所消耗的动力费、燃料费，在施工机械台时费定额中以实物量形式表示，其定额数量一般不允许调整，其费用按国家规定的人工工资计算办法和工程所在地的物价水平分别计算。但是因工程所在地的人工预算单价、材料市场价格各异，所以此项费用一般随工程地点不同而变化，为可变费用。

2.2.1 机上人工费

机上人工费是指施工机械运转时应配备的机上操作人员预算工资所需的费用。机上人工在施工机械台时费定额中以工时数量表示，它包括机械运转时间、辅助时间、机上人员用餐、交接班以及必要的机械正常中断时间。机下辅助人员预算工资一般列入工程人工费，而不包括在此项费用内。

2.2.2 动力、燃料费

动力、燃料费指施工机械正常运转时所耗用的各种动力费用及燃料费用，包括风（压缩空气）、水、电、汽油、柴油、煤和木柴等所需的费用。定额中以实物消耗量表示。

3 施工机械台时费的计算

台时费计算依据现行水利部颁发的《水利工程施工机械台时费定额》《水利工程营业税改征增值税计价依据调整办法》（办水总〔2016〕132 号）及《关于调整水利工程计价依据增值税计算标准的通知》（办财务函〔2019〕448 号）等有关规定。

3.1 一类费用

根据施工机械设备规格、型号、设备容量等参数，查阅现行台时费定额可得一类费用。其中，折旧费除以 1.13 调整系数，修理及替换设备费除以 1.09 调整系数，安装拆卸费不变。计算公式如下：

$$一类费用 = 定额折旧费 \div 1.13 + 定额修理及替换设备费 \div 1.09 + 定额安装拆卸费 \tag{4-13}$$

掘进机及其他由建设单位采购、设备费单独列项的施工机械，台时费中不计折旧费，设备费除以 1.17 调整系数。

3.2 二类费用

根据台时费定额中的人工工时数量、动力燃料消耗量及各工程的人工预算单价、材料预算价格（不含增值税进项税额），计算出二类费用。其中，人工费按中级工计算。计算公式如下：

$$\begin{aligned} 二类费用 &= 机上人工费 + 动力燃料费 \\ &= 定额机上人工工时数 \times 中级工人工预算单价 + \\ &\quad \sum(定额动力燃料消耗量 \times 动力燃料相应的预算价格) \end{aligned} \tag{4-14}$$

3.3 施工机械台时费

$$施工机械台时费 = 一类费用 + 二类费用 \tag{4-15}$$

【例 4-4】 已知某水利枢纽工程中中级工人工预算单价为 8.9 元/工时，柴油预算价格为 5.57 元/kg（不含增值税进项税额）。请按现行台时费定额及有关规定计算 15 t 自卸汽车的台时费。

解:查台时费定额可知,一类费用中折旧费 42.67 元/台时、修理及替换设备费 29.87 元/台时;二类费用中机上人工工时数为 1.3 工时/台时,柴油耗量为 13.1 kg/台时。则有:

$$一类费用 = 42.67 \div 1.13 + 29.87 \div 1.09 = 65.16(元/台时)$$

$$二类费用 = 机上人工费 + 动力燃料费 = 1.3 \times 8.9 + 13.1 \times 5.57 = 11.57 + 72.97 = 84.54(元/台时)$$

所以,15 t 自卸汽车的台时费=一类费用+二类费用

=65.16+84.54=149.70(元/台时)

因柴油预算价格为 5.57 元/kg(不含增值税进项税额)超过规定的基价 2.99 元/kg,应按柴油基价计算台时费基价计入工程单价,余额以材料补差的形式计算税金后再计入工程单价。

其中:材料补差=13.1×(5.57−2.99)=33.80(元/台时);台时费基价=149.70−33.80=115.90(元/台时)。

4 施工机械组合台时费的计算

组合台时(简称组时)是指多台施工机械设备相互衔接或配备形成的机械联合作业系统的台时,组合台时费是指系统中各施工机械台时费之和,其计算公式为

$$B = \sum_{i=1}^{m} T_i n_i \tag{4-16}$$

式中:B 为机械组时费,元/组时;m 为该系统的机械设备种类数目;T_i 为第 i 种机械设备的台时费,元/台时;n_i 为第 i 种机械配备的台数,台。

5 补充施工机械台时费的编制

当施工组织设计选取的施工机械在《水利工程施工机械台时费定额》中缺项,或规格、型号不符时,可以按有关规定编制补充施工机械台时费。具体编制方法可参考相关资料进行编制,这里不再赘述。

任务4 施工用电、风、水预算价格

水利水电工程施工中,要消耗大量的电、风、水,其预算价格编制的准确程度,将直接影响到施工机械台时费和工程单价的高低,进而影响到工程造价、工程投资编制是否合理。因此,在编制电、风、水预算价格时,要根据工程所在地的现场情况、工程规模、工程特点、施工企业技术装备情况等编制合理的施工组织设计,确定电、风、水的供应方式、布置形式、设备配备等,据此编制准确的施工用电、风、水预算价格。

1 施工用电价格

1.1 施工用电分类

施工用电按其用途可分为生产用电和生活用电两部分。生产用电是指施工机械用电、施工照明用电和其他生产用电。生产用电直接计入工程成本。生活用电是指生活、文

化、福利建筑的室内、外照明和其他生活用电。生活用电不直接用于生产，应在间接费内开支或由职工负担，不在施工用电电价计算范围内。水利水电工程概预算中的施工用电电价计算范围仅指生产用电。

1.2 施工用电来源

水利水电工程施工用电一般有三种来源。

1.2.1 外购电

外购电指由国家或地方电网及其他电厂供电的电网供电。电网供电电价低廉，电源可靠，是施工时的主要电源。

1.2.2 自发电

自发电指由施工企业自备柴油发电机、自建水力或火力发电厂供电。自发电成本较高，一般作为施工企业的备用电源或高峰用电时使用。

1.2.3 租赁电

租赁电指由施工企业租赁列车发电站供电，一般很少采用。

本节主要讲述外购电和自发电两种供电方式的电价计算。

1.3 施工用电价格的组成

施工用电价格由基本电价、电能损耗摊销费和供电设施维修摊销费三部分组成。根据施工组织设计确定的供电方式以及不同电源供电量所占比例，按国家或工程所在省、自治区、直辖市规定的电网电价和各种规定的加价进行计算。

1.3.1 基本电价

1.3.1.1 外购电(电网供电)的基本电价

外购电(电网供电)的基本电价指施工企业直接向供电单位购电按规定所需支付的不含增值税进项税额的供电价格。凡是国家电网供电，则执行国家规定的基本电网电价中的非工业标准电价，包括电网电价(如非工业标准电价)、电力建设基金(如三峡工程建设基金)、用电附加费(如公用事业附加费、燃料附加费)及各种按规定的加价(农网改造还贷)等。由地方电网或其他企业中、小型电网供电的，执行地方电价主管部门规定的电价。

1.3.1.2 自发电的基本电价

自发电的基本电价指施工企业自建发电厂的单位发电成本。自建发电厂一般有柴油发电厂(或柴油发电机组)、燃煤发电厂和水力发电厂等。

(1)柴油发电厂：是自发电电厂中较普遍的一种，在初设阶段编制概算时，根据自备电厂所配置的设备，以台时总费用来计算单位电能的成本作为基本电价(不含增值税进项税额)，柴油发电机供电如果采用水泵供给冷却水，可按下式计算：

$$基本电价 = \frac{台时总费用}{台时总发电量 \times (1 - 厂用电率)} \tag{4-17}$$

$$台时总发电量 = 柴油发电机额定容量之和 \times 发电机出力系数 \tag{4-18}$$

$$台时总费用 = 柴油发电机组(台)时总费用 + 水泵组(台)时总费用 \tag{4-19}$$

式中：发电机出力系数根据设备的技术性能和状态选定，一般可取 0.8~0.85；厂用电率一般可取 3%~5%。

柴油发电机供电如果采用循环冷却水，而不用水泵，则基本电价的计算公式为

$$基本电价 = \frac{台时总费用}{台时总发电量 \times (1 - 厂用电率)} + 单位循环冷却水费 \quad (4\text{-}20)$$

$$台时总费用 = 柴油发电机组(台)时总费用 \quad (4\text{-}21)$$

式中:单位循环冷却水费取0.05~0.07元/kWh;其他符号意义同前。

柴油发电机组供电的基本电价同样采用上述方法确定。

(2)燃煤发电厂及水力发电厂:根据施工组织设计所确定的设备配置和工程施工所需的发电量、发电厂运行人员数量、管理人员数量和燃煤消耗、厂用电率等,计算出折旧、大修、运行、维修、管理、损耗等各项费用,按火电厂及水力发电厂常用的发电单位成本分析方法计算基本电价。

1.3.2 电能损耗摊销费

1.3.2.1 外购电的电能损耗摊销费

外购电的电能损耗摊销费指从施工企业与供电部门的产权分割点处(供电部门计量收费点)起到现场各施工点最后一级降压变压器低压侧止,所有变配电设备和输配电线路上所发生的电能损耗摊销费。包括由高压电网到施工主变压器高压侧之间的高压输电线路损耗和由主变压器高压侧至现场各施工点最后一级降压变压器低压侧之间的变配电设备及配电线路损耗两部分。

1.3.2.2 自发电的电能损耗摊销费

自发电的电能损耗摊销费指从施工企业自建发电厂的出线侧至现场各施工点最后一级降压变压器低压侧止,所有变配电设备和输配电线路上发生的电能损耗摊销费。当出线侧为低压供电时,损耗已包括在台时耗电定额内;当出线侧为高压供电时,则应计入变配电设备及线路损耗摊销费。

从最后一级降压变压器低压侧至施工用电点的施工设备和低压配电线路损耗,已包括在各用电施工设备、工器具的台时耗电定额内,电价中不再考虑。

电能损耗摊销费通常用电能损耗率表示。

1.3.3 供电设施维修摊销费

供电设施维修摊销费指摊入电价的变、配电设备的折旧费、大修理费、安装拆卸费、设备及输配电线路的移设和运行维护费等。

按水利部现行《编规》规定,施工场外变、配电设备可计入临时工程,故供电设施维修摊销费中不包括折旧费。

供电设施维修摊销费在初设概算阶段一般可根据经验指标计算。在编制修正概算或预算阶段,可按下式计算,其计算公式为

$$摊销费 = 应摊销的总费用 \div 总电量(包括生活用电) \quad (4\text{-}22)$$

1.4 施工用电价格的计算

1.4.1 外购电电价

外购电电价计算公式为

电网供电价格=基本电价÷(1−高压输电线路损耗率)÷(1−35 kV以下变配电设备及配电线路损耗率)+供电设施维修摊销费(变配电设备除外) (4-23)

式中:高压输电线路损耗率可取3%~5%;35 kV以下变配电设备及配电线路损耗率可取

4%~7%;供电设施维修摊销费,初设可取 0.04~0.05 元/kWh。

1.4.2　自发电电价

(1)采用专用水泵供给冷却水,计算公式为

$$柴油发电机供电价格 = \frac{柴油发电机组(台)时总费用 + 水泵组(台)时费用}{柴油发电机额定容量之和 \times 发电机出力系数 \times (1 - 厂用电率)} \div (1 - 变配电设备及配电线路损耗率) + 供电设施维修摊销费 \quad (4\text{-}24)$$

(2)采用循环冷却水,计算公式为

$$柴油发电机供电价格 = \frac{柴油发电机组(台)时总费用}{柴油发电机额定容量之和 \times 发电机出力系数 \times (1 - 厂用电率)} \div (1 - 变配电设备及配电线路损耗率) + 供电设施维修摊销费 + 单位循环冷却水费 \quad (4\text{-}25)$$

式中:各符号意义同前。

1.4.3　综合电价

外购电与自发电的电量比例,要根据工程具体情况,由施工组织设计确定。同一工程中有两种或两种以上供电方式供电时,综合电价应根据供电比例加权平均计算。

【例 4-5】　某水利工程施工用电 90% 由地方电网供电,10% 自备柴油机发电。已知电网基本电价为 0.65 元/kWh(不含增值税进项税额),损耗率高压线路取 5%,变配电设备和输电线路损耗率取 8%,供电设施摊销费取 0.03 元/kWh。柴油机总容量为 1 000 kW,其中 200 kW 一台,400 kW 两台,并配备 3.7 kW 水泵 3 台供给冷却水。以上三种机械台时费分别为 140 元/台时、248 元/台时和 12 元/台时(不含增值税进项税额)。厂用电率取为 5%,发电机出力系数取 0.83。请计算外购电、自发电电价和综合电价。

解:(1)计算外购电电价:

$$外购电电价 = \frac{0.65}{(1 - 0.05) \times (1 - 0.08)} + 0.03 = 0.774(元/kWh)$$

(2)计算自发电电价:

$$自发电电价 = \frac{140 \times 1 + 248 \times 2 + 12 \times 3}{1\,000 \times 0.83 \times (1 - 0.05) \times (1 - 0.08)} + 0.03 = 0.956(元/kWh)$$

(3)计算综合电价:

$$综合电价 = 0.774 \times 0.9 + 0.956 \times 0.1 = 0.792(元/kWh)$$

2　施工用风价格

水利水电工程施工用风主要指在水利水电工程施工过程中用于石方开挖、混凝土振捣、基础处理、金属结构和机电设备安装工程等风动机械(如风钻、潜孔钻、风水枪、风砂枪、混凝土喷射机、振动器、铆钉枪、凿岩台车等)所需的压缩空气。压缩空气可由固定式空压机和移动式空压机供给。对分区布置多个供风系统的工程,施工用风价格按各系统供风量的比例加权平均计算综合风价。

2.1　施工用风价格的组成

施工用风价格由基本风价、供风损耗摊销费和供风设施维修摊销费组成。

2.1.1 基本风价

基本风价是指根据施工组织设计所配置的供风系统设备,按台时总费用除以台时总供风量计算的单位风量价格。

(1)空气压缩机系统如果采用水泵冷却,则基本风价计算公式为

$$\text{基本风价}=\frac{\text{空压机组(台)时总费用}+\text{水泵组(台)时总费用}}{\text{空压机额定容量之和}(m^3/min)\times 60(min)\times \text{能量利用系数}} \quad (4\text{-}26)$$

式中:能量利用系数一般取0.70~0.85。

(2)空气压缩机系统如果采用循环冷却水,不用水泵,则基本风价计算公式为

$$\text{基本风价}=\frac{\text{空压机组(台)时总费用}}{\text{空压机额定容量之和}(m^3/min)\times 60(min)\times \text{能量利用系数}}+\text{单位循环冷却水费} \quad (4\text{-}27)$$

式中:单位循环冷却水费一般可取0.007元/m^3。

2.1.2 供风损耗摊销费

供风损耗摊销费是指由压气站至用风工作面的固定供风管道,在输送压气过程中所发生的漏气损耗、压气在管道中流动时的阻力风量损耗摊销费用。

损耗摊销费常用损耗率表示,损耗率一般可按总用风量的6%~10%选取,供风管路短的取小值,长的取大值。

2.1.3 供风设施维修摊销费

供风设施维修摊销费是指摊入风价的供风管道的维护、修理费用。初步设计阶段编制工程概算时,采用经验指标值,一般取0.004~0.005元/m^3。编制工程预算时,若无实际资料或资料不足无法进行具体计算时,也可采用上述经验值。

2.2 施工用风价格的计算

(1)采用水泵供水冷却时,计算公式为

$$\text{施工用风价格}=\frac{\text{空压机组(台)时总费用}+\text{水泵台(组)总费用}}{\text{空压机额定容量之和}(m^3/min)\times 60(min)\times \text{能量利用系数}}\div(1-\text{供风损耗率})+\text{供风设施维修摊销费} \quad (4\text{-}28)$$

(2)采用循环水冷却时,计算公式为

$$\text{施工用风价格}=\frac{\text{空压机组(台)时总费用}}{\text{空压机额定容量之和}(m^3/min)\times 60(min)\times \text{能量利用系数}}\div(1-\text{供风损耗率})+\text{供风设施维修摊销费}+\text{单位循环冷却水费} \quad (4\text{-}29)$$

(3)综合风价。

同一工程中有两个或两个以上供风系统时,综合风价应该根据供风比例加权平均计算。

【例4-6】 某水利枢纽工程,根据工程规模及工程特点,设置两个供风系统,试计算该工程施工用风综合价格。风价计算的有关基本资料如表4-9所示。

解:系统一风价为

$$132/[40\times60\times0.75\times(1-10\%)]+0.005+0.002=0.088(\text{元}/m^3)$$

系统二风价为

$$(73\times3)/[20\times3\times60\times0.80\times(1-10\%)]+0.005+0.002=0.091(\text{元}/\text{m}^3)$$

施工用风综合价格为

$$0.088\times30\%+0.091\times70\%=0.09(\text{元}/\text{m}^3)$$

表 4-9　基本资料

指标名称	单位	系统一	系统二
		1 台	3 台
空压机容量	m^3/min	40	20
供风比例	%	30	70
能量利用系数		0.75	0.80
供风损耗	%	10	10
单位循环冷却水费	元/m^3	0.005	0.005
供风设施摊销费	元/m^3	0.002	0.002
空压机台时费	元/台时	132	73

3　施工用水价格

水利水电工程施工用水包括生产用水和生活用水两部分。生产用水直接进入工程成本,主要包括施工机械用水、机械加工用水、砂石料筛洗用水、混凝土拌制和养护用水、钻孔灌浆用水、土石坝砂石料压实用水、消防用水、环保用水等。生活用水不直接进入工程成本,主要包括职工、家属的饮用水和洗涤用水等。

水利水电工程概预算中施工用水的水价,仅指生产用水的水价。生活用水应由间接费用开支和职工自行负担,不属于施工用水水价计算范围。生产用水水价是各种用水施工机械台时费和工程单价的计算依据。

如果生产、生活用水采用同一系统供水,那么凡为生活用水而增加的费用(如水净化药品费等),均不应摊入生产用水的单价内。根据施工组织设计所确定的生产用水供水方式,若需分别设置几个供水系统,则可按各系统供水量的比例加权平均计算综合水价。

3.1　施工用水价格的组成

施工用水价格由基本水价、供水损耗摊销费和供水设施维修摊销费组成。

3.1.1　基本水价

基本水价是根据施工组织设计所确定的施工期间高峰用水量所配备的供水系统设备(不含备用设备),按台时产量分析计算的单位水量的价格。

3.1.2　供水损耗摊销费

水量损耗是指施工用水在储存、输送、处理过程中的水量损失。在计算水价时,水量损耗通常以损耗率的形式表示,计算公式为

$$\text{损耗率}(\%)=\frac{\text{损失水量}}{\text{水泵总出水量}}\times100\% \tag{4-30}$$

编制水利水电工程概算阶段损耗率一般可按出水量的 6%～10%计取,在预算阶段,

如有实际资料,应根据实际资料计算;否则,可根据上述数值计算。

3.1.3 供水设施维修摊销费

供水设施维修摊销费是指摊入水价的蓄水池、供水管路等供水设施的单位维护修理费用。在编制水利水电工程概算阶段一般可按经验指标 0.04~0.05 元/m^3 计入水价,在编制预算阶段,如有实际资料,应根据实际资料计算。否则,可根据上述数值计算。大型工程或一、二级供水系统可取大值,中小型工程或多级供水系统可取小值。

3.2 水价的计算

$$\text{施工用水水价} = \frac{\text{水泵组(台)时总费用}}{\text{水泵额定容量之和}(m^3/h) \times \text{能量利用系数} \times (1 - \text{损耗率})} + \text{供水设施维修摊销费} \tag{4-31}$$

式中:能量利用系数一般取 0.75~0.85。

3.3 水价计算时应注意的几个问题

根据供水系统不同情况,在计算水泵台时费和台时总出水量时,应考虑以下几种情况:

(1)水泵台时总出水量计算,应根据施工组织设计选定的水泵型号、系统的实际扬程和水泵性能曲线确定。

(2)在计算台时总出水量和台时总费用时,如计入备用水泵的出水量,则台时总费用中亦应包括备用水泵的台时费。如备用水泵的出水量不计,则台时费也不计。

(3)供水系统为一级供水时,台时总出水量按全部工作水泵的总出水量计算。

(4)供水系统为多级供水时,又分以下三种情况:

①当全部水量通过最后一级水泵出水,则台时总出水量按最后一级工作水泵的出水量计算,但台时总费用应包括所有各级工作水泵的台时费。

②当有部分水量不通过最后一级,而由其他各级分别供水时,要逐级计算水价。

③当最后一级系统供生活用水时,则台时总出水量包括最后一级,但该级台时费不应计算在台时总费用内。

(5)施工用水有循环用水时,水价要根据施工组织设计的供水工艺流程计算。

【例 4-7】 某水利工程施工生产用水,根据施工组织设计设置两个供水系统,均为一级供水。试计算该工程施工生产用水的综合水价。水价计算的有关基本资料如表 4-10 所示。

表 4-10 基本资料

名称规格	单位	系统一	名称规格	单位	系统二
150D30×4 水泵	台	3 (含备用1台)	100D45×3 水泵	台	3 (含备用1台)
出水量	m^3/(h·台)	150	出水量	m^3/(h·台)	90
供水比例	%	70	供水比例	%	30
能量利用系数		0.8	能量利用系数		0.8
水量损耗率	%	10	水量损耗率	%	10
供水设施维修摊销费	元/m^3	0.03	供水设施维修摊销费	元/m^3	0.03
水泵台时费	元/台时	92	水泵台时费	元/台时	72

解:系统一水价为

$$(92\times2)\div[150\times2\times0.8\times(1-10\%)]+0.03=0.882(元/m^3)$$

系统二的水价为

$$(72\times2)\div[90\times2\times0.8\times(1-10\%)]+0.03=1.141(元/m^3)$$

综合水价为

$$0.882\times70\%+1.141\times30\%=0.96(元/m^3)$$

任务 5　砂石料单价

在水利水电工程建设过程中,由于砂石料的使用量很大,大中型工程一般由施工单位自行采备。自行采备的砂石料必须单独编制单价。小型工程一般可在市场上就近采购。外购砂石料的单价按编制材料预算价格的方法编制。本节主要介绍自行采备砂石料的单价编制方法。

1　自行采备砂石料单价的编制

1.1　基本资料的收集

基本资料包括的主要内容:

(1)料场的位置、分布、地形条件、工程地质和水文地质特性、料场砂石料松石状况、杂质或泥土含量、岩石类别及物理力学特性等。

(2)料场的储量、可开采数量、设计需用量。

(3)料场的天然级配组成与设计级配,级配平衡计算成果。

(4)料场覆盖层的清除厚度、数量及其占毛料开采量的比例,覆盖层清除方式等。

(5)砂石料的开采、运输、堆存、加工、筛洗方式。

(6)成品料的运输、堆存方式,弃料处理、运输方式等。

(7)砂石料生产系统的加工工艺流程及设备配置,各生产环节的设计生产能力及相互间的衔接方式。

1.2　砂石料生产工艺流程

1.2.1　覆盖层清除

该工序单价应根据施工组织设计确定的施工方法,套用水利部现行概预算定额一般土石方工程进行编制,然后摊入砂石料成品单价中。在概预算中不允许单独列项计算。

1.2.2　毛料开采运输

毛料开采运输是指毛料从料场开采后,运输至筛分厂毛料堆存处的整个过程。该工序单价应根据施工组织设计确定的施工方法,套用水利部现行概预算定额相应子目进行编制。

1.2.3　毛料的破碎、筛分、冲洗加工

(1)天然砂石料的破碎、筛分、冲洗加工一般包括预筛分、超径石破碎、筛洗、中间破碎、二次筛分、堆存及废弃料清除等工序。

(2)人工砂石料的破碎、筛分、冲洗加工一般包括破碎(分为粗碎、中碎、细碎)、筛分(分为预筛、初筛、复筛)、清洗等工序。

编制破碎、筛分、冲洗加工单价时,应根据施工组织设计确定的施工机械、施工方法,套用水利部现行概预算定额相应子目进行编制。

1.2.4 成品骨料的运输

成品骨料运输是指将经过筛分、冲洗加工后的成品骨料,由筛分楼(场)成品料仓(场)运至混凝土拌和楼(站)骨料仓(场)的过程。运输方式根据施工组织设计确定,运输单价采用水利部现行概预算定额的相应子目编制。

1.2.5 弃料处理

弃料处理是指因天然砂砾料中的自然级配组合与设计采用级配组合不同而产生的弃料处理的过程。该部分费用应摊入成品骨料单价内。

具体采用以上哪些工序,要根据料场天然级配和混凝土生产时所需骨料确定其组合。水利部现行定额(2002年)按不同的生产规模,列出了通用工艺设备,砂石料的生产工艺可根据需要进行组合。

1.3 确定砂石料单价计算参数

计算参数是指砂石料生产流程中各工序的工序单价系数。主要如下。

1.3.1 覆盖层清除单价系数

覆盖层清除单价系数即为覆盖层清除摊销率,是指覆盖层的清除量占设计成品骨料总用量的比例,计算公式为

覆盖层清除摊销率 = 覆盖层清除量(t) ÷ 设计成品骨料总用量(t) × 100%　　(4-32)

如果各料场清除覆盖层性质与施工方法不同,应分别计算各料场覆盖层清除摊销率。

1.3.2 毛料采运单价系数

毛料采运单价系数按水利部现行定额(2002年)确定,其中天然砂砾料采运单价系数按砂砾料筛洗定额表中砂砾料采运量除以定额数量确定;砾石原料采运单价系数按人工砂石料加工定额表中碎石原料量(包含含泥量)除以定额数量确定。

1.3.3 超径石破碎单价系数

超径石破碎(进行一次或两次)单价系数即为超径石破碎摊销率。超径石如果破碎利用,则需将其破碎单价按超径石破碎摊销率摊入到成品骨料单价中。计算公式为

超径石破碎工序单价系数 = 超径石破碎量(t) ÷ 设计成品骨料总用量(t) × 100%　　(4-33)

1.3.4 中间破碎单价系数

中间破碎单价系数即为中间破碎摊销率。计算公式为

中间破碎工序单价系数 = 中间破碎量(t) ÷ 设计成品骨料总用量(t) × 100%　　(4-34)

1.3.5 二次筛分单价系数

如果骨料需要进行二次筛分,则需将二次筛分工序单价按二次筛分单价系数摊入到成品骨料单价中去。

二次筛分工序单价系数 = 二次筛分量(t) ÷ 设计成品骨料总用量(t) × 100% (4-35)

1.3.6 含泥碎石预洗单价系数

含泥碎石预洗单价系数按照水利部现行定额(2002年)分章说明规定确定。

1.3.7 弃料处理单价系数

砂石料加工过程中,有部分废弃的砂石料,在砂石骨料单价计算中,施工损耗已在定额中考虑,不再计入弃料处理摊销费,只对级配弃料和超径弃料、剩余骨料弃料分别计算摊销费。如施工组织设计规定某种弃料需挖装运出至指定弃料地点,则还应计算这一部分运出弃料摊销费。

弃料处理单价系数即为弃料处理摊销率,计算公式为

弃料处理摊销率 = 弃料处理量 ÷ 设计成品骨料总用量 × 100% (4-36)

级配弃料摊销率 = 级配弃料量 ÷ 设计成品骨料总用量 × 100% (4-37)

超径石弃料摊销率 = 超径石弃料量 ÷ 设计成品骨料总用量 × 100% (4-38)

剩余骨料弃料摊销率 = 剩余骨料弃料量 ÷ 设计成品骨料总用量 × 100% (4-39)

弃料处理单价应按弃料处理摊销率摊入到成品骨料单价中。

此外,砂砾料筛洗、人工制碎石、人工制砂、人工制碎石和砂、成品(半成品)运输等工序的工序单价系数均为1.0。

1.4 计算砂石料各工序单价

1.4.1 覆盖层清除单价

覆盖层清除单价以自然方计,根据施工组织设计确定的施工方法,采用土石方工程相应定额编制工序单价,该工序单价可按比例摊入骨料成品单价中。

1.4.2 毛料开采运输单价

毛料(砂砾料或碎石原料)开采运输单价应根据施工组织设计确定的施工方法,结合砂石料加工厂生产规模,采用水利部现行概预算定额(2002年)第六章“砂石备料工程”中相应定额子目编制概预算单价。

1.4.3 预筛分及超径石破碎单价

预筛分及超径石破碎根据施工组织设计确定的施工方法,采用水利部现行概预算定额(2002年)第六章“砂石备料工程”中相应定额子目编制概预算单价。

1.4.4 筛分冲洗及中间破碎工序单价

筛分冲洗及中间破碎工序直接套用筛洗定额计算。

1.4.5 成品骨料运输单价

成品骨料运输根据施工组织设计确定的施工方法,采用水利部现行概预算定额(2002年)第六章“砂石备料工程”中相应定额子目编制概预算单价。

1.4.6 弃料处理单价

超径石弃料摊销单价 = (砂砾料开采运输单价 + 预筛分单价 + 超径石弃料运输单价) × 超径石弃料摊销率 (4-40)

剩余骨料弃料摊销单价 = 成品骨料单价 × 剩余骨料弃料摊销率 (4-41)

级配弃料摊销单价 =(砂砾料开采运输单价 + 预筛分单价 + 筛洗单价 + 级配弃料运输单价) × 级配弃料摊销率 (4-42)

1.5 根据拟定砂石料生产工艺流程计算砂石料综合单价

砂石料综合单价等于各工序单价分别乘以其单价系数后累加。在砂石料综合单价计算中,如弃料用于其他工程项目,应按可利用量的比例从砂石单价中扣除。

水利部颁发的《水利工程营业税改征增值税计价依据调整办法》(办水总〔2016〕132号,简称《调整办法》)中规定,水利工程所用砂石料由承包商自行采备时,其单价根据料源情况、开采条件和工艺流程按相应定额和不含增值税进项税额的基础价格进行计算,并计取间接费、利润及税金。

自采砂石料按不含税金的单价参与工程费用计算。

1.6 计算砂石料单价时应注意的问题

(1)本节定额计量单位,除注明者外,毛料开采、运输一般为成品方(堆方、码方),砂石料加工等内容为成品质量(t)。计量单位之间的换算如无实际资料,可参考表4-11数据。

表4-11 砂石料密度参考

砂石料类别	天然砂石料			人工砂石料		
	松散砂砾混合料	分级砾石	砂	碎石原料	成品碎石	成品砂
密度(t/m^3)	1.74	1.65	1.55	1.76	1.45	1.50

(2)计算人工碎石加工单价时,如生产碎石的同时,附带生产人工砂,其数量不超过总量的10%,则可采用单独制碎石定额计算其单价;如果生产碎石的同时,生产的人工砂的数量通常超过总量的11%,则适用于同时制碎石和砂的加工工艺,并套用同时制碎石和砂定额分别计算其单价。

(3)在计算砂砾料(或碎石原料)采运单价时,如果有几个料场,或有几种开采运输方式,应分别编制单价后用加权平均方法计算毛料采运综合单价。

(4)弃料单价应为选定处理工序处的砂石料单价。在预筛时产生的超径石弃料单价,其筛洗工序单价可按砂砾料筛洗定额中的人工和机械台时数量各乘0.2的系数计价,并扣除用水。若余弃料需转运到指定地点,其运输单价应按砂石备料工程有关定额子目计算。

(5)根据施工组织设计,砂石加工厂的预筛粗碎车间与成品筛洗车间距离超过200 m时,应按半成品料运输方式及相关定额计算其单价。

【例4-8】 某施工企业自行采备砂石料,试计算砂石料单价,已知:

(1)施工组织设计确定的砂石料加工工艺流程为:覆盖层清除→毛料开采运输→预筛分、超径石破碎运输→筛洗、运输→成品骨料运输。其中,预筛分、超径石破碎、筛洗、运输工序中需将其弃料运至指定地点。

(2)工序单价。

覆盖层清除:11.61 元/m^3;

弃料运输：12.38 元/m^3；

粗骨料：毛料开采运输 10.98 元/m^3，预筛分、超径石破碎运输 7.06 元/m^3，筛洗、运输 9.26 元/m^3，成品骨料运输 7.98 元/m^3；

砂：毛料开采运输 14.33 元/m^3，预筛分、超径石破碎运输 7.16 元/m^3，筛洗、运输 8.35 元/m^3，成品骨料运输 16.01 元/m^3；

(3)设计砂石料用量 137.5 万 m^3，其中粗骨料 97.9 万 m^3，砂 39.6 万 m^3；料场覆盖层 15.8 万 m^3，成品储备量 145.2 万 m^3。超径石弃料 3.72 万 m^3，粗骨料级配弃料 23.43 万 m^3，砂级配弃料 5.17 万 m^3。

解：(1)砂石料基本单价计算：

基本单价=毛料开采运输+预筛分、超径石破碎运输+筛洗、运输+成品运输

粗骨料基本单价=10.98+7.06+9.26+7.98=35.28(元/m^3)

砂基本单价=14.33+7.16+8.35+16.01=45.85(元/m^3)

(2)砂石料摊销单价计算：

覆盖层清除摊销单价=覆盖层清除单价×覆盖层清除摊销率

=11.61×15.8÷145.2=1.26(元/m^3)

超径石弃料摊销单价=超径石弃料单价×超径石弃料摊销率

=(10.98+7.06+12.38)×3.72÷97.9=1.16(元/m^3)

粗骨料级配弃料摊销单价=粗骨料级配弃料单价×级配弃料摊销率

=(10.98+7.06+9.26+12.38)×23.43÷97.9

=9.50(元/m^3)

砂级配弃料摊销单价=砂级配弃料单价×砂级配弃料摊销率

=(14.33+7.16+8.35+12.38)×5.17÷39.6=5.51(元/m^3)

(3)砂石料综合单价计算：

砂石料综合单价=基本单价+摊销单价

粗骨料综合单价=35.28+1.26+1.16+9.50=47.20(元/m^3)

砂综合单价=45.85+1.26+5.51=52.62(元/m^3)

2 自行采备块石料石单价的编制

砂石料中除砂砾料、砂、卵(砾)石、碎石外，还包括块石、片石、条石、料石。

自行采备块石、片石、条石、料石单价是指开采满足工程要求的石料并运至工地施工现场指定堆料点所需的单位费用。一般包括料场覆盖层(杂草、树木、腐殖土、风化与弱风化岩石及夹泥层等覆盖层)清除、石料开采、加工(修凿)、运输、堆存以及以上施工过程中的损耗等。在块石、片石、条石、料石加工及运输各节概预算定额中，均已考虑了开采、加工、运输、堆存损耗因素在内，计算概预算单价时不另计系数和损耗。

$$J_{石} = fF + D_1 + D_2 \tag{4-43}$$

式中：$J_{石}$为自采块石、片石、条石、料石单价，片石、块石单价以元/m^3 成品码方计，料石、条石以元/m^3 清料方计；f 为覆盖层清除摊销率，指覆盖层清除量占需用石料方量的比例，以%计；F 为覆盖层清除单价，元/m^3；D_1 为石料开采加工单价，根据岩石级别、石料种类

和施工方法按定额相应子目计算,元/m^3;D_2 为石料运输堆存单价,根据施工方法和运距按定额相应子目计算,元/m^3。

3 外购砂石料单价的编制

外购砂石料单价可根据建材市场实际情况和有关规定,参考材料预算价格计算方法编制。参考各地经验,水利部现行《编规》(2014)中规定,砂、碎石(砾石)、块石、料石等预算价格如超过基价 70 元/m^3,应按 70 元/m^3 进入工程单价,超过 70 元/m^3 部分以材料补差形式计取税金后列入相应部分之后。

任务6 混凝土、砂浆材料单价

1 概述

混凝土、砂浆材料单价是指配制 1 m^3 混凝土、砂浆所需的水泥、砂石骨料、水、掺合料及外加剂等各种材料的费用之和。

混凝土和砂浆是混凝土工程的主要构成材料。混凝土、砂浆材料单价在混凝土工程单价中占有较大的比重,所以在编制混凝土工程概预算单价时,应根据设计选定的不同工程部位的混凝土及砂浆的强度等级、级配和龄期,首先确定混凝土及砂浆各组成材料的用量,进而计算出混凝土及砂浆材料单价。

根据每立方米混凝土、砂浆中各种材料预算用量分别乘以其材料预算价格,其总和即为定额表中混凝土、砂浆的材料单价。

2 编制混凝土材料单价应遵循的原则

2.1 大体积混凝土工程混凝土材料单价编制

编制大体积混凝土工程(如拦河坝等)概预算单价时,混凝土材料必须按掺加适量粉煤灰以节省水泥用量来编制其单价作为计价依据,掺量比例应根据设计对混凝土的温度控制要求或试验资料选取。如无试验资料,可根据一般工程实际掺用比例情况,按现行《水利建筑工程预算定额》《水利建筑工程概算定额》附录7"掺粉煤灰混凝土材料配合表"选取。

2.2 现浇混凝土及碾压混凝土工程材料单价编制

编制现浇混凝土及碾压混凝土工程概预算单价时,混凝土材料均应采用掺外加剂(木质素磺酸钙等)的混凝土配合比来编制其单价作为计价依据,以减少水泥用量。一般情况下,不得采用纯混凝土配合比作为编制混凝土概预算单价的依据。

3 混凝土材料单价的计算步骤与方法

混凝土各组成材料用量是计算混凝土材料单价的基础,应根据工程试验提供的资料计算。若设计深度或试验资料不足,也可按下述步骤和方法计算混凝土半成品的材料用量及材料单价。

3.1　选定水泥品种与强度等级

拦河坝等大体积水工混凝土,一般可选用强度等级为 32.5 与 42.5 的水泥。对水位变化区外部混凝土,宜选用普通硅酸盐大坝水泥和普通硅酸盐水泥;对大体积建筑物内部混凝土、位于水下的混凝土和基础混凝土,宜选用矿渣硅酸盐大坝水泥、矿渣硅酸盐水泥和粉煤灰硅酸盐水泥。

3.2　确定混凝土强度等级和级配

混凝土强度等级和级配是根据水工建筑物各结构部位的运用条件、设计要求和施工条件确定的。在资料不足的情况下,可参考表 4-12 选定。

表 4-12　混凝土强度等级与级配参考

工程类别	不同强度等级不同级配混凝土所占比例(%)			
	C20~C25 二级配	C20 三级配	C15 三级配	C10 四级配
大体积混凝土坝	8	32		60
轻型混凝土坝	8	92		
水闸	6	50	44	
溢洪道	6	69	25	
进水塔	30	70		
进水口	20	60	20	
隧洞衬砌				
混凝土泵衬砌边顶拱	80	20		
混凝土泵衬砌顶拱	30	70		
竖井衬砌				
混凝土泵浇筑	100			
其他方法浇筑	30	70		
明渠混凝土		75	25	
地面厂房	35	35	30	
河床式电站厂房	50	25	25	
地下厂房	50	50		
扬水站	30	35	35	
大型船闸	10	90		
中小型船闸	30	70		

3.3　确定混凝土材料配合比

混凝土材料中各种组成材料的用量,应根据设计强度等级,由试验确定,计算时,其水泥、砂石预算用量要比配合比理论计算量分别增加 2.5%、3%与 4%。初步设计阶段的混凝土,如无试验资料,可参照概预算定额附录中的混凝土材料配合比表查用。水利部现行《水利建筑工程预算定额》《水利建筑工程概算定额》(2002)附录 7 列出了不同强度混凝土、砂浆配合比,在使用附录混凝土材料配合比表时,应注意以下几个方面:

(1)混凝土强度等级与设计龄期的换算系数。

现行定额中,不同混凝土配合比所对应的混凝土强度等级均以 28 天龄期考虑,如设计龄期为60天、90天、180天、360天,应按表4-13的换算系数将各龄期强度等级换算为28天龄期强度等级。当换算结果介于两种强度等级之间时,应选用高一级的强度等级。如某大坝混凝土采用180天龄期设计强度等级为C20,则换算为28天龄期时对应的混凝土强度等级为:C20×0.71≈C14,其结果介于C10与C15之间,则混凝土的强度等级取C15。

表4-13 混凝土龄期与强度等级换算系数

设计龄期(天)	28	60	90	180	360
强度等级换算系数	1.00	0.83	0.77	0.71	0.65

(2)骨料种类、粒度换算系数。

表中混凝土材料配合比是按卵石、粗砂拟定的,如改用碎石或中、细砂,应对配合比表中的各材料用量按表4-14系数换算(注:粉煤灰的换算系数同水泥的换算系数)。

表4-14 碎石或中、细砂配合比换算系数

项目	水泥	砂	石子	水
卵石换为碎石	1.10	1.10	1.06	1.10
粗砂换为中砂	1.07	0.98	0.98	1.07
粗砂换为细砂	1.10	0.96	0.97	1.10
粗砂换为特细砂	1.16	0.90	0.95	1.16

注:1. 水泥按质量计,砂、石子、水按体积计;

2. 若实际采用碎石及中细砂,则总的换算系数应为各单项换算系数的乘积。

(3)埋块石混凝土材料用量的调整。

埋块石混凝土应按配合比表的材料用量,扣除埋块石实体的数量计算。

$$\text{埋块石混凝土材料量} = \text{配合表列材料用量} \times (1 - \text{埋块石率}\%) \tag{4-44}$$

$$1\text{块石实体方} = 1.67\text{码方}$$

因埋块石增加的人工见表4-15。

表4-15 埋块石混凝土人工工时增加量

埋块石率(%)	5	10	15	20
每100 m^3 埋块石混凝土增加人工工时	24.0	32.0	42.4	56.8

注:不包括块石运输及影响浇筑的工时。

(4)当工程采用的水泥强度等级与配合比表中不同时,应对配合比表中的水泥用量进行调整,见表4-16。

表4-16 水泥强度等级换算系数参考表

原强度等级	代换强度等级		
	32.5	42.5	52.5
32.5	1.00	0.86	0.76
42.5	1.16	1.00	0.88
52.5	1.31	1.13	1.00

(5)除碾压混凝土材料配合比表外,混凝土配合比表中各材料的预算量包括场内运

输及操作损耗,不包括搅拌后(熟料)的运输和浇筑损耗,搅拌后的运输和浇筑损耗已根据不同浇筑部位计入定额内。

(6)水泥用量按机械拌和拟定,若人工拌和,则水泥用量需增加5%。

(7)在混凝土组成材料中,若水泥预算价格超过基价255元/t、外购骨料的预算价格超过限价70元/m^3时,应计算出两个混凝土材料单价,一个用实际材料的预算价格(不含增值税进项税额)计算,一个用基价计算(用此价格计算出的混凝土材料单价进入混凝土工程单价),两个混凝土材料单价的价差以材料补差的形式计入混凝土工程单价。

3.4 计算混凝土材料单价

混凝土材料单价计算公式为

$$混凝土材料单价 = \sum(某材料用量 \times 某材料预算价格) \tag{4-45}$$

材料预算价格按本项目任务2相关知识计算。

如果有几种不同强度等级的混凝土,需要计算混凝土材料的综合单价,则按各强度等级的混凝土所占比例计算加权平均单价。

4 混凝土材料单价计算示例

【例4-9】 某水库溢洪道工程,设计选用的混凝土强度等级与级配为:C20二级配占6%、C20三级配占69%、C15三级配占25%。C20混凝土用强度等级32.5的普通硅酸盐水泥,C15混凝土用强度等级32.5的矿渣硅酸盐水泥。外加剂采用木质素磺酸钙。已知混凝土各组成材料的预算价格(不含增值税进项税额)为:强度等级32.5的普通硅酸盐水泥350元/t,强度等级32.5的矿渣硅酸盐水泥325元/t,木质素磺酸钙1.20元/kg,粗砂、卵石65元/m^3,水0.60元/m^3。试计算溢洪道混凝土工程定额中混凝土材料单价。

解:(1)根据2002年《水利建筑工程概预算定额》附录7掺外加剂混凝土材料配合比表,查得上述各种强度等级与级配的混凝土配合比材料预算量,见表4-17。

(2)计算各种强度与级配的混凝土材料单价,并按所占比例加权平均计算其综合单价,见表4-17。

混凝土材料综合单价=175.41×6%+163.85×69%+149.05×25%=160.84(元/m^3)

混凝土材料综合基价=151.28×6%+143.70×69%+136.37×25%=142.32(元/m^3)

混凝土材料综合价差=160.84−142.32=18.52(元/m^3)

表4-17 混凝土材料单价计算表

混凝土强度等级	级配	材料预算量					材料价格					混凝土材料单价(元/m^3)	混凝土材料基价(元/m^3)
		水泥(kg)	粗砂(m^3)	卵石(m^3)	外加剂(kg)	水(m^3)	水泥预算价(限价)(元/t)	粗砂(元/m^3)	卵石(元/m^3)	外加剂(元/kg)	水(元/m^3)		
C20	二	254	0.50	0.82	0.52	0.15	350(255)	65.00	65.00	1.20	0.60	175.41	151.28
C20	三	212	0.40	0.97	0.43	0.125	350(255)	65.00	65.00	1.20	0.60	163.85	143.70
C15	三	181	0.42	0.96	0.37	0.125	325(255)	65.00	65.00	1.20	0.60	149.05	136.37

5 商品混凝土单价的编制

商品混凝土单价采用不含增值税进项税额的价格。水利部现行《编规》(2014)中规定,当采用商品混凝土时,其材料单价应按基价200元/m^3计入工程单价参加取费,预算价格与基价的差额以材料补差形式进行计算,材料补差列入单价表中并计取税金。

6 砂浆材料单价的计算方法

砂浆材料单价的计算方法和混凝土材料单价的计算方法大致相同,应根据工程试验提供的资料确定砂浆的各组成材料及相应的用量,进而计算出砂浆材料单价。若无试验资料,可参照水利部现行概预算定额(附录7)砂浆材料配合比表中各组成材料的预算量,计算砂浆材料的单价。

小 结

人工预算单价,材料预算价格,施工机械台时费,施工用电、风、水预算价格,砂石料单价,混凝土及砂浆材料单价等,是编制水利水电建筑与安装工程单价的基础性资料,这些预算价格统称为基础单价。

人工预算单价由基本工资、辅助工资两项内容组成,并划分为工长、高级工、中级工、初级工4个档次。

材料预算价格是指材料从购买地运到工地分仓库或相当于工地分仓库的材料堆放场地的出库价格。材料按重要性程度划分为主要材料和次要材料。主要材料预算价格对工程造价影响较大,要详细编制。

施工机械台时费是指一台施工机械在一个工作小时内,为使机械正常运行所需支付、消耗和分摊的各种费用的总和,又称台时价格。施工机械台时费由两类费用组成,包括一类费用和二类费用。

水利水电工程施工用电、风、水价格,要根据工程具体情况,由施工组织设计确定的供电、供风、供水系统综合编制其价格。

砂石料是水利水电工程的主要建筑材料,按其来源不同一般可分为天然砂石料和人工(自采)砂石料。外购砂石料单价可根据建材市场实际情况和有关规定,参考材料预算价格计算方法编制。

混凝土、砂浆材料单价是指配制1 m^3混凝土、砂浆所需的水泥、砂石骨料、水、掺合料及外加剂等各种材料的费用之和。根据每立方米混凝土、砂浆中各种材料预算用量分别乘以其材料预算价格,其总和即为定额表中混凝土、砂浆的材料单价。如果有几种不同强度等级的混凝土,需要计算混凝土材料的综合单价,则按各强度等级的混凝土所占比例计算加权平均单价。

基础单价是编制建筑安装工程单价的基础,其编制准确程度对水利水电工程造价有较大的影响,因此在学习过程中必须明确本项目学习重点,掌握基础单价的编制方法,了解有关内容。通过学习,可以解决工程实际中的一些问题,能编制一般工程的基础单价,为建筑安装工程单价的编制提供准确、可靠的基础资料。

职业能力训练4

一、单项选择题

1. 某枢纽工程位于山东省日照市莒县,其中级工人工预算单价为(　　)元/工时。

A. 8.9　　B. 11.8

C. 10.67　　D. 9.27

2. 材料预算价格一般包括(　　)。

A. 材料原价、包装费、运杂费和采购及保管费四项

B. 材料原价、包装费、运杂费、运输保险费和采购及保管费五项

C. 材料原价、包装费、运输保险费和采购及保管费四项

D. 材料原价、运杂费、运输保险费和采购及保管费四项

3. 材料运杂费指材料从指定交货地点运至(　　)。

A. 工地分仓库所发生的费用

B. 工地分仓库或相当于工地分仓库(材料堆放场)所发生的全部费用

C. 工地分仓库(材料堆放场)所发生的费用

D. 材料堆放场所发生的全部费用

4. 某材料的原价是320元/t(不含增值税进项税额的价格),运杂费为48元/t(不含增值税进项税额的价格),采购及保管费率为3%,保险费费率为1%,则该材料的预算价格为(　　)元/t。

A. 368　　B. 380.8　　C. 383.34　　D. 382.72

5. 按现行规定,施工机械台时费二类费用中人工费按(　　)计算。

A. 工长　　B. 高级工

C. 中级工　　D. 初级工

二、多项选择题

1. 生产工人年应工作天数以内非作业天数的工资包括(　　)。

A. 职工开会学习、培训期间的工资　　B. 职工调动工作、探亲、休假期间的工资

C. 职工因气候影响的停工工资　　D. 职工病假六个月以上的工资

E. 职工产、婚、丧假期的工资

2. 辅助工资包括(　　)。

A. 地方津贴　　B. 施工津贴　　C. 工资附加费

D. 夜餐津贴　　E. 节假日加班津贴

3. 按现行部颁规定,材料采购及保管费费率为(　　)。

A. 碎石2%　　B. 钢材2%　　C. 油料2%

D. 其他材料3%　　E. 水泥2.5%

4. 构成材料预算单价的费用包括(　　)。

A. 材料原价　　B. 运杂费　　C. 保险费

D. 材料研发试验费　　E. 包装费

5. 构成施工机械台时使用费的有(　　)。

A. 施工机械替换设备费　　B. 折旧费　　C. 机上人员人工费

D. 临时设施安拆费　　E. 施工机械设计费

三、判断题

1. 现行部颁《水利建筑工程概(预)算定额》中,零星材料费是以人工费、机械费之和为计算基数的。(　　)

2. 根据现行部颁规定,材料运输保险费的计算基础是材料原价及运杂费。(　　)

3. 根据现行部颁水利工程机械台时费定额,台时费中人工费按初级工计算。(　　)

4. 由工地分仓库或相当于工地分仓库的材料堆放场地至施工各施工点的运输费用已包括在定额内,在材料预算价格中不再计算。(　　)

5. 混凝土配合比计算过程中,如砾石改为碎石、粗砂改为中细砂,则应按相应的系数进行换算。(　　)

四、案例分析

1. 某水利工程用强度等级42.5的普通硅酸盐水泥,资料如表4-18所示,请计算该种水泥的预算价格。(说明:表中价格为不含增值税进项税额的价格)

表4-18　基本资料表

类别	甲厂	乙厂
供应比例(%)	40	60
出厂价(元/t)	350	330
厂家至工地距离(km)	85	120
吨公里运价(元)	0.55	0.55
装卸费小计(元/t)	15.0	15.0
材料运输保险费费率(%)	0.4	0.4

2. 某水利工程施工用电,90%由电网供电,10%由自备柴油机发电。已知电网电价为0.30元/kWh,电力建设基金0.04元/kWh,三峡建设基金0.007元/kWh,柴油发电机总容量为1 000 kW,其中200 kW一台,400 kW两台,并配备3台水泵供给冷却水。以上三种机械台时费分别为160元/台时、270元/台时和13.5元/台时。请计算外购电电价、自发电电价和综合电价(高压输电线路损耗率为6%,变配电设备及配电线路损耗率为8%,供电设施维修摊销费为0.03元/kWh,发电机出力系数取0.8,厂用电率取5%)。

3. 查《水利工程施工机械台时费定额》计算10 t自卸汽车台时费,已知该工程为山东省莒县的某引水工程,柴油不含增值税进项税额的预算单价为7.20元/kg。

4. 某C25三级配纯混凝土,混凝土设计龄期为60天,所用材料为强度等级32.5的普通水泥,中砂,碎石。已知各材料不含增值税进项税额的预算价格为:水泥290元/t、中砂45元/m^3、碎石75元/m^3、水1.10元/m^3。试计算该混凝土材料的预算单价。

项目 5　建筑与安装工程单价

【学习目标】

掌握建筑与安装工程单价的组成、编制方法、编制程序；能够根据工程实际，准确选用定额，合理编制土方工程、石方工程、砌石工程、混凝土工程、模板工程、基础处理工程、设备安装工程等单价。具有精益求精的工匠精神和一丝不苟的工作作风。

【学习任务】

(1)建筑安装工程单价的构成及计算方法；

(2)土方工程单价编制；

(3)石方工程单价编制；

(4)砌石工程单价编制；

(5)混凝土工程单价编制；

(6)模板工程单价编制；

(7)基础处理工程单价编制；

(8)设备安装工程单价编制。

【任务分析】

水利工程概(估)算工程单价分为建筑和安装工程单价两类，它是编制水利水电工程建筑和安装工程投资的基础。通过选用相应定额，按照标准格式，计算出各项单价。

任务 1　建筑与安装工程单价的编制方法

1　概述

建筑及安装工程单价，简称工程单价，指完成单位工程量(如 1 m^3,1 t,1 台等)所消耗的直接费、间接费、利润和税金等全部费用。各费用的含义及组成详见项目 2 的任务 2。

工程单价由“量、价、费”三要素组成。

量，指完成单位工程量所需的人工、材料和施工机械台时数量。需根据设计图纸及施工组织设计等资料，正确选用定额相应子目确定。

价，指人工预算单价、材料预算价格和机械台时等基础单价。

费，指按规定计入工程单价的其他直接费、间接费、利润和税金。需按规定的取费标准计算。

2　工程单价的计算

2.1　建筑工程单价

2.1.1　直接费

2.1.1.1　基本直接费

$$\text{人工费} = \sum \text{定额劳动量(工时)} \times \text{人工预算单价(元/工时)} \quad (5\text{-}1)$$

$$材料费 = \sum 定额材料用量 \times 材料预算价格 \tag{5-2}$$

$$机械使用费 = \sum 定额机械使用量(台时) \times 施工机械台时费(元/台时) \tag{5-3}$$

2.1.1.2　其他直接费

$$其他直接费 = 基本直接费 \times 其他直接费费率之和 \tag{5-4}$$

其他直接费费率如下:

(1)冬、雨季施工增加费。

西南区、中南区、华东区为0.5%~1.0%,华北区为1.0%~2.0%,西北区、东北区为2.0%~4.0%,西藏自治区为2.0%~4.0%。

西南区、中南区、华东区中,按规定不计冬季施工增加费的地区取小值,计算冬季施工增加费的地区可取大值;华北区中,内蒙古等较严寒地区可取大值,其他地区取中值或小值;西北区、东北区中,陕西、甘肃等省取小值,其他地区可取中值或大值。各地区包括的省(自治区、直辖市)如下:

①华北地区:北京、天津、河北、山西、内蒙古等5个省(自治区、直辖市)。

②东北地区:辽宁、吉林、黑龙江等三省。

③华东地区:上海、江苏、浙江、安徽、福建、江西、山东等7个省(直辖市)。

④中南地区:河南、湖北、湖南、广东、广西、海南等6个省(自治区)。

⑤西南地区:重庆、四川、贵州、云南等4个省(直辖市)。

⑥西北地区:陕西、甘肃、青海、宁夏、新疆等5个省(自治区)。

(2)夜间施工增加费。

枢纽工程:建筑工程为0.5%,安装工程为0.7%。

引水工程:建筑工程为0.3%,安装工程为0.6%。

河道工程:建筑工程为0.3%,安装工程为0.5%。

(3)特殊地区施工增加费。

特殊地区施工增加费指在高海拔、原始森林、沙漠等特殊地区施工而增加的费用,其中高海拔地区施工增加已计入定额,其他特殊地区增加费(如酷热、风沙)应按工程所在地区规定的标准计算,地方没有规定的不得计算此项费用。

(4)临时设施费。

枢纽工程:建筑及安装工程3.0%。

引水工程:建筑及安装工程1.8%~2.8%。若工程自采加工人工砂石料,费率取上限;若工程自采加工天然砂石料,费率取中值;若工程采用外购砂石料,费率取下限。

河道工程:建筑及安装工程1.5%~1.7%。灌溉田间工程取下限,其他工程取中上限。

(5)安全生产措施费。

根据《水利部办公厅关于调整水利工程计价依据安全生产措施费计算标准的通知》(办水总函〔2023〕38号),安全生产措施费为2.5%。

(6)其他。

枢纽工程:建筑工程为1.0%,安装工程为1.5%。

引水工程:建筑工程为0.6%,安装工程为1.1%。

河道工程:建筑工程为0.5%,安装工程为1.0%。

特别说明:

(1)砂石备料工程其他直接费费率取0.5%。

(2)掘进机施工隧洞工程其他直接费取费费率执行以下规定:土石方类工程、钻孔灌浆及锚固类工程,其他直接费费率为2%~3%;掘进机由建设单位采购、设备费单独列项,台时费中不计折旧费时,土石方类工程、钻孔灌浆及锚固类工程其他直接费费率为4%~5%。敞开式掘进机费率取低值,其他掘进机取高值。

2.1.2 间接费

$$间接费 = 直接费 \times 间接费费率 \tag{5-5}$$

根据工程性质不同,间接费标准分为枢纽工程、引水工程及河道工程三部分,间接费费率标准见表5-1。

2.1.3 利润

$$利润 = (直接费 + 间接费) \times 利润率 \tag{5-6}$$

利润率不分建筑工程和安装工程,均按7%计算。

2.1.4 材料补差

$$材料补差 = (材料预算价格 - 材料基价) \times 材料消耗量 \tag{5-7}$$

2.1.5 税金

$$税金 = (直接费 + 间接费 + 利润 + 材料补差) \times 计算税率 \tag{5-8}$$

注:若建筑、安装工程中含未计价装置性材料费,则计算税金时应计入未计价装置性材料费。

现行计算税率标准为9%。

自采砂石料税率为3%。

2.1.6 建筑工程单价

$$建筑工程单价 = 直接费 + 间接费 + 利润 + 材料补差 + 税金 \tag{5-9}$$

注:建筑工程单价中含有未计价材料(如输水管道)时,其格式参照安装工程单价。

2.2 安装工程单价

安装工程单价的详细计算方法见本项目任务8,这里不再赘述。

3 建筑工程单价的编制

3.1 建筑工程单价编制步骤

(1)了解工程概况,熟悉设计文件与设计图纸,收集编制依据(如定额、基础单价、费用标准等)。

(2)根据施工组织设计确定的施工方法,结合工程特征、施工条件、施工工艺和设备配备情况,正确选用定额子目。

表5-1 间接费费率表

序号	工程类别	计算基础	间接费费率(%)		
			枢纽工程	引水工程	河道工程
一	建筑工程				
1	土方工程	直接费	8.5	5~6	4~5
2	石方工程	直接费	12.5	10.5~11.5	8.5~9.5
3	砂石备料工程(自采)	直接费	5	5	5
4	模板工程	直接费	9.5	7~8.5	6~7
5	混凝土浇筑工程	直接费	9.5	8.5~9.5	7~8.5
6	钢筋制安工程	直接费	5.5	5	5
7	钻孔灌浆工程	直接费	10.5	9.5~10.5	9.25
8	锚固工程	直接费	10.5	9.5~10.5	9.25
9	疏浚工程	直接费	7.25	7.25	6.25~7.25
10	掘进机施工隧洞工程(1)	直接费	4	4	4
11	掘进机施工隧洞工程(2)	直接费	6.25	6.25	6.25
12	其他工程	直接费	10.5	8.5~9.5	7.25
二	机电、金属结构设备安装工程	人工费	75	70	70

注:引水工程:一般取下限标准,隧洞、渡槽等大型建筑物较多的引水工程、施工条件复杂的引水工程取上限标准。

河道工程:灌溉田间工程取下限,其他工程取上限。

工程类别划分:

(1)土方工程:包括土方开挖与填筑;

(2)石方工程:包括石方开挖与填筑、砌石、抛石工程等;

(3)砂石备料工程(自采):包括天然砂砾料和人工砂石料的开采加工;

(4)模板工程:包括现浇各种混凝土时制作及安装的各类模板工程;

(5)混凝土浇筑工程:包括现浇和预制各种混凝土、钢筋制作安装、伸缩缝、止水、防水层、温控措施等;

(6)钢筋制安工程:包括钢筋制作与安装工程等;

(7)钻孔灌浆工程:包括各种类型的钻孔灌浆、防渗墙、灌注桩工程等;

(8)锚固工程:包括混凝土(浆)、锚杆、预应力锚索(筋)工程等;

(9)疏浚工程:指用挖泥船、水力冲挖机组等机械疏浚江河、湖泊的工程;

(10)掘进机施工隧洞工程(1):包括掘进机施工土石方类工程、钻孔灌浆及锚固类工程等;

(11)掘进机施工隧洞工程(2):包括掘进机设备单独列项采购并且在台时费中不计折旧费的土石方类工程、钻孔灌浆及锚固类工程等;

(12)其他工程:除表中所列11类工程以外的其他工程。

(3)将本工程人工、材料、机械等的基础单价分别乘以定额的人工、材料、机械设备的消耗量,计算所得人工费、材料费、机械使用费相加可得直接费。

(4)根据基本直接费和各项费用标准计算其他直接费、间接费、利润和税金,并汇总求得工程单价。当存在材料价差时,应将材料补差计入工程单价。

3.2 建筑工程单价表的编制

建筑工程单价在实际工程中一般采用列表法,工程单价表计算程序见表 5-2。

表 5-2 建筑工程单价计算程序

序号	项目	计算方法
(一)	直接费	(1)+(2)
(1)	基本直接费	①+②+③
①	人工费	∑(定额人工工时数×人工预算单价)
②	材料费	∑(定额材料用量×材料预算价格)(若预算价格超过基价,则按基价)
③	机械使用费	∑(定额机械台时用量×机械台时费)
(2)	其他直接费	(1)×其他直接费费率之和
(二)	间接费	(一)×间接费费率
(三)	利润	[(一)+(二)]×利润率
(四)	材料补差	(材料预算价格-材料基价)×材料消耗量
(五)	税金	[(一)+(二)+(三)+(四)]×税率
(六)	工程单价	(一)+(二)+(三)+(四)+(五)

(1)按定额编号、工程名称、单位、数量等分别填入表中相应栏内。其中:"名称"一栏,应填写详细和具体,如混凝土要分强度等级和级配等。

(2)将定额中的人工、材料、机械等消耗量,以及相应的人工预算单价、材料预算价格和机械台时费分别填入表中相应各栏。

(3)按"消耗量×单价"的方法,得出相应的人工费、材料费和机械使用费,相加得出基本直接费。

(4)根据规定的费率标准,计算直接费、间接费、利润、税金等,汇总即得出该工程单价。

任务 2 土方工程单价

土方工程包括土方开挖、土方填筑两大类。

码 5-1 动画-土方分层开挖　　码 5-2 动画-正铲挖土　　码 5-3 动画-土方压实

土方工程定额一般是按影响土方工程工效的主要因素,如土的级别、取(运)土距离、施工方法、施工条件、质量要求等参数来划分节和子目的。

1 土方开挖、运输

土方开挖由“挖”“运”两个主要工序组成。

1.1 挖土

挖土分为一般土方开挖及挖沟槽、渠、柱坑、洞井等。

(1)一般土方开挖定额,适用于一般明挖土方工程和上口宽超过 16 m 的渠道及上口面积大于 80 m^2 的柱坑土方工程。

(2)渠道土方开挖定额,适用于上口宽小于或等于 16 m 的梯形断面、长条形、底边需要修整的渠道土方工程。

(3)沟槽土方开挖定额,适用于上口宽小于或等于 4 m 的矩形断面或边坡陡于 1∶0.5 的梯形断面,长度大于宽度 3 倍的长条形,只修底不修边坡的土方工程,如截水墙、齿墙等各类墙基和电缆沟等。

(4)柱坑土方开挖定额,适用于上口面积小于或等于 80 m^2、长度小于宽度 3 倍、深度小于上口短边长度或直径、四侧垂直或边坡陡于 1∶0.5、不修边坡只修底的柱坑工程,如集水井、柱坑、机座等工程。

(5)土方暗挖:土方暗挖分平洞、斜井、竖井开挖。平洞土方开挖定额,适用于水平夹角小于或等于 6°、断面面积大于 2.5 m^2 的各型隧洞洞挖工程;斜井土方开挖定额,适用于水平夹角为 6°~75°、断面面积大于 2.5 m^2 的各型隧洞洞挖工程;竖井土方开挖定额,适用于水平夹角大于 75°、断面面积大于 2.5 m^2、深度大于上口短边长度或直径的洞挖工程,如抽水井、闸门井、交通井、通风井等。

编制土方开挖单价时,应根据设计开挖方案,考虑影响开挖的因素,选择相应定额子目计算。

1.2 运土

将开挖的土方运输至指定地点。土方的运输包括骨料、装土、运土、卸土、卸土场整理等工序。

土方开挖的土料一般都有运输要求,通常需要编制挖运综合单价。土方工程定额中编入了大量的挖运综合子目,可直接套用编制挖运综合单价。如果设计挖运方案与定额中的挖运子目不同,须分别套用开挖与装运定额计算直接费,然后将其合并计算综合单价。

【例 5-1】 某灌溉田间工程渠道(上口宽 5 m)土料为Ⅲ类土,采用 1 m^3 液压反铲挖掘机开挖,8 t 自卸汽车运输,运距 2 km。该渠道位于中南部一般地区,需要考虑冬季施工增加费,属于河道工程,请依据水利部现行有关规定,编制渠道开挖预算单价。

解:(1)根据工程条件,选定定额子目,列表。

(2)根据已知条件及《编规》(2014)查得:中级工 6.16 元/工时,初级工 4.26 元/工时。

(3)计算施工机械台时费:

根据《施工机械台时费定额》《水利工程营业税改征增值税计价依据调整办法》及《水利部办公厅关于调整水利工程计价依据增值税计算标准的通知》计算得:1 m^3 液压反铲

挖掘机台时费基价为117.28元/台时,价差为7.60元/台时,台时费为124.88元/台时;59 kW推土机台时费基价为61.51元/台时,价差为4.28元/台时,台时费为65.79元/台时;8 t自卸汽车台时费基价为70.36元/台时,价差为5.20元/台时,台时费为75.56元/台时;胶轮车台时费为0.80元/台时。(以上均为不含增值税进项税额价格)

(4)根据《编规》《水利工程营业税改征增值税计价依据调整办法》及《水利部办公厅关于调整水利工程计价依据安全生产措施费计算标准的通知》查得:冬雨季施工增加费费率为1%,夜间施工增加费费率为0.3%,特殊地区施工增加费不计,临时设施费费率为1.5%,安全生产措施费费率为2.5%,其他0.5%,合计其他直接费费率为5.8%。间接费费率为4%,利润率为7%,税率为9%。

(5)计算过程见表5-3,可得渠道开挖预算单价为12.67元/m^3。

2 土方填筑

水利工程中的土坝、堤防、道路等都有大量的土方填筑。土方填筑工程一般分为土坝(堤)填筑和一般土方填筑两种。其中,土坝(堤)填筑对土料及碾压的要求高。土方填筑主要由土料开采运输、压实两大工序组成。

表5-3 建筑工程单价表

单价编号	01	项目名称	渠道土方开挖工程
定额编号	10450	定额单位	100 m^3

施工方法:1 m^3液压挖掘机开挖Ⅲ类土,8 t自卸汽车运输,运距2 km

编号	名称及规格	单位	数量	单价(元)	合计(元)
一	直接费	元			996.45
1	基本直接费	元			941.82
(1)	人工费	元			167.84
	初级工	工时	39.4	4.26	167.84
(2)	材料费	元			27.43
	零星材料费	%	3	914.39	27.43
(3)	机械使用费	元			746.55
	反铲挖掘机 1 m^3	台时	1.00	117.28	117.28
	推土机 59 kW	台时	0.50	61.51	30.76
	自卸汽车 8 t	台时	8.40	70.36	591.02
	胶轮车	台时	9.36	0.80	7.49

续表 5-3

编号	名称及规格	单位	数量	单价(元)	合计(元)
2	其他直接费	%	5.8	941.82	54.63
二	间接费	%	4	996.45	39.86
三	利润	%	7	1 036.31	72.54
四	材料补差	元			53.42
	反铲挖掘机 1 m^3	台时	1.00	7.60	7.60
	推土机 59 kW	台时	0.50	4.28	2.14
	自卸汽车 8 t	台时	8.40	5.20	43.68
五	税金	%	9	1 162.27	104.60
六	合计	元			1 266.87
七	工程单价	元/m^3			12.67

2.1 土料开采运输单价

土料开采运输单价是指自土料场开采运输至填筑工作面每方土料的费用。它是由覆盖层清除摊销单价和开采运输单价组成的。

料场覆盖层清除摊销费,就是将清除费用摊销入填筑实际土方中,计算公式如下:

覆盖层清除摊销费 = 覆盖层清除总费用 / 设计成品方量

= 覆盖层清除单价 × 覆盖层清除量 / 设计成品方量

= 覆盖层清除单价 × 覆盖层清除摊销率 (5-10)

覆盖层清除总费用可套用土方开挖工程定额进行计算。

开采运输单价同土方开挖工程。应根据设计确定的土料级别、挖运机械、运输距离选用相应定额计算。只是当填筑土料含水量不符合规定时,将增加土料处理(如土料翻晒或加水处理等措施)费用。其费用应按比例摊入土方填筑工程单价。

土方挖运定额的计量单位为自然方,而土方填筑综合单价为成品压实方。采用《水利建筑工程预算定额》计算土料开采运输单价时应考虑土料的体积变化和施工损耗等影响(体积变化指设计干密度和天然干密度之间的不同。施工损耗包括开采、运输、雨后清理、削坡、沉陷等的损耗以及超填和施工附加量等)。具体计算方法是根据定额计算的开采运输单价再乘以成品实方折实系数,折实系数计算公式为

$$\text{成品实方折实系数} = (1 + A) \times \frac{\text{设计干密度}}{\text{天然干密度}} \tag{5-11}$$

式中,A 为综合折实系数,包括开挖、上坝运输、雨后清理、边坡削坡、接缝削坡、施工沉陷、取土坑、试验坑和不可避免的压坏等损耗因素。

根据不同的施工方法和坝料按表 5-4 选取 A 值,使用时不再调整。

表 5-4　综合折实系数 A

项目	A(%)	项目	A(%)
机械填筑混合坝坝体土料	5.86	人工填筑心(斜)墙土料	3.43
机械填筑均质坝坝体土料	4.93	坝体砂砾料、反滤料	2.20
机械填筑心(斜)墙土料	5.70	坝体堆石料	1.40
人工填筑坝体土料	3.43		

在《水利建筑工程概算定额》中,土料压实定额已将压实所需土料运输方量(自然方)列出,无需折算。

2.2　土料填筑单价

2.2.1　概算单价

现行概算定额的土料压实实际上是土方填筑定额,土料开采运输包含在压实定额中。计算土方填筑综合单价时,先计算"土料运输"单价,再套用土料压实定额,计算土方填筑综合单价。定额的"土料运输"单价,为将土料运输至填筑部位处所发生的全部基本直接费,即

定额"土料运输"单价 = 覆盖层清除摊销单价 + 开采运输单价　　(5-12)

对于土坝(堤)填筑,式(5-12)中的"开采运输单价"还应乘以坝面施工干扰系数1.02。

如为向地方购买土料,则定额"土料运输"单价中还需加计"土料购买费"。

2.2.2　预算单价

在现行预算定额中无填筑综合定额,可先按分项定额计算出各工序单价,再按式(5-13)计算填筑综合单价。

土方回填压实综合单价 = 料场覆盖层清除单价 × 覆盖层清除摊销率 +
(翻晒单价 × 翻晒比例 + 开采运输单价) ×
综合折实系数 + 压实单价　　(5-13)

3　使用定额应注意的问题

(1)土方定额的计量单位,除注明外,均按自然方计算(如定额中挖土、推土、运土)。自然方指未经扰动的自然状态的土方;松方指自然方经人工或机械开挖而松动过的土方;实方指填筑(回填)并经过压实后的成品方(如土方压实和土石坝填筑综合定额)。在编制单价时应注意统一计量单位。

(2)在概预算定额中,土质级别及岩石级别按土石十六级分类法划分,其中前四级为土类级别。砂砾(卵)石开挖和运输定额按Ⅳ类土定额计算。

(3)挖掘机或装载机挖装土料自卸汽车运输定额,系按挖装自然方拟定。如挖松土时,其中人工及挖装机械乘以0.85的系数。

(4)汽车运输定额,适用于水利工程施工路况 10 km 以内的场内运输,运距超过 10 km 时,超过部分按增运 1 km 台时数乘 0.75 计算,即

$$\text{汽车运距超过 10 km 运输定额值} = \text{5 km 值} + 5 \times \text{增运 1 km 值} + (\text{运距} - 10) \times \text{增运 1 km 值} \times 0.75 \tag{5-14}$$

(5)《水利建筑工程预算定额》中挖掘机、轮斗挖掘机或装载机挖装土(含渠道土方)自卸汽车运输各节,适用于Ⅲ类土,Ⅰ、Ⅱ类土人工、机械乘以 0.91 的系数;Ⅳ类土乘以 1.09 的系数。《水利建筑工程概算定额》则是按土的级别划分子目,无需调整。

(6)推土机的推土距离和铲运机的铲运距离是指取土中心至卸土中心的平均距离。推土机推运松土时,定额乘以 0.8 的系数。

(7)土方洞挖定额中轴流通风机台时数量,按一个工作面长 200 m 拟定,如超过 200 m,按定额乘表 5-5 的系数。

表 5-5 轴流通风机台时调整系数

工作面长度(m)	200	300	400	500	600	700	800	900	1 000
调整系数	1.00	1.33	1.50	1.80	2.00	2.28	2.50	2.78	3.00

【例 5-2】 某黏土心墙堆石坝,坝长 2 000 m,心墙设计工程量为 150 万 m^3,设计干重度 16.67 kN/m^3(干密度 1.7 g/cm^3),土料天然干重度为 15.19 kN/m^3(干密度 1.55 g/cm^3),土料含水量大,土料上坝前在料场用三铧犁进行翻晒处理,土壤级别为Ⅲ类土。求黏土心墙的填筑综合预算单价。

已知:(1)覆盖层为Ⅱ类土,清除量 6 万 m^3,由 74 kW 推土机推运 100 m 弃土。

(2)料场翻晒中心距坝址左岸坝头 4 km,翻晒后由 5 m^3 装载机配 25 t 自卸汽车装运上坝,16 t 轮胎碾压实。

(3)其他条件见表 5-6(表中机械台时费均为不含增值税进项税额价格)。

表 5-6 基础单价及费率标准

序号	名称及规格	单位	单价(元)	序号	名称及规格	单位	单价(元)
1	工长	工时	11.55	19	推土机 88 kW(基价)	台时	109.52
2	高级工	工时	10.67	20	推土机 88 kW(价差)	台时	6.43
3	中级工	工时	8.9	21	自卸汽车 25 t(基价)	台时	187.14
4	初级工	工时	6.13	22	自卸汽车 25 t(价差)	台时	10.61
5	柴油(预算价格)	t	3 500	23	轮胎碾 9~16 t 拖拉机 74 kW(基价)	组时	96.09
6	电	kWh	0.6	24			
7	74 kW 推土机(基价)	台时	90.99	25	轮胎碾 9~16 t 拖拉机 74 kW(价差)	组时	5.05
8	74 kW 推土机(价差)	台时	5.41	26			

续表 5-6

序号	名称及规格	单位	单价(元)	序号	名称及规格	单位	单价(元)
9	三铧犁	台时	1.67	27	推土机　74 kW(基价)	台时	90.99
10	缺口耙	台时	2.04	28	推土机　74 kW(价差)	台时	5.41
11	拖拉机　59 kW(基价)	台时	56.47	29	蛙式打夯机　2.8 kW	台时	20.36
12	拖拉机　59 kW(价差)	台时	4.03	30	刨毛机(基价)	台时	60.93
13	拖拉机　55 kW(基价)	台时	51.12	31	刨毛机(价差)	台时	3.77
14	拖拉机　55 kW(价差)	台时	3.77	32	其他直接费费率	%	7
15	推土机　59 kW(基价)	台时	68.09	33	间接费费率	%	8.5
16	推土机　59 kW(价差)	台时	4.28	34	利润率	%	7
17	装载机　5 m^3(基价)	台时	348.10	35	税率	%	9
18	装载机　5 m^3(价差)	台时	20.09				

解:(1)计算各工序单价。计算结果见表 5-7~表 5-10。

表 5-7　建筑工程单价表(一)

编号	01	项目名称	覆盖层清除
定额编号	10273	定额单位	100 m^3

施工方法:覆盖层为Ⅱ类土,74 kW 推土机推运 100 m 弃土

编号	名称及规格	单位	数量	单价(元)	合计(元)
一	直接费	元			512.37
1	基本直接费	元			478.85
(1)	人工费	元			36.78
	初级工	工时	6.0	6.13	36.78
(2)	材料费	元			43.53
	零星材料费	%	10	435.32	43.53
(3)	机械使用费	元			398.54
	推土机　74 kW	台时	4.38	90.99	398.54
2	其他直接费	%	7	478.85	33.52
二	间接费	%	8.5	512.37	43.55
三	利润	%	7	555.92	38.91
四	材料补差	元			23.70
	推土机　74 kW	台时	4.38	5.41	23.70
五	税金	%	9	618.53	55.67
六	合计	元			674.20
七	单价	元/ m^3			6.74

表 5-8　建筑工程单价表(二)

单价编号	02	项目名称	土料翻晒
定额编号	10463	定额单位	100 m^3

施工方法:犁土,耙碎,翻晒,拢堆集料

编号	名称及规格	单位	数量	单价(元)	合计(元)
一	直接费	元			542.66
1	基本直接费	元			507.16
(1)	人工费	元			197.39

续表 5-8

编号	名称及规格	单位	数量	单价(元)	合计(元)
	初级工	工时	32.2	6.13	197.39
(2)	材料费	元			24.15
	零星材料费	%	5	483.01	24.15
(3)	机械使用费	元			285.62
	三铧犁	台时	0.95	1.67	1.59
	拖拉机 59 kW	台时	0.95	56.47	53.65
	缺口耙	台时	1.90	2.04	3.88
	拖拉机 55 kW	台时	1.90	51.12	97.13
	推土机 59 kW	台时	1.90	68.09	129.37
2	其他直接费	%	7	507.16	35.50
二	间接费	%	8.5	542.66	46.13
三	利润	%	7	588.79	41.22
四	材料补差	元	0		19.12
	拖拉机 59 kW	台时	0.95	4.03	3.83
	拖拉机 55 kW	台时	1.9	3.77	7.16
	推土机 59 kW	台时	1.9	4.28	8.13
五	税金	%	9	649.13	58.42
六	合计	元			707.55
七	单价	元/m^3			7.08

计算挖运和压实工序单价时,其中5 m^3 装载机配25 t 自卸汽车上坝工序,由于坝长2 000 m,翻晒中心距坝址左岸坝头4 km,故自卸汽车平均运距为5 km。工序单价计算见表5-9和表5-10。

表5-9　建筑工程单价表(三)

单价编号	03	项目名称	土料运输
定额编号	10423	定额单位	100 m^3

施工方法:翻晒的土,5 m^3 装载机配25 t 自卸汽车装运上坝,运距5 km

编号	名称及规格	单位	数量	单价(元)	合计(元)
一	直接费	元			1 251.57
1	基本直接费	元			1 169.69
(1)	人工费	元			11.46
	初级工	工时	2.2×0.85	6.13	11.46
(2)	材料费	元			22.94
	零星材料费	%	2	1 146.75	22.94
(3)	机械使用费	元			1 135.29
	装载机 5 m^3	台时	0.41×0.85	348.10	121.31
	推土机 88 kW	台时	0.21×0.8	109.52	18.40
	自卸汽车 25 t	台时	5.32	187.14	995.58
2	其他直接费	%	7	1 169.69	81.88
二	间接费	%	8.5	1 251.57	106.38
三	利润	%	7	1 357.95	95.06
四	材料补差	元	0		64.53
	装载机 5 m^3	台时	0.41×0.85	20.09	7.00
	推土机 88 kW	台时	0.21×0.8	6.43	1.08
	自卸汽车 25 t	台时	5.32	10.61	56.45
五	税金	%	9	1 517.54	136.58
六	合计	元			1 654.12
七	单价	元/m^3			16.54

表 5-10　建筑工程单价表(四)

单价编号	04	项目名称	土料压实
定额编号	10471	定额单位	100 m^3

施工方法:16 t 轮胎碾压实

编号	名称及规格	单位	数量	单价(元)	合计(元)
一	直接费	元			380.56
1	基本直接费	元			355.66
(1)	人工费	元			129.96
	初级工	工时	21.2	6.13	129.96
(2)	材料费	元			32.33
	零星材料费	%	10	323.33	32.33
(3)	机械使用费	元			193.37
	轮胎碾　9~16 t 拖拉机　74 kW	组时	0.99	96.09	95.13
	推土机　74 kW	台时	0.50	90.99	45.50
	蛙式打夯机　2.8 kW	台时	1.00	20.36	20.36
	刨毛机	台时	0.50	60.94	30.47
	其他机械费	%	1	191.46	1.91
2	其他直接费	%	7	355.66	24.90
二	间接费	%	8.5	380.56	32.35
三	利润	%	7	412.91	28.90
四	材料补差	元			9.60
	轮胎碾　9~16 t 拖拉机　74 kW	组时	0.99	5.05	5.00
	推土机　74 kW	台时	0.5	5.41	2.71
	刨毛机	台时	0.5	3.77	1.89
五	税金	%	9	451.41	40.63
六	工程单价	元			492.04
七	单价	元/m^3			4.92

(2)计算黏土心墙填筑综合预算单价。

$$\text{土方填筑综合预算单价} = 6.74 \times \frac{6 \times 10^4}{150 \times 10^4} + (7.08 + 16.54) \times (1 + 0.057) \times \frac{16.67}{15.19} + 4.92 = 32.59(\text{元}/m^3)$$

任务 3　石方工程单价

石方工程包括石方开挖、运输和支撑等内容。

码 5-4　动画-爆破

1　石方开挖

1.1　石方开挖分类

石方开挖按施工条件(开挖方式)分为明挖和暗挖两大类。按施工方法分为人工打孔爆破法和掘进机开挖等几种。

现行部颁石方定额是按工程部位、开挖断面尺寸、开挖方式、岩石级别等划分子目,编制单价时应注意正确选用定额相应子目。

石方开挖类型有明挖和暗挖两类。明挖包括:一般石方,一般坡面石方,沟槽石方,坡面沟槽石方,坑石方,保护层石方,基础石方;暗挖包括:平洞石方,斜井石方,竖井石方,地下厂房石方。

《水利建筑工程概算定额》和《水利建筑工程预算定额》石方开挖分类及其特征如表5-11所示。

表5-11 石方开挖类型划分

<table>
<tr><th colspan="2" rowspan="2">开挖类型</th><th colspan="2">特征</th></tr>
<tr><th>概算定额</th><th>预算定额</th></tr>
<tr><td rowspan="7">明挖</td><td>一般石方</td><td colspan="2">底宽>7 m的沟槽;上口面积>160 m^2的坑;倾角≤20°,开挖厚度大于5 m(垂直于设计面的平均厚度)的坡面;一般明挖石方工程</td></tr>
<tr><td>一般坡面石方</td><td colspan="2">倾角>20°,开挖厚度小于或等于5 m的坡面</td></tr>
<tr><td>沟、槽石方</td><td colspan="2">底宽≤7 m,两侧垂直或有边坡的长条形石方开挖</td></tr>
<tr><td>坡面沟槽石方</td><td colspan="2">槽底轴线与水平夹角>20°的沟槽石方</td></tr>
<tr><td>坑石方</td><td colspan="2">上口面积≤160 m^2,深度小于或等于上口短边长度或直径的工程</td></tr>
<tr><td>保护层石方</td><td>无此项目(其他分项定额中已综合了保护层开挖等措施)</td><td>设计规定不允许破坏岩层结构的石方开挖</td></tr>
<tr><td>基础石方</td><td>不同深度的基础石方开挖</td><td>无此项目(已包含在其他分项定额中)</td></tr>
<tr><td rowspan="4">暗挖</td><td>平洞石方</td><td colspan="2">洞轴线与水平夹角≤6°的洞挖工程</td></tr>
<tr><td>斜井石方</td><td colspan="2">井轴线与水平夹角成45°~75°的洞挖;井轴线与水平夹角成6°~45°的洞挖,按斜井石方开挖定额乘0.90系数计算</td></tr>
<tr><td>竖井石方</td><td colspan="2">井轴线与水平夹角>75°、上口面积>5 m^2、深度大于上口短边长度或直径的石方开挖工程</td></tr>
<tr><td>地下厂房石方</td><td colspan="2">地下厂房或窑洞式厂房开挖</td></tr>
</table>

1.2 定额内容

石方开挖以自然方计。定额包括钻孔、爆破、撬移、解小、翻渣、清面、修整断面、安全处理、洞挖施工排烟、排水、挖排水沟等工作。但不包括隧洞支撑和锚杆支护,其费用应根据水工设计资料单独列项计算。

《水利建筑工程概算定额》石方开挖已按各部位的不同要求,根据规范规定分别考虑了预裂爆破、光面爆破、保护层开挖等措施。例如厂坝基础开挖定额中已考虑了预裂和保护层开挖措施,所以无需再单独编制预裂爆破和保护层开挖单价。

《水利建筑工程预算定额》对保护层和预裂、防震等措施均单独列项,不包括在各项石方开挖定额中。

2 石渣运输

石渣运输定额计量单位为自然方。

石渣运输分人力运输(人力挑抬、双胶轮车、轻轨斗车等)和机械运输(汽车、电瓶机车运输等)。石渣运输又分露天运输和洞内运输。挖掘机或装载机装石渣汽车运输各节定额,露天与洞内的区分按挖掘机或装载机装车地点确定。洞内运距按工作面长度的一半计算,当一个工程有几个弃渣场时,可按弃渣量比例计算加权平均运距。

3 石方工程单价的计算

3.1 石方开挖单价

《水利建筑工程概算定额》石方开挖各节子目中,均已计入了允许的超挖量和合理的施工附加量所消耗的人工、材料和机械的数量及费用,编制概算单价时不得另计超挖和施工附加工程量所需的费用。

《水利建筑工程预算定额》石方开挖各节子目中,未计入允许的超挖量和施工附加量所消耗的人工、材料和机械的数量及费用。编制石方开挖预算单价时,需将允许的超挖量及合理的施工附加量,按占设计工程量的比例计算摊销率,然后将超挖量和施工附加量所需的费用乘以各自的摊销率后计入石方开挖单价。施工规范允许的超挖石方,可按超挖石方定额(如平洞、斜井、竖井超挖石方)计算其费用。合理的施工附加量的费用按相应的石方开挖定额计算。

3.2 石渣运输单价

石渣运输定额与土方运输定额类似,亦按装运方法和运输距离划分节和子目。

编制石方运输单价,当有洞内外连续运输时,应分别套用不同的定额子目。洞内运输部分,套用“洞内”运输定额的“基本运距”及“增运”子目;洞外运输部分,套用“露天”定额的“增运”子目,并且仅选用运输机械的台时使用量。洞内和洞外为非连续运输(如洞内为斗车,洞外为自卸汽车)时,洞外运输部分应套用“露天”定额的“基本运距”及“增运”子目。

3.3 石方工程综合单价

石方工程综合单价是指包含石渣运输费用的开挖单价。在编制石方工程综合单价时,应根据施工组织设计确定的施工方法、运输距离、建筑物施工部位的岩石级别、设计开挖断面等正确套用定额。

《水利建筑工程概算定额》石方开挖定额各节子目中均列有“石渣运输”项目,该项目的数量已包括完成定额单位所需增加的超挖量和施工附加量。编制概算单价时,按定额石渣运输量乘石方运输单价(仅计算基本直接费),计算石方工程综合单价。

《水利建筑工程预算定额》石方开挖定额中没有列出石渣运输量,应分别计算开挖与出渣单价,并考虑允许的超挖量及合理的施工附加量的费用分摊,再合并计算开挖综合预算单价。

4 使用定额编制石方工程单价应注意的问题

(1)概预算定额中,岩石共分为12个等级,即十六级划分法的5~16级。石方开挖定额子目中,岩石最高级别为XIV级,当岩石级别大于XIV级时,可按相应各节XIII~XIV级岩石开挖定额乘以表5-12调整系数计算。

表 5-12　岩石级别影响系数

项目	人工	材料	机械
风钻为主各节定额	1.30	1.10	1.40
潜孔钻为主各节定额	1.20	1.10	1.30
液压钻、多臂钻为主各节定额	1.15	1.10	1.15

(2)洞挖定额中的通风机台时数量按一个工作面长 400 m 拟定。如超过,应按表 5-13(用插入法)系数调整通风机台时数量。

表 5-13　通风机台时调整系数

隧洞工作面长(m)	400	500	600	700	800	900	1 000	1 100	1 200
系数	1.00	1.20	1.33	1.43	1.50	1.67	1.80	1.91	2.00
隧洞工作面长(m)	1 300	1 400	1 500	1 600	1 700	1 800	1 900	2 000	
系数	2.15	2.29	2.40	2.50	2.65	2.78	2.90	3.00	

(3)《水利建筑工程预算定额》中,预裂爆破、防震孔、插筋孔均适用于露天施工,若为地下工程,定额中人工、机械应乘以 1.15 系数。

(4)石方开挖定额中的炸药,一般情况应根据不同施工条件和开挖部位按表 5-14 的品种、规格选取。定额中的炸药,一般根据不同施工条件和开挖部位,采用不同的品种,其价格按 1~9 kg 包装的炸药计算。

表 5-14　炸药代表型号

项目	代表型号
一般石方开挖	2 号岩石铵梯炸药
边坡、槽、坑、基础、保护层石方开挖	2 号岩石铵梯炸药和 4 号抗水岩石铵梯炸药各半
平洞、斜井、竖井、地下厂房石方开挖	4 号抗水岩石铵梯炸药

(5)石方开挖定额中的其他材料费以主要材料费之和为计算基数,零星材料费按占人工费、机械费之和的百分数计算,其他机械费按占主要机械费的百分数计算。

(6)定额材料中所列"合金钻头",是指风钻(手提式、气腿式)所用的钻头;"钻头"是指液压履带钻或液压凿岩台车所用的钻头。

【例 5-3】　某水利枢纽工程有一条引水隧洞,总长 1 500 m,纵坡 2‰,开挖直径 6.5 m,设一条长 100 m 的施工支洞,岩石级别为 XIII ~ XIV 级,海拔 540 m。试计算引水隧洞开挖运输单价。已知:

(1)施工布置如图 5-1 所示。

(2)施工方法:用风钻钻孔,1 m^3 挖掘机装 8 t 自卸汽车运输。

(3)工程超挖量为设计断面开挖量的 6%,工程附加量为设计开挖量的 7%。

(4)人工、材料等单价见表 5-15(表中材料价格及机械台时费均不含增值税进项税额)。

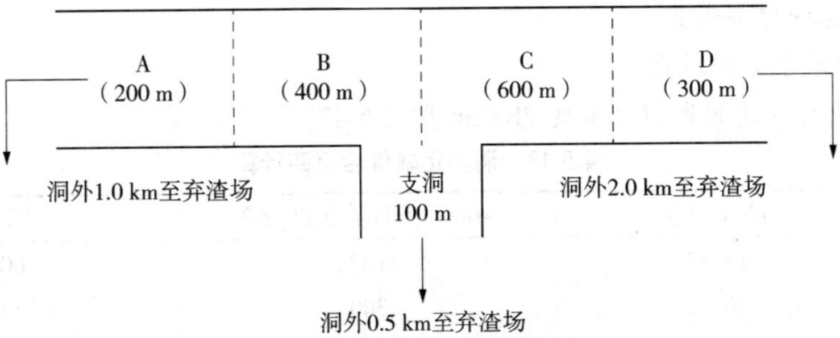

图 5-1　隧洞开挖工作面布置示意

表 5-15　基础单价及费率标准

序号	名称及规格	单位	单价(元)	序号	名称及规格	单位	单价(元)
1	工长	工时	11.55	14	风钻　气腿式	台时	127.73
2	高级工	工时	10.67	15	轴流通风机　37.0 kW	台时	39.64
3	中级工	工时	8.9	16	液压单斗挖掘机　1 m^3(基价)	台时	124.68
4	初级工	工时	6.13	17	液压单斗挖掘机　1 m^3(价差)	台时	15.05
5	合金钻头	个	47	18	推土机　88 kW(基价)	台时	109.52
6	炸药	kg	12	19	推土机　88 kW(价差)	台时	12.73
7	雷管	个	1.5	20	自卸汽车　8 t(基价)	台时	73.92
8	导电线	m	0.5	21	自卸汽车　8 t(价差)	台时	10.30
9	风	m^3	0.5	22	其他直接费费率	%	7
10	水	m^3	1.5	23	间接费费率	%	12.5
11	电	kWh	0.8	24	利润率	%	7
12	柴油(预算价格)	t	4 000	25	税率	%	9
13	风钻　手持式	台时	92.67				

解:1. 计算各工作面承担主洞工程权重

设进口控制段200 m为A段,支洞控制段400 m为B段,支洞控制段600 m为C段,出口控制段300 m为D段。则各段所占主洞工程权重为:

A 段　　200/1 500=13.33%

B 段　　400/1 500=26.67%

C 段　　600/1 500=40%

D 段　　300/1 500=20%

2. 计算通风机综合系数

通风机综合系数采用加权计算为1.23,见表5-16。

表 5-16　通风机综合系数计算

编号	权重(%)	通风长度(m)	系数
A	13.33	200	1.00
B	26.67	400+100=500	1.20
C	40	600+100=700	1.43
D	20	300	1.00
综合	100		1.23

注:13.33%×1.00+26.67%×1.20+40%×1.43+20%×1.00=1.23。

3. 石渣运输综合运距

(1)洞内运输综合运距。

洞内运输综合运距通过计算为283 m,见表5-17。

表5-17 洞内运输综合运距计算

编号	权重(%)	洞内运渣计算长度(m)	计算式
A	13.33	100	200/2
B	26.67	300	100+400/2
C	40	400	100+600/2
D	20	150	300/2
综合	100	283	

注:13.33%×100+26.67%×300+40%×400+20%×150=283(m)。

(2)洞外运输综合运距。

洞外运输综合运距为:

$$1\,000\times13.33\%+500\times26.67\%+500\times40\%+2\,000\times20\%=867(\text{m})$$

4. 开挖运输单价计算

(1)开挖单价计算:经计算(见表5-18),开挖单价为337.51元/m^3。

表5-18 建筑工程单价表(一)

单价编号	01	项目名称	平洞石方开挖工程
定额编号	20168、20172	定额单位	100 m^3

施工方法:风钻钻孔,爆破开挖,断面面积33.17 m^2,岩石级别XIII~XIV

编号	名称及规格	单位	数量	单价(元)	合计(元)
一	直接费	元			24 871.86
1	基本直接费	元			23 244.73
(1)	人工费	元			7 033.89
	工长	工时	19.43	11.55	224.42
	中级工	工时	350.92	8.90	3 123.19
	初级工	工时	601.35	6.13	3 686.28
(2)	材料费	元			2 040.89
	合金钻头	个	11.93	47.00	560.71
	炸药	kg	149.57	5.15	770.29
	雷管	个	178.41	1.50	267.62
	导电线	m	544.08	0.50	272.04
	其他材料费	%	9.1	1 870.66	170.23
(3)	机械使用费	元			14 169.95
	风钻 气腿式	台时	70.81	92.67	6 561.96
	风钻 手持式	台时	41.02	127.73	5 239.48
	轴流通风机 37 kW	台时	27.05×1.23	39.64	1 318.88
	其他机械费	%	8	13 120.32	1 049.63

续表 5-18

编号	名称及规格	单位	数量	单价(元)	合计(元)
2	其他直接费	%	7	23 244.73	1 627.13
二	间接费	%	12.5	24 871.86	3 108.98
三	利润	%	7	27 980.84	1 958.66
四	材料补差	元			1 024.55
	炸药	kg	149.57	6.85	1 024.55
五	税金	%	9	30 964.05	2 786.76
六	合计	元			33 750.81
七	单价	元/m^3			337.51

(2)洞内外运输单价计算。

洞内平均运距 283 m，套用《水利建筑工程预算定额》(2002)20423，洞外平均运距 867 m，套用《水利建筑工程预算定额》(2002)20422 中洞外汽车运输量。经计算(见表 5-19)，洞内外运输综合单价为 26.85 元/m^3。

表 5-19 建筑工程单价表(二)

单价编号	02		项目名称	洞内外石方运输工程	
定额编号	20423、20422		定额单位	100 m^3	
施工方法：1 m^3 挖掘机装 8 t 自卸汽车运输、洞内平均运距 283 m、洞外平均运距 867 m					
编号	名称及规格	单位	数量	单价(元)	合计(元)
一	直接费	元			1 873.51
1	基本直接费	元			1 750.94
(1)	人工费	元			137.93
	初级工	工时	22.5	6.13	137.93
(2)	材料费	元			34.33
	零星材料费	%	2	1 716.61	34.33
(3)	机械使用费	元			1 578.68
	挖掘机 1 m^3	台时	3.39	124.68	422.67
	推土机 88 kW	台时	1.7	109.52	186.18
	自卸汽车 8 t	台时	10.92+2.2	73.92	969.83
2	其他直接费	%	7	1 750.94	122.57
二	间接费	%	12.5	1 873.51	234.19
三	利润	%	7	2 107.70	147.54
四	材料补差	元			207.80
	挖掘机 1 m^3	台时	3.39	15.05	51.02
	推土机 88 kW	台时	1.7	12.73	21.64
	自卸汽车 8 t	台时	10.92+2.2	10.3	135.14
五	税金	%	9	2 463.04	221.67
六	合计	元			2 684.71
七	单价	元/m^3			26.85

(3)超挖单价计算,见表5-20。

表5-20 建筑工程单价表(三)

单价编号	03	项目名称	平洞石方超挖
定额编号	20380、20384	定额单位	100 m^3

施工方法:风钻钻孔,爆破开挖,断面面积33.17 m^2,岩石级别XIII~XIV

编号	名称及规格	单位	数量	单价(元)	合计(元)
一	直接费	元			1 318.15
1	基本直接费	元			1 231.92
(1)	人工费	元			1 231.92
	工长	工时	3.73	11.55	43.08
	中级工	工时	21.24	8.90	189.04
	初级工	工时	163.1	6.13	999.80
2	其他直接费	%	7	1 231.92	86.23
二	间接费	%	12.5	1 318.15	164.77
三	利润	%	7	1 482.92	103.80
四	材料补差	元	0	0.00	0.00
五	税金	%	9	1 586.72	142.80
六	合计	元			1 729.52
七	单价	元/m^3			17.30

(4)计算引水隧洞挖运综合预算单价。

施工附加量单价计算可套用平洞石方开挖定额,故施工附加量单价与平洞石方开挖单价相同。其摊销单价为:337.51×7%=23.63(元/m^3)。

超挖工程所需的材料和机械消耗已包含在平洞石方开挖定额中,超挖部分所需的费用仅考虑人工费。其摊销单价为:17.30×6%=1.05(元/m^3)。

石渣运输定额中不包括超挖和施工附加量,应将超挖和施工附加量所需费用分摊到石渣运输单价中。其摊销后的石渣运输单价为:26.85×(1+7%+6%)=30.34(元/m^3)。

开挖运输综合单价为337.51+23.63+1.05+30.34=392.53(元/m^3)。

任务4 堆砌石工程单价

堆砌石工程包括堆石、砌石、抛石等。因其能就地取材、施工技术简单、造价低而在我国应用较广泛。

1 堆石坝填筑单价

堆石坝填筑可分为堆石料备料、堆石料运输、压实等工序,编制工程单价时,采用单项定额计算各工序单价,然后编制填筑综合单价。

1.1 填筑料单价

堆石坝填筑料按其填筑部位的不同,分为反滤料区、过渡料区和堆石区等,需分别列项计算。编制填筑料单价时,可将料场覆盖层(包括无效层)清除等辅助项目费用摊入开采单价中形成填筑料单价。其计算公式为

$$填筑料单价=\frac{覆盖层清除费用}{填筑料总方量(自然方或成品堆方)}+填筑料开采单价(自然方或成品堆方) \quad (5\text{-}15)$$

式中:覆盖层清除费用可根据施工方法套用土方和石方工程相应定额计算。填筑料开采单价计算可分为以下两种情况:

(1)填筑料不需加工处理:对于堆石料,其单价可按砂石备料工程碎石原料开采定额计算,计量单位为堆方;对于天然砂石料,可按土方开挖工程砂砾(卵)石采运定额(按Ⅳ类土计)计算填筑料挖运单价,计量单位为自然方。

(2)填筑料需加工处理:这类堆石料一般对粒径有一定的要求,其开采单价是指在石料场堆存点加工为成品堆方的单价,可参照项目 4 自采砂石料单价计算方法计算,计量单位为成品堆方。对有级配要求的反滤料和过渡料,应按砂及碎(卵)石的数量和组成比例,采用综合单价。

利用基坑等开挖弃渣作为堆石料时,不需计算备料单价,只需计算上坝运输费用。

1.2 填筑料运输单价

填筑料运输单价指从砂石料开采场或成品堆料场装车并运输上坝至填筑工作面的工序单价,包括装车、运输上坝、卸车、空回等费用。从石料场开采堆石料(碎石原料)直接上坝,运输单价套用砂石备料工程“碎石原料”运输定额计算运输单价,计量单位为“成品堆方”;利用基坑等开挖石渣作为堆石料时,运输单价采用石方开挖工程的“石渣运输”定额计算运输单价,计量单位为“自然方”;自成品供料场上坝的物料运输,采用砂石备料工程定额相应子目计算运输单价,计量单位为“成品堆方”,其中反滤料运输采用骨料运输定额。

1.3 堆石坝填筑单价

堆石坝填筑以建筑成品实方计。填筑料压实定额是按碾压机械和分区材料划分节和子目。对过渡料如果无级配要求,可采用“砂砾料”定额子目。如有级配要求,需经筛分处理时,则应采用“反滤料”定额子目。

1.3.1 堆石坝填筑概算单价

《水利建筑工程概算定额》堆石坝物料压实定额按自料场直接运输上坝与自成品供料场运输上坝两种情况分别编制,应根据施工组织设计方案正确选用定额子目。

(1)从料场直接运输上坝:砂石料压实定额,列有“砂石料运输(自然方)”项,适用于不需加工就可直接装运上坝的天然砂砾料和利用基坑开挖的石渣料等的填筑,编制填筑工程单价时,只需将物料的装运基本直接费(对天然砂砾料包括覆盖层清除摊销费用)计入压实定额的“砂石料运输”项,即可根据压实定额编制堆石坝填筑的综合概算单价。

(2)从成品供料场运输上坝:砂石料压实定额,列有“砂砾料、堆石料”等项和“砂石料运输(堆方)”项,适用于需开采加工为成品料后再运输上坝的物料(如反滤料、砂砾料、堆

石料等)填筑,在编制填筑单价时,将"砂砾料、堆石料"等填筑料单价(或外购填筑料单价),以及自成品供料场运输至填筑部位的"砂石料运输"基本直接费单价,分别代入堆石坝物料压实定额,计算堆石坝填筑的综合概算单价。

1.3.2 堆石坝填筑预算单价

《水利建筑工程预算定额》堆石坝物料压实在砌石工程定额中编列,定额中没有将物料压实所需的填筑料量及其运输方量列出,根据压实定额编制的单价仅仅是压实工序的单价,编制堆石坝填筑综合预算单价时,还应考虑填筑料的单价和填筑料运输的单价。

$$堆石坝填筑预算单价 = (填筑料预算单价 + 填筑料运输预算单价) \times (1 + A) \times K_V + 填筑料压实预算单价 \tag{5-16}$$

式中:A 为综合系数;K_V 为体积换算系数,根据填筑料的来源参考表5-21进行折算。

表5-21 石方松实系数换算表

项目	自然方	松方	实方	码方	说明
土方	1	1.33	0.85		
石方	1	1.53	1.31		
砂方	1	1.07	0.94		
混合料	1	1.19	0.88		
块石	1	1.75	1.43	1.67	包括片石、大卵石

注:1. 松实系数是指土石料体积的比例关系,供一般土石方工程换算时参考;
2. 块石实方指堆石坝坝体方,块石松方即块石堆方。

1.4 编制堆石坝填筑单价应注意的问题

(1)《水利建筑工程概算定额》土石坝物料压实已计入了从石料开采到上坝运输、压实过程中所有的损耗及超填、施工附加量,编制概(估)算单价时不得加计任何系数。《水利建筑工程概算定额》土石坝物料压实定额是按填筑土石坝拟定的,如为非土石坝、堤的一般土料、砂石料压实,其人工、机械定额乘以0.8系数。

(2)《水利建筑工程概算定额》堆石坝物料压实定额中的反滤料、垫层料填筑定额,其砂和碎石的数量比例可按设计资料进行调整。

(3)编制土石坝填筑综合概算单价时,根据定额相关章节子目计算的物料运输上坝基本直接费应乘以坝面施工干扰系数1.02后代入压实单价。

(4)堆石坝分区使各区石料粒(块)径相差很大,各区石料所耗工料不一定相同,如堆石坝体下游堆石体所需的特大块石需人工挑选,而石料开采定额很难体现这些因素,在编制概(估)算单价时应注意这一问题。

(5)采用现行概算定额三—19节"(1)自料场直接运输上坝"中的30075~30085等定额子目计算土石坝填筑单价时,零星材料费的计算基数不含土料及砂石料运输费。

2 砌石工程单价

2.1 砌石材料

2.1.1 定额计量单位

砌石工程所用石料定额计量单位,除注明外,均按"成品方"计算。砂、碎石为堆方,块石、卵石为码方,条石、料石为清料方。如无实测资料,不同计量单位间体积换算关系可参考表 5-21。

2.1.2　石料的规格与标准

定额中石料规格及标准说明见表 5-22。

表 5-22　石料规格标准

名称	规格标准
块石	指厚度大于 20 cm,长、宽各为厚度的 2～3 倍,上下两面平行且大致平整,无尖角、薄边的石块
碎石	指经破碎、加工分级后,料径大于 5 mm 的石块
卵石	指最小料径大于 20 cm 的天然河卵石。长、宽各为厚度的 2~3 倍,上下两面平行且大致平整,无尖角、薄边的石块
料石	指毛条石经修边打荒加工,外露面方正,各相邻面正交,表面凸凹不超过 10 mm 的石料
毛条石	指一般长度大于 60 cm 的长条形四棱方正的石料
砂砾石	指天然砂卵石混合料
堆石料	指山场岩石经爆破后,无一定规格、无一定大小的任意石料
反滤料、过渡料	指土石坝或一般堆砌石工程的防渗体与坝壳之间的过渡区石料,由粒径、级配均有一定要求的砂、砾石(碎石)组成

2.1.3　石料单价

各种石料作为材料在计算其单价时分三种情况。第一种是外购石料,其单价按材料预算价格编制;第二种是施工企业自采石料,其基本直接费单价计算按项目 4 所述方法计算;第三种是从开挖石渣中捡集块石、片石,此时石料单价只计人工捡石费用及从捡集石料地点到施工现场堆放点的运输费用。

2.1.4　浆砌石砂浆单价

砂浆单价应由设计砂浆的强度等级按试验所确定的材料配合比,并考虑施工损耗量确定材料预算量乘以材料预算价格进行计算。如果无试验资料,可按定额附录中的砌筑砂浆材料配合比表确定材料的预算量。

码 5-5　动画-干砌石施工

2.2　砌筑单价

砌石工程单价按不同的工程项目、施工部位及施工方法套用相应定额。砌石包括干砌石和浆砌石,对于干砌石,只需将砌石材料单价代入砌筑定额,便可编制砌筑工程单价。对于浆砌石,将石料、砂浆半成品的价格代入砌筑定额即可编制浆砌石工程单价。

码 5-6　动画-浆砌石施工

2.3 编制砌石工程单价应注意的问题

(1)石料自料场至施工现场堆放点的运输费用,应计入石料单价内。施工现场堆放点至工作面的场内运输已包括在砌石工程定额内,不得重复计费。

(2)料石砌筑定额包括了砌体外露的一般修凿,如设计要求作装饰性修凿,应另行增加修凿所需的人工费。

(3)浆砌石定额中已计入了一般要求的勾缝,如设计有防渗要求高的开槽勾缝,应增加相应的人工费和材料费。砂浆拌制费用已包含在定额内。

(4)砌石工程定额中的石料数量已经考虑了施工操作损耗和体积变化因素。

【例 5-4】 某工程浆砌块石挡土墙,砂浆搅拌机拌制砂浆,人工砌筑,所用砂、石材料为外购,砂浆强度等级为 M10,计算其预算单价。

已知:M10 砂浆每立方米材料用量:强度等级 32.5 的普通硅酸盐水泥 305 kg,砂 1.10 m^3,水 0.183 m^3,其他条件见表 5-23(表中材料价格和机械台时费均不含增值税进项税额)。

表 5-23 基础单价及费率

序号	名称及规格	单位	单价(元)	序号	名称及规格	单位	单价(元)
1	工长	工时	11.55	8	电	kWh	0.8
2	中级工	工时	8.9	9	砂	m^3	45
3	初级工	工时	6.13	10	水	m^3	0.45
4	块石	m^3	75	11	其他直接费费率	%	8
5	砂浆搅拌机 0.4 m^3	台时	27.19	12	间接费费率	%	9
6	胶轮车	台时	0.8	13	利润率	%	7
7	水泥(预算价格)	t	330	14	税率	%	9

解:(1)计算砂浆单价:

基价:305×0.255+1.10×45+0.183×0.45=127.36(元/m^3)

价差:305×(0.33−0.255)=22.88(元/m^3)

(2)计算浆砌石挡土墙预算单价:

由表 5-24 计算可得,浆砌石挡土墙预算单价为:265.20 元/m^3。

表 5-24 建筑工程单价表

单价编号	01	项目名称	浆砌块石挡土墙
定额编号	30021	定额单位	100 m^3

施工方法:砂浆搅拌机拌制砂浆,人工砌筑

编号	名称及规格	单位	数量	单价(元)	合计(元)
一	直接费	元			19 723.01
1	基本直接费	元			18 262.05

续表 5-24

编号	名称及规格	单位	数量	单价(元)	合计(元)
(1)	人工费	元			5 967.66
	工长	工时	16.2	11.55	187.11
	中级工	工时	329.5	8.9	2 932.55
	初级工	工时	464.6	6.13	2 848.00
(2)	材料费	元			12 000.89
	块石	m^3	108	70	7 560
	砂浆	m^3	34.4	127.36	4 381.18
	其他材料费	%	0.5	11 941.18	59.71
(3)	机械使用费	元			293.50
	砂浆搅拌机 0.4 m^3	台时	6.19	27.19	168.31
	胶轮车	台时	156.49	0.80	125.19
2	其他直接费	%	8	18 262.05	1 460.96
二	间接费	%	9	19 723.01	1 775.07
三	利润	%	7	21 498.08	1 504.87
四	材料补差	元			1 327.07
	块石	m^3	108	5	540
	砂浆	m^3	34.4	22.88	787.072
五	税金	%	9	24 330.02	2 189.70
六	合计	元			26 519.72
七	单价	元/m^3			265.20

任务 5 混凝土工程单价编制

混凝土工程包括各种水工建筑物不同结构部位的现浇混凝土、预制混凝土以及碾压混凝土和沥青混凝土等,此外,还有钢筋制作安装、锚筋、锚喷、伸缩缝、止水、防水层、温控措施等项目。

混凝土工程单价计算应根据设计提供的资料,确定建筑物的施工部位,选定正确的施工方法、运输方案,并根据施工组织设计确定的拌和系统的布置形式等,选用相应定额来计算。

1 现浇混凝土工程单价

现浇混凝土的主要施工工序有混凝土的拌制、运输、浇筑等。在混凝土浇筑定额各节子目中列有“混凝土拌制”“混凝土运输”的数量,在编制混凝土工程单价时,应先根据定额计算这些项目的基本直接费单价,再将其分别代入混凝土浇筑定额计算混凝土工程单价。

码 5-7 动画-混凝土配料　　码 5-8 动画-混凝土拌合　　码 5-9 动画-混凝土运输　　码 5-10 动画-混凝土浇筑

1.1 混凝土材料单价

混凝土浇筑定额中,材料消耗定额的“混凝土”一项,指完成定额单位产品所需的混凝土成品量。混凝土半成品单价是指按施工配合比配制 1 m^3 混凝土所需砂、石、水泥、水掺合料及外加剂等材料费用之和。其单价计算方法见项目 4 任务 6。

1.2 混凝土拌制单价

混凝土的拌制包括配料、加水、加外加剂、搅拌、出料等工序。编制混凝土拌制单价时,应根据施工组织设计选定的拌和设备选用相应的拌制定额。

(1)混凝土拌制定额按拌制常态混凝土拟定,若拌制加冰、加掺合料等其他混凝土,则按表 5-25 系数对拌制定额进行调整。

表 5-25 拌制定额调整系数

搅拌楼规格	混凝土类别			
	常态混凝土	加冰混凝土	加掺合料混凝土	碾压混凝土
1×2.0 m^3 强制式	1.00	1.20	1.00	1.00
2×2.5 m^3 强制式	1.00	1.17	1.00	1.00
2×1.0 m^3 自落式	1.00	1.00	1.10	1.30
2×1.5 m^3 自落式	1.00	1.00	1.10	1.30
3×1.5 m^3 自落式	1.00	1.00	1.10	1.30
2×3.0 m^3 自落式	1.00	1.00	1.10	1.30
4×3.0 m^3 自落式	1.00	1.00	1.10	1.30

(2)定额中用搅拌楼拌制现浇混凝土定额子目,以组时表示的“骨料系统”和“水泥系统”是指骨料、水泥进入搅拌楼之前与搅拌楼相衔接而必须配备的有关机械设备,包括自搅拌楼骨料仓下廊道内接料斗开始的胶带输送机及其供料设备;自水泥罐开始的水泥提升机械或空气输送设备,胶带运输机和吸尘设备,以及袋装水泥的拆包机械等。其组时费用根据施工组织设计选定的机械组合计算。

1.3 混凝土运输单价

混凝土运输是指混凝土自搅拌机(楼)出料口至浇筑现场工作面的全部水平运输和垂直运输。混凝土运输,应根据施工组织设计选定的运输方式、设备型号规格,套用运输定额相应子目计算。

1.4 混凝土浇筑单价

常态混凝土的浇筑定额包括冲毛(或凿毛)、冲洗、清仓、铺水泥砂浆、平仓、振捣、养护、工作面运输和一些辅助工作。浇筑定额中包括浇筑和工作面运输所需全部人工、材料、机械的数量和费用。单价计算应根据施工部位和混凝土种类,选用相应的定额子目将混凝土材料单价、混凝土拌制基本直接费单价、混凝土运输基本直接费单价代入混凝土浇筑定额编制混凝土工程单价。

1.5 混凝土温控措施费计算

在水利工程中,为防止拦河坝等大体积混凝土由于温度应力而产生裂缝和坝体接缝灌浆后接缝再度拉裂,根据现行设计规程和混凝土设计及施工规范的要求,高、中拦河坝等大体积混凝土工程的施工,都必须进行混凝土温控设计,提出温控标准和降温防裂措施。

(1)温控措施单价的计算,包括风或水预冷骨料、制片冰、制冷水、坝体混凝土及一、二期通低温水和坝体混凝土表面保护等温控措施的单价。一般可按各系统不同温控要求所配置设备的台时总费用除以相应系统的台时净产量计算,从而可得各种温控措施的费用单价。当计算条件不具备或计算有困难时,亦可参照"水利水电工程大体积混凝土温度控制措施费用计算办法"计算。

(2)混凝土温控措施综合费用的计算。混凝土温控措施综合费用,可按每立方米坝体或大体积混凝土应摊销的温控费计算。根据不同温控要求,按工程所需预冷骨料、加冰或加冷水拌制混凝土、坝体混凝土通水冷却及进行混凝土表面保护等温控措施的混凝土量占坝体等大体积混凝土总量的比例,乘以相应温控措施单价之和即为每立方米坝体或大体积混凝土应摊销的温控措施综合费用。其各种温控措施的混凝土量占坝体等大体积混凝土总量的比例,应根据工程施工进度、混凝土月平均浇筑强度及温控时段的长短等具体条件确定。其具体计算办法与参数的选用,可参照"水利水电工程大体积混凝土温度控制措施费用计算办法"确定。

2 钢筋制作安装工程单价

2.1 钢筋制作安装的内容

钢筋制作安装包括钢筋加工、绑扎、焊接及场内运输等工序。

(1)钢筋加工:加工工序主要为调直、除锈、划线、切断、调制、整理等。采用手工或调直机、除锈机、切断机及弯曲机等进行。

(2)绑扎、焊接:绑扎是将弯曲成型的钢筋,按设计要求组成钢筋骨架,一般用18~22号铅丝人工绑扎。人工绑扎简单方便,无需机械和动力,是小型水利工程钢筋连接的主要方法。

2.2 钢筋制作安装工程单价计算

现行部颁概预算定额不分工程部位和钢筋规格型号综合成一节"钢筋制作与安装"定额。该定额适用于现浇及预制混凝土的各部位,以"t"为计量单位。概算定额中"钢筋"项的量已包括切断及焊接损耗、截余短头作废料损耗,以及搭接帮条和施工架立筋等附加量。预算定额仅含加工损耗,不包括搭接长度及施工架立钢筋用量。

3 预制混凝土工程单价计算

预制混凝土单价一般包括混凝土构件的预制、运输、安装等工序。预制混凝土构件的运输是指预制场至安装现场的运输。预制构件在预制场和安装现场的运输,包括在预制及安装定额内。计算混凝土预制单价时,应按混凝土构件选用相应定额子目按定额要求计算。

现行《水利建筑工程概算定额》是混凝土预制及安装的综合定额,定额包括了构件预制、安装和构件在预制场、安装现场内的运输所需的全部人工、材料和机械消耗量,但不包括预制构件从预制场至安装现场之间的场外运输费。编制安装单价时,须根据设计确定的运输方式按相应的构件运输定额,计算预制构件的场外运输基本直接费,再将其代入预制安装定额编制预制混凝土的综合概算单价。

现行《水利建筑工程预算定额》分为混凝土预制、构件运输和构件安装三部分,各有分项子目,编制安装单价时,先分别计算混凝土预制和构件运输的基本直接费单价,将两者之和作为构件安装(或吊装)定额中"混凝土构件"项的单价,然后根据安装定额编制预制混凝土的综合预算单价。

预制混凝土定额中的模板材料均是按预算消耗量确定的,包括制作、安装、拆除维修的消耗、损耗,并考虑了周转和回收。

混凝土构件的预制、运输及吊(安)装定额,若预制混凝土构件重量超过定额中起重机械起重量时,可用相应起重机械替换,台时数不作调整。

4 沥青混凝土工程单价

水利水电工程常用的沥青混凝土为碾压式沥青混凝土,分开级配(孔隙率大于5%,含少量或不含矿粉)和密级配(孔隙率小于5%,含一定量矿粉)两种。开级配碾压式沥青混凝土适用于防渗墙的整平胶结层和排水层,密级配碾压式沥青混凝土适用于防渗墙的防渗层和岸边接头部位。沥青混凝土单价编制方法与常规混凝土单价编制方法基本相同。

【例5-5】 某明渠采用现浇混凝土C25(二级配)衬砌(厚度25 cm),采用0.8 m^3混凝土搅拌机拌和,机动翻斗车运输500 m,机械振捣,基础单价及费率如表5-26所示(表中材料价格和机械台时费均不含增值税进项税额),计算明渠现浇混凝土的预算价格。

表5-26 基础单价及费率

序号	名称及规格	单位	单价(元)	序号	名称及规格	单位	单价(元)
1	工长	工时	11.55	12	柴油(预算价格)	t	3 700
2	高级工	工时	10.67	13	32.5水泥	t	300
3	中级工	工时	8.9	14	外加剂	kg	2
4	初级工	工时	6.13	15	水	m^3	2.5
5	搅拌机 0.8 m^3	台时	36.81	16	振捣器 插入式1.1 kW	台时	2.02
6	胶轮车	台时	0.8	17	风水枪	台时	112.09
7	机动翻斗车 1 t(基价)	台时	18.21	18	其他直接费费率	%	4.5
8	机动翻斗车 1 t(价差)	台时	1.07	19	间接费费率	%	8.5
9	中砂	m^3	75	20	利润率	%	7
10	碎石	m^3	75	21	税率	%	9
11	电	kWh	0.8				

解:(1)计算混凝土材料的预算价格:

基价:0.255×282×1.10×1.07+70×0.48×1.10×0.98+70×0.82×1.06×0.98+2×0.56+2.5×0.15×1.10×1.07=182.05(元/m^3)

价差:(0.3−0.255)×282×1.10×1.07+(75−70)×0.48×1.10×0.98+(75−70)×0.82×1.06×0.98=21.78(元/m^3)

(2)计算混凝土拌制的基本直接费,见表 5-27。

表 5-27 建筑工程单价表(一)

单价编号	01	项目名称	混凝土拌制
定额编号	40135	定额单位	100 m^3

施工方法:0.8 m^3 混凝土搅拌机拌制

编号	名称及规格	单位	数量	单价(元)	合计(元)
1	基本直接费	元			1 973.82
(1)	人工费	元			1 550.68
	中级工	工时	91.1	8.9	810.79
	初级工	工时	120.7	6.13	739.89
(2)	材料费	元			38.70
	零星材料费	%	2	1 935.12	38.70
(3)	机械使用费	元			384.44
	搅拌机	台时	8.64	36.81	318.04
	胶轮车	台时	83	0.8	66.40
	合计	元			1 973.82
	单价	元/m^3			19.74

由表 5-27 得混凝土拌制的基本直接费为 19.74 元/m^3。

(3)计算混凝土运输的基本直接费,见表 5-28。

表 5-28 建筑工程单价表(二)

单价编号	02	项目名称	混凝土运输
定额编号	40159	定额单位	100 m^3

施工方法:机动翻斗车运输 500 m

编号	名称及规格	单位	数量	单价(元)	合计(元)
1	基本直接费	元			1 130.10
(1)	人工费	元			508.14
	中级工	工时	36.5	8.9	324.85
	初级工	工时	29.9	6.13	183.29
(2)	材料费	元			53.81
	零星材料费	%	5	1 076.29	53.81
(3)	机械使用费	元			568.15
	机动翻斗车 1 t	台时	31.2	18.21	568.15
	合计	元			1 130.10
	单价	元/m^3			11.30

由表5-28得混凝土运输的基本直接费为11.30元/m^3。

(4)计算明渠现浇混凝土的预算单价,见表5-29。

表5-29 建筑工程单价表(三)

单价编号	03	项目名称	明渠现浇混凝土
定额编号	40062	定额单位	100 m^3

施工方法:明渠采用25 cm厚的现浇混凝土C25(二级配)衬砌

编号	名称及规格	单位	数量	单价(元)	合计(元)
一	直接费	元			32 602.38
1	基本直接费	元			31 198.45
(1)	人工费	元			4 861.52
	工长	工时	19.1	11.55	220.61
	高级工	工时	31.8	10.67	339.31
	中级工	工时	255	8.9	2 269.50
	初级工	工时	331.5	6.13	2 032.10
(2)	材料费	元			19 393.16
	混凝土	m^3	103	182.05	18 751.15
	水	m^3	180	2.5	450.00
	其他材料费	%	1	19 201.15	192.01
(3)	机械使用费	元			3 746.65
	振捣器 插入式1.1 kW	台时	44	2.02	88.88
	风水枪	台时	29.32	112.09	3 286.48
	其他机械费	%	11	3 375.36	371.29
(4)	混凝土拌制	m^3	103	19.74	2 033.22
(5)	混凝土运输	m^3	103	11.30	1 163.90
2	其他直接费	%	4.5	31 198.45	1 403.93
二	间接费	%	8.5	32 602.38	2 771.20
三	利润	%	7	35 373.58	2 476.15
四	材料补差	元			2 277.73
	混凝土	m^3	103	21.78	2 243.34
	机动翻斗车 1 t	台时	31.2×103÷100	1.07	34.39
五	税金	%	9	40 127.46	3 611.47
六	合计	元			43 738.93
七	工程单价	元/m^3			437.39

由表5-29得此明渠现浇混凝土预算价格为437.39元/m^3。

任务6 模板工程单价编制

模板按型式可分为平面模板、曲面模板、异形模板、滑模、钢模台车等。模板按材质可分为木模板、钢模板、预制混凝土模板等。模板按自身结构可分为悬臂组合钢模板、普通标准钢模板、普通曲面模板等。模板工程定额适用于各种水工建筑物的现浇混凝土。模板工程包括模板制作、运输、安装及拆除。

1 模板工程单价

现行部颁概预算定额将模板分为"制作"定额和"安装、拆除"定额两项。

1.1 模板制作单价

按混凝土结构部位的不同,可选择不同类型的模板制作定额,编制模板制作单价。在编制模板制作单价时,要注意各节定额的适用范围和工作内容,对定额作出正确的调整。

模板属周转性材料,其费用应进行摊销。模板制作定额的人工、材料、机械用量是考虑多次周转和回收后使用一次的摊销量,也就是说,按模板制作定额计算的模板制作单价是模板使用一次的摊销价格。

1.2 模板安装、拆除单价

1.2.1 模板安装、拆除概算单价

《水利建筑工程概算定额》模板安装各节子目中将"模板"作为材料列出,定额中"模板"材料的预算价格套用"模板制作"定额计算(取基本直接费)。如采用外购钢模板,定额中的"模板"预算价格按下式计算:

模板预算价格 =(外购模板预算价格 - 残值)÷ 周转次数 × 综合系数　　(5-17)

式中:残值取10%,周转次数50次,综合系数1.15(含露明系数及维修损耗系数)。

将模板材料的价格代入相应的模板安装、拆除定额,可计算模板工程单价。

1.2.2 模板安装、拆除预算单价

《水利建筑工程预算定额》模板安装、拆除与制作一般在同一节定额相邻子目中编列,模板安装、拆除预算单价与制作预算单价的编制方法相同。

将模板"制作单价"和"安装、拆除单价"叠加即可得到模板工程预算单价。

2 计算模板工程单价的注意问题

(1)模板定额计量单位为100 m^2 立模面面积,模板定额的计量面积为混凝土与模板的接触面积,即建筑物体型及施工分缝要求所需的立模面面积。立模面面积的计量,一般应按满足建筑物体型及施工分缝要求所需的立模面计算。当缺乏实测资料时,可参考概预算定额附录"水利工程混凝土建筑物立模面系数参考表",根据混凝土结构部位的工程量计算立模面面积。

(2)《水利建筑工程概算定额》隧洞衬砌模板及涵洞模板定额中的堵头和键槽模板已按一定比例摊入定额中,不再计算立模面面积。《水利建筑工程预算定额》需计算堵头和键槽模板立模面面积,并单独编制其单价。

(3)模板定额中的材料,除模板本身外,还包括支撑模板的主柱、围令、桁(排)架及铁件等。对于悬空建筑物(如渡槽槽身)的模板,计算到支撑模板结构的承重梁(或枋木)为止,承重梁以下的支撑结构未包括在定额内。

(4)模板定额材料中的铁件包括铁钉、铁丝及预埋铁件,铁件和预制混凝土柱均按成品预算价格计算。

(5)滑模台车、针梁模板台车和钢模台车的行走机构、构架、模板及其支撑型钢,为拉滑模板或台车行走及支立模板所配备的电动机、卷扬机、千斤顶等动力设备,均作为整体设备以工作台时计入定额。滑模台车定额中的材料包括滑模台车轨道及安装轨道所用的埋件、支架和铁件。针梁模板台车和钢模台车轨道及安装轨道所用的埋件等应计入其他临时工程。

(6)大体积混凝土中的廊道模板,均采用一次性预制混凝土模板(浇筑后作为建筑物结构的一部分)。混凝土模板预制及安装,可参考混凝土预制及安装定额编制其单价。

(7)《水利建筑工程概算定额》第五章中五-1至五-11节的模板定额中其他材料费的计算基数,不包括“模板”本身的价值。

【例5-6】 某混凝土挡土墙工程采用钢模板,已知人工、材料预算价格及费率标准,见表5-30(表中材料价格和机械台时费均不含增值税进项税额),试编制其模板概算单价。

表5-30 基础单价及费率标准

序号	名称及规格	单位	单价(元)	序号	名称及规格	单位	单价(元)
1	工长	工时	11.55	13	钢筋切断机 20 kW	台时	28.18
2	高级工	工时	10.67	14	汽车起重机 5 t(基价)	台时	64.29
3	中级工	工时	8.9	15	汽车起重机 5 t(价差)	台时	5.37
4	初级工	工时	6.13	16	载重汽车 5 t(基价)	台时	50.25
5	组合钢模板	kg	6.8	17	载重汽车 5 t(价差)	台时	6.66
6	型钢	kg	5.6	18	电焊机 25 kVA	台时	12.25
7	卡扣件	kg	6.3	19	汽油(预算价格)	t	4 000
8	铁件	kg	5.3	20	柴油(预算价格)	t	3 700
9	预埋铁件	kg	6.52	21	其他直接费费率	%	7
10	电焊条	kg	6	22	间接费费率	%	9.5
11	混凝土柱	kg	350	23	利润率	%	7
12	电	kWh	0.8	24	税率	%	9

解:(1)计算模板制作的基本直接费。

由表5-31得模板制作的基本直接费单价为11.27元/m^2。

表 5-31　建筑工程单价表(一)

单价编号	01	项目名称	普通标准钢模板制作
定额编号	50062	定额单位	100 m^2

施工方法:预埋铁件制作,模板运输

编号	名称及规格	单位	数量	单价(元)	合计(元)
1	基本直接费	元			1 126.54
(1)	人工费	元			100.99
	工长	工时	1.2	11.55	13.86
	高级工	工时	3.8	10.67	40.55
	中级工	工时	4.2	8.9	37.38
	初级工	工时	1.5	6.13	9.20
(2)	材料费	元			994.70
	组合钢模板	kg	81	6.8	550.80
	型钢	kg	44	5.6	246.40
	卡扣件	kg	26	6.3	163.80
	铁件	kg	2	5.3	10.60
	电焊条	kg	0.6	6	3.60
	其他材料费	%	2	975.20	19.50
(3)	机械使用费	元			30.85
	钢筋切断机　20 kW	台时	0.07	28.18	1.97
	载重汽车　5 t	台时	0.37	50.25	18.59
	电焊机　25 kVA	台时	0.72	12.25	8.82
	其他机械费	%	5	29.38	1.47
	合计	元			1 126.54
	单价	元/m^2			11.27

(2)计算模板安装、拆除的单价,见表 5-32。

表 5-32　建筑工程单价表(二)

单价编号	02	项目名称	普通标准钢模板安装、拆除(含制作)
定额编号	50001 及补充定额	定额单位	100 m^2

施工方法:模板安装、拆除、除灰、刷脱模剂,维修、倒仓、拉筋割断

编号	名称及规格	单位	数量	单价(元)	合计(元)
一	直接费	元			4 514.92
1	基本直接费	元			4 219.55
(1)	人工费	元			1 685.70
	工长	工时	14.6	11.55	168.63
	高级工	工时	49.5	10.67	528.17
	中级工	工时	83.7	8.9	744.93
	初级工	工时	39.8	6.13	243.97

续表 5-32

编号	名称及规格	单位	数量	单价(元)	合计(元)
(2)	材料费	元			1 916.68
	模板	m^2	100	11.27	1 127.00
	铁件	kg	124	5.3	657.20
	混凝土柱	m^3	0.3	350	105.00
	电焊条	kg	2	6	12.00
	其他材料费	%	2	774.20	15.48
(3)	机械使用费	元			617.17
	汽车起重机 5 t	台时	8.75	64.29	562.54
	电焊机 25 kVA	台时	2.06	12.25	25.24
	其他机械费	%	5	587.78	29.39
2	其他直接费	%	7	4 219.55	295.37
二	间接费	%	9.5	4 514.92	428.92
三	利润	%	7	4 943.84	346.07
四	材料补差	元			49.45
	载重汽车 5 t	台时	0.37	6.66	2.46
	汽车起重机 5 t	台时	8.75	5.37	46.99
五	税金	%	9	5 339.36	480.54
六	合计	元			5 819.90
七	单价	元/m^2			58.20

由表 5-32 知该混凝土挡土墙工程的钢模板概算单价为 58.20 元/m^2。

任务7 基础处理工程单价编制

基础处理工程的种类很多,本节主要介绍钻孔灌浆、混凝土防渗墙和桩基工程单价编制。

码 5-11 动画-帷幕灌浆

1 钻孔灌浆工程单价

钻孔灌浆按其作用分为帷幕灌浆、固结灌浆、接缝灌浆、回填灌浆等。按照灌浆顺序,灌浆方法有一次灌浆法和分段灌浆法。后者又可分为自上而下分段、自下而上分段及综合灌浆法。灌浆工艺流程一般为:施工准备、钻孔、冲洗、表面处理、压水试验、灌浆、封孔、质量检查。

码 5-12 动画-防渗墙施工

1.1 定额表现形式

(1)定额中帷幕灌浆、固结灌浆分造孔和灌浆两部分,两者均以延长米(m)计。回填灌浆、接缝灌浆以设计回填面积(m^2)为计量单位。

(2)《水利建筑工程概算定额》已将钻检查孔、压水试验等计入了定额;《水利建筑工程预算定额》另计检查孔压水试验。定额中的压水试验适用于灌浆后的压水试验,灌浆前的压水试验和灌浆后补灌及封孔灌浆已计入定额。

1.2　编制钻孔灌浆工程单价应注意的问题

(1)定额岩石级别按十六级划分,钻孔混凝土一般按粗骨料岩石级别计算。

(2)岩石或地层的渗透特性用透水率表示,单位为吕容(Lu),定义为:压水压力为1 MPa时,每米试段长度每分钟注入水量1 L时,称为1 Lu。透水性越强(Lu值越高)的地层,吸浆量越大。

(3)应用定额一定要注意适用范围和工作内容的说明及各节定额子目下面的"注"解。

(4)钻机钻灌浆孔、坝基岩帷幕灌浆等定额终孔孔径大于91 mm或孔深度超过70 m时改用300型钻机。

(5)在廊道或隧洞内施工时,人工、机械定额乘以表5-33所列系数。

表5-33　人工、机械数量调整系数(一)

廊道或隧洞高度(m)	0~2.0	2.0~3.5	3.5~5.0	5.0以上
系数	1.19	1.10	1.07	1.05

(6)地质钻机钻灌不同角度的灌浆孔或观测孔、试验孔时,人工、机械、合金片、钻头和岩芯管定额乘以表5-34所列系数。

表5-34　人工、机械数量调整系数(二)

钻孔与水平夹角(°)	0~60	60~75	75~85	85~95
系数	1.19	1.05	1.02	1.00

(7)灌浆工程概算定额和预算定额中的水泥用量分别是概算基本量和预算基本量。如有实际资料,可按实际消耗量调整。

(8)灌浆定额中的水泥强度等级的选择应符合设计要求,设计未注明确的可按以下标准选择:回填灌浆32.5、帷幕与固结灌浆32.5、接缝灌浆42.5、劈裂灌浆32.5、高喷灌浆32.5。

(9)定额中灌浆压力划分标准为:高压大于3 MPa,中压1.5~3.0 MPa,低压小于1.5 MPa。

2　混凝土防渗墙

2.1　混凝土防渗墙的施工工艺

防渗墙的成墙方式大多采用槽孔法。造孔采用冲击钻机、反循环钻机、液压开槽机开槽法、射水成槽机成槽法进行。一般用冲击钻较多,其施工工艺流程包括钻孔前的准备→泥浆制备→造孔→终孔验收→清孔换浆等。

防渗墙采用导管法浇筑水下混凝土。其施工工艺为浇筑前的准备→配料拌和→导管浇筑混凝土→质量验收。

2.2 定额表现形式

混凝土防渗墙,定额分为地下连续墙成槽、混凝土防渗墙浇筑两部分。

(1)现行《水利建筑工程概算定额》造孔和浇筑均以阻水面积(m^2)为计量单位,按成孔深度、墙厚和不同地层分列子目。

(2)现行《水利建筑工程预算定额》造孔施工方法不同,其计量单位亦不一样,冲击钻机和冲击反循环钻机成槽法以折算米(m)为计量单位,液压开槽和射水成槽机成槽法以阻水面积(m^2)为计量单位,混凝土防渗墙浇筑以浇筑量(m^3)为计量单位。

《水利建筑工程预算定额》造孔折算米计算公式如下:

$$造孔折算米 = LH/d \tag{5-18}$$

式中:L 为槽长,m;H 为平均槽深,m;d 为槽底厚度,m。

墙体连接如采用钻凿法,需增加钻凿混凝土工程量及费用,混凝土工程量为

$$钻凿混凝土(m) = (n-1)H \tag{5-19}$$

式中:n 为墙段个数;H 为平均墙深,m。

《水利建筑工程概算定额》增加钻凿混凝土工程量所需的人工、材料和机械消耗已包含在定额中。

(3)《水利建筑工程预算定额》浇筑混凝土工程量中未包括施工附加量及超填量,计算施工附加量时应考虑接头和墙顶增加量,计算超填量时应考虑扩孔的增加量。具体计算方法可参考混凝土防渗墙浇筑定额下面的"注"。《水利建筑工程概算定额》浇筑混凝土工程量中已包含了上述内容。

3 桩基工程

桩基工程包括振冲桩、灌注桩等。使用定额时应注意:

(1)振动桩按地层不同划分子目,以桩深(m)为计量单位。

(2)灌注桩《水利建筑工程预算定额》一般按造孔和灌注划分,造孔按地层划分子目,以桩长(m)计量。灌注混凝土以造孔方式划分子目,以灌注量(m^3)计量。《水利建筑工程概算定额》以桩径大小、地层情况划分子目,综合了造孔和浇筑混凝土整个施工过程。

4 工程单价计算

地基处理工程单价计算,应根据设计确定的孔深、墙厚、灌浆压力参数、地层以及岩石级别、透水率等,按施工组织设计确定的施工方法、施工条件,选用概预算定额相应子目计算。

【例5-7】 根据以下资料编制帷幕灌浆造孔、灌浆预算单价。

已知:坝基采用双排帷幕灌浆防渗,坝基注水试验透水率为8~10 Lu,采用自下而上灌浆,在基础灌浆排水廊道内灌浆,廊道高度3 m,钻孔平均深度35 m,坝基岩层平均级别为Ⅸ~Ⅹ,其他条件见表5-35(表中材料价格和机械台时费均不含增值税进项税额)。

表 5-35　基础单价及费率标准

序号	项目名称	单位	单价(元)	序号	项目名称	单位	单价(元)
1	工长	工时	11.55	11	电	kWh	0.8
2	高级工	工时	10.67	12	水泥(预算价格)	t	290
3	中级工	工时	8.90	13	地质钻机　150 型	台时	47.76
4	初级工	工时	6.13	14	灌浆泵　中压泥浆	台时	40.82
5	金钢石钻头	个	800.00	15	灰浆搅拌机	台时	19.59
6	扩孔器	个	450.00	16	胶轮车	台时	0.8
7	岩芯管	m	80.00	17	其他直接费费率	%	7
8	钻杆	m	45.00	18	间接费费率	%	10.5
9	钻杆接头	个	16	19	利润率	%	7
10	水	m^3	2.2	20	税率	%	9

解:(1)帷幕灌浆造孔单价计算见表 5-36,由计算表可知帷幕灌浆造孔单价为 203.91 元/m。

表 5-36　建筑工程单价表(一)

单价编号	01		项目名称	帷幕灌浆造孔	
定额编号	70002		定额单位	100 m	
施工方法:150 型地质钻机廊道内钻孔,自下而上灌浆,岩层平均级别为Ⅸ~Ⅹ					
编号	名称及规格	单位	数量	单价(元)	合计
一	直接费	元			15 822.44
1	基本直接费	元			14 787.33
(1)	人工费	元			3 166.58
	工长	工时	18×1.10	11.55	228.69
	高级工	工时	37×1.10	10.67	434.27
	中级工	工时	129×1.10	8.9	1 262.91
	初级工	工时	184×1.10	6.13	1 240.71
(2)	材料费	元			5 828.66
	金钢石钻头	个	3	800	2 400.00
	扩孔器	个	2.1	450	945.00
	岩芯管	m	3	80	240.00
	钻杆	m	2.6	45	117.00
	钻杆接头	个	2.9	16	46.40
	水	m^3	600	2.2	1 320.00
	其他材料费	%	15	5 068.40	760.26
(3)	机械使用费	元			5 792.09
	地质钻机　150 型	台时	105×1.10	47.76	5 516.28
	其他机械费	%	5	5 516.28	275.81
2	其他直接费	%	7	14 787.33	1 035.11
二	间接费	%	10.5	15 822.44	1 661.36
三	利润	%	7	17 483.80	1 223.87
四	材料补差	元			0
五	税金	%	9	18 707.67	1 683.69
六	合计	元			20 391.36
七	单价	元/m			203.91

(2)帷幕灌浆单价计算如表5-37所示。由计算结果可知帷幕灌浆单价为377.34元/m。

表5-37 建筑工程单价表(二)

单价编号	02	项目名称	帷幕灌浆
定额编号	70017	定额单位	100 m

施工方法:自下而上灌浆,基岩透水率为8~10 Lu

编号	名称及规格	单位	数量	单价(元)	合计
一	直接费	元			29 090.34
1	基本直接费	元			27 187.23
(1)	人工费	元			9 215.10
	工长	工时	57×1.10×0.97	11.55	702.46
	高级工	工时	91×1.10×0.97	10.67	1 036.02
	中级工	工时	341×1.10×0.97	8.9	3 238.24
	初级工	工时	648×1.10×0.97	6.13	4 238.38
(2)	材料费	元			3 149.57
	水泥	t	8.5×0.75	255	1 625.63
	水	m^3	550×0.96	2.2	1 161.60
	其他材料费	%	13	2 787.23	362.34
(3)	机械使用费	元			14 822.56
	灌浆泵 中压泥浆	台时	206.7×1.10×0.97	40.82	9 002.81
	灰浆搅拌机	台时	206.7×1.10	19.59	4 454.18
	地质钻机 150型	台时	12×1.10	47.76	630.43
	胶轮车	台时	44.4×1.10×0.75	0.8	29.30
	其他机械费	%	5	14 116.72	705.84
2	其他直接费	%	7	27 187.23	1 903.11
二	间接费	%	10.5	29 090.34	3 054.49
三	利润	%	7	32 144.83	2 250.14
四	材料补差	元			223.13
	水泥	t	8.5×0.75	35	223.13
五	税金	%	9	34 618.10	3 115.63
六	合计	元			37 733.73
七	单价	元/m			377.34

任务8 设备安装工程单价编制

安装工程包括机电设备安装和金属结构设备安装两部分。机电设备主要指发电设备、升压变电设备、公用设备。其中发电设备如水轮机、发电机、起重设备安装、辅助设备等;升压变电设备如主变压器、高压电器设备等;公用设备如通信设备、通风采暖设备、机修设备、计算机监控系统、管理自动化系统、全厂接地及保护网等。金属结构设备主要指闸门、启闭设备、拦污栅、压力钢管等。

1　安装定额表现形式

1.1　现行《水利水电设备安装工程概算定额》表现形式

现行《水利水电设备安装工程概算定额》有两种表现形式，其安装工程单价的计算方法也有区别。

1.1.1　以实物量形式表示的定额

以实物量形式表示的安装工程定额，其安装工程单价的计算与前述建筑工程单价计算方法和步骤基本相同，这种形式编制的单价较准确，但计算相对烦琐。由于这种方法量、价分离，所以能满足动态变化的要求。

采用实物量计算单价的项目有：水轮机、水轮发电机、主阀、大型水泵、水力机械辅助设备，电气设备中的电缆线、接地、保护网、变电站设备（除高压电气设备）、通信设备、起重设备、闸门以及压力钢管等设备。

1.1.2　以安装费率形式表示的定额

安装费率是以安装费占设备原价的百分率形式表示的定额。定额中给定了人工费、材料费和机械使用费各占设备原价的百分比。计算公式如下：

$$\text{安装工程直接费} = \text{设备原价} \times \text{各费率之和}(\%) \tag{5-20}$$

定额人工费安装费率以北京地区为基准给出，在编制安装工程单价时，须根据编制地区的不同进行调整。应根据定额主管部门当年发布的北京地区人工预算单价，与该工程设计概（估）算采用的人工预算单价进行对比，测算其比例系数，据以调整人工费率指标。调整的方法是将定额人工费率乘以本工程安装费率调整系数。调整系数计算如下：

$$\text{人工费安装费率调整系数} = \frac{\text{工程所在地人工预算单价}}{\text{北京地区人工预算单价}} \tag{5-21}$$

根据《水利工程营业税改征增值税计价依据调整办法》（办水总〔2016〕132号）及《关于调整水利工程计价依据增值税计算标准的通知》（办财务函〔2019〕448号），定额中人工费费率不变，材料费费率除以1.03调整系数，机械使用费费率除以1.10调整系数，装置性材料费费率除以1.13调整系数。

采用安装费率计算单价的项目有：电气设备中的发电电压设备、控制保护设备、计算机监控系统、直流系统、厂用电系统和电气试验设备、变电站高压电器设备等。

1.2　现行《水利水电设备安装工程预算定额》表现形式

现行《水利水电设备安装工程预算定额》表现形式均以实物量形式表示。

2　安装工程单价编制

安装工程单价由直接费、间接费、利润、材料补差、未计价装置性材料费和税金组成。其编制方法有实物量法和安装费率法。安装工程单价的具体编制方法和编制程序如表5-38所示。

表5-38　安装工程单价计算程序表

序号	项目	计算方法	
		实物量法	安装费率法
一	直接费	1+2	1+2
1	基本直接费	①+②+③	①+②+③+④

续表 5-38

序号	项目	计算方法	
		实物量法	安装费率法
①	人工费	∑(定额人工工时数×人工预算单价)	人工费(%)=定额人工费(%)
②	材料费	∑(定额材料用量×材料预算价格)(若预算价格超过基价,则按基价)	材料费(%)=定额材料费(%)÷1.03
③	机械使用费	∑(定额机械台时用量×机械台时费)	机械使用费(%)=定额机械使用费(%)÷1.10
④	装置性材料费		装置性材料费(%)=定额装置性材料费(%)÷1.13
2	其他直接费	1×其他直接费费率之和	1×其他直接费费率之和
二	间接费	①×间接费费率	①×间接费费率
三	利润	(一+二)×利润率	[一(%)+二(%)]×利润率
四	材料补差	(材料预算价格-材料基价)×材料消耗量	
五	未计价装置性材料费	未计价装置性材料用量×材料预算价格	
六	税金	(一+二+三+四+五)×税率	[一(%)+二(%)+三(%)]×税率(%)
七	工程单价	一+二+三+四+五+六	单价(%)=一(%)+二(%)+三(%)+六(%) 单价=单价(%)×设备原价

3 编制安装工程单价时应注意的问题

(1)装置性材料费:装置性材料是指它本身属材料,但又是被安装的对象,安装后构成工程的实体。装置性材料分为主要装置性材料和次要装置性材料。

主要装置性材料也叫未计价装置性材料。凡在定额中作为独立的安装项目的材料,即为主要装置性材料。如轨道、管路、电缆、母线、滑触线等。主要装置性材料本身的价值在安装定额内并未包括,需要另外计价,所以主要装置性材料也叫未计价装置性材料。未计价装置性材料用量,应根据施工图设计量计算(并计入规定的操作损耗量),定额规定的操作损耗率见安装定额总说明。由未计价装置性材料设计用量和工地材料预算价格计算其费用。概算定额附录中列有部分子目的装置性材料数量,供编制概算缺乏设计主要装置性材料规格、数量资料时参考。

次要装置性材料也叫已计价装置性材料。次要装置性材料因品种多、规格杂,且价值也较低,故在概预算安装费用子目中均已列入其他费用。如轨道的垫板、螺栓、电缆支架、母线金具等。在编制概预算单价时,不必再另行计算。

(2)采用安装费率法计算安装工程单价时,定额人工安装费率需按规定的方法调整,调整系数见式(5-22)。

对进口设备的安装费率也需要调整,调整的方法是将定额安装费率乘以进口设备安装费率调整系数。进口设备的安装费率调整系数计算如下：

$$进口设备安装费率调整系数 = \frac{同类国产设备原价}{进口设备原价} \quad (5\text{-}22)$$

(3)设备自工地仓库运至安装现场的一切费用,称为设备场内运费,属于设备运杂费范畴,不属于设备安装费。在《水利建筑工程预算定额》中列有“设备工地运输”一章,是为施工单位自行组织运输而拟定的定额,不能理解为这项费用也属于安装费范围。

(4)压力钢管制作、运输和安装均属安装费范畴,应列入安装费栏目下,这点是和设备不同的,应特别注意。

(5)设备与材料的划分。

①制造厂成套供货范围的部件,备品备件、设备体腔内定量填物(如透平油、变压器油、六氟化硫气等)均作为设备。

②不论成套供货,还是现场加工或零星购置的贮气罐、阀门、盘用仪表、机组本体上的梯子、平台和栏杆等均作为设备,不能因供货来源不同而改变设备性质。

③如管道和阀门构成设备本体部件时,应作为设备,否则应作为材料。

④随设备供应的保护罩、网门等已计入相应设备出厂价格内时,应作为设备,否则应作为材料。

⑤电缆和管道的支吊架、母线、金属、金具、滑触线和架、屏盘的基础型钢、钢轨、石棉板、穿墙隔板、绝缘子、一般用保护网、罩、门、梯子、栏杆和蓄电池架等,均作为材料。

(6)“电气调整”在《水利建筑工程概算定额》中各章节均已包括这项工作内容,而在《水利建筑工程预算定额》中是单列一章,独立计算,不包括在各有关章节内。这点应注意,避免在编制预算时遗漏这个项目。

(7)按设备重量划分子目的定额,当所求设备的重量介于同型设备的子目之间时,按插入法计算安装费。如与目标起重量相差5%以内,可不做调整。

(8)压力钢管一般在工地制作和安装,在《水利建筑工程概算定额》中包括一般钢管和叉管的制作及安装共二节。并将直管、弯管、渐变管、斜管和伸缩节等综合考虑,使用时均不做调整,只把叉管制作安装单独列出。《水利建筑工程预算定额》中,钢管的制作及安装项目划分得比较细,把钢管制作、安装、运输分别单独列出,并且定额费以直管列出,对于其他形状的钢管制作和安装以及安装斜度≥15°时按不同斜度分别乘规定的修正系数。

(9)使用电站主厂房桥式起重机进行安装工作时,桥式起重机台时费不计基本折旧费和安装拆卸费。

4　安装工程单价编制步骤

(1)了解工程设计情况收集整理和核对设计提供的项目全部设备清单并按项目划分规定进行项目归类。设备清单必须包括设备的规格、型号、重量以及推荐的厂家。

(2)要熟悉现行概预算定额的相关内容:定额的总说明及各章节的说明,各安装项目包含的安装工作内容、定额安装费的费用构成和其他有关资料。

(3)根据设备清单提供的各项参数,正确选用定额。

(4)按编制规定计算安装工程单价。

【例5-8】 根据表5-39所给材料(表中材料价格和机械台时费均不含增值税进项税额),试计算起重机轨道(QU100型)安装概算单价。

表5-39 基础单价及费率标准

序号	名称及规格	单位	单价(元)	序号	名称及规格	单位	单价(元)
1	工长	工时	11.55	12	电焊机 20~30 kVA(基价)	台时	91.4
2	高级工	工时	10.67	13	电焊机 20~30 kVA(价差)	台时	21.3
3	中级工	工时	8.9	14	钢轨	kg	5.5
4	初级工	工时	6.13	15	垫板	kg	6.4
5	钢板	kg	50.02	16	型钢(装置性材料)	kg	4.2
6	型钢	kg	45.5	17	螺栓	kg	5.8
7	电焊条	kg	6	18	其他直接费费率	%	8.2
8	乙炔气	m^3	15	19	间接费费率	%	75
9	柴油(预算价格)	t	3 700	20	利润率	%	7
10	汽车起重机 8 t(基价)	台时	78.43	21	税率	%	9
11	汽车起重机 8 t(价差)	台时	5.47				

解:根据已知条件,查概算定额,列表(见表5-40)计算得到起重机轨道(QU100型)安装概算单价为61 356.34元/双10 m。

表5-40 安装工程单价表

单价编号	01	项目名称	起重机轨道安装
定额编号	09094	定额单位	双10 m

型号规格:起重机轨道(QU100型)

编号	名称及规格	单位	数量	单价(元)	合计(元)
一	直接费	元			28 566.66
1	基本直接费	元			26 401.72
(1)	人工费	元			3 199.04
	工长	工时	18	11.55	207.90
	高级工	工时	74	10.67	789.58
	中级工	工时	184	8.9	1 637.60
	初级工	工时	92	6.13	563.96
(2)	材料费	元			4 905.03
	钢板	kg	48.6	50.02	2 430.97
	型钢	kg	41.7	45.5	1 897.35
	电焊条	kg	8.3	6	49.80
	乙炔气	m^3	5.4	15	81.00
	其他材料费	%	10	4 459.12	445.91
(3)	机械使用费	元			18 297.65
	汽车起重机 8 t	台时	3.1	78.43	243.13
	电焊机 20~30 kVA	台时	188	91.4	17 183.20
	其他机械费	%	5	17 426.33	871.32

续表 5-40

编号	名称及规格	单位	数量	单价(元)	合计(元)
2	其他直接费	%	8.2	26 401.72	2 164.94
二	间接费	%	75	3 199.04	2 399.28
三	利润	%	7	30 965.94	2 167.62
四	材料补差	元			4 021.36
	汽车起重机 8 t	台时	3.1	5.47	16.96
	电焊机 20~30 kVA	台时	188	21.3	4 004.40
五	未计价装置性材料	元			19 135.30
	钢轨	kg	1 833	5.5	10 081.50
	垫板	kg	1 179	6.4	7 545.60
	型钢	kg	163	4.2	684.60
	螺栓	kg	142	5.8	823.60
六	税金	%	9	56 290.22	5 066.12
七	合计	元			61 356.34

小 结

建筑及安装工程单价，简称工程单价，指完成建筑、安装工程单位工程量所消耗的全部费用，由直接费、间接费、利润、材料补差和税金五部分组成。工程单价是编制水利水电建筑安装工程投资的基础，它直接影响工程总投资的准确程度。建筑及安装工程的主要项目均应计算概预算单价，据以编制工程概预算。

目前计算工程单价通常的方法是查工程定额得到完成单位工程量所需的人工、材料、机械台时消耗量，各消耗量与各自的预算价格（基础单价）相乘再加起来就是完成单位工程量所需的基本直接费，再按有关取费费率可计算出其他直接费、间接费、企业利润和税金，将求得的直接费（包括基本直接费和其他直接费）、间接费、企业利润和税金相加，即得工程单价。

本项目内容分三个层次。一是工程单价的费用组成，二是建筑工程单价的编制，三是安装工程单价的编制。通过本项目的学习，应熟练掌握土方工程、石方工程、堆砌石工程、混凝土工程、模板工程、基础处理工程等建筑工程的单价编制方法和设备安装工程单价的编制方法。注意区别建筑工程单价和安装工程单价编制方法的异同点；区别水利水电工程概算定额和水利水电工程预算定额的差别以及编制工程单价的不同，以便正确编制工程单价。

职业能力训练 5

一、单项选择题

1. 根据《编规》(2014)，人工费属于(　　)。

A. 基本直接费　　B. 其他直接费

C. 间接费　　D. 现场经费

2. 根据《编规》(2014),夜间施工增加费属于(　　)。

A. 基本直接费　　B. 其他直接费

C. 间接费　　D. 现场经费

3. 下列属于直接费的有(　　)。

A. 间接费　　B. 税金

C. 其他直接费　　D. 利润

4. 根据现行部颁规定,税率标准为(　　)。

A. 9%　　B. 3.41%　　C. 3.28%　　D. 3.14%

5. 现行部颁《水利建筑工程概(预)算定额》洞井石方开挖定额的轴流通风机台时数量,系按一个工作面长(　　)拟定的。

A. 200 m　　B. 300 m　　C. 400 m　　D. 500 m

6. 安装工程单价中,间接费以(　　)为计算基数。

A. 基本直接费　　B. 直接费　　C. 人工费　　D. 人工费+主要材料费

7. 建筑工程单价中,间接费以(　　)为计算基数。

A. 基本直接费　　B. 直接费　　C. 人工费　　D. 人工费+主要材料费

二、多项选择题

1. 建筑及安装工程费组成内容包括(　　)。

A. 直接费　　B. 间接费　　C. 利润

D. 税金　　E. 材料补差

2. 隧洞开挖可以划分为(　　)等项目。

A. 平洞　　B. 斜井　　C. 导洞　　D. 旁洞　　E. 竖井

3. (　　)属于建筑工程单价。

A. 土方开挖工程单价　　B. 钢筋制作与安装工程单价

C. 混凝土工程单价　　D. 金属结构设备安装工程单价

E. 模板安装、拆除工程单价

4. 工程单价三要素包括(　　)。

A. 定额　　B. 量　　C. 价　　D. 费

5. 采用现行部颁定额进行工程单价分析时,现浇混凝土单价包括(　　)工序。

A. 混凝土拌制　　B. 混凝土运输　　C. 混凝土浇筑　　D. 模板制作安装

三、判断题

1. 根据现行部颁水利建筑工程概预算定额,砂砾(卵)石开挖和运输按Ⅲ类土计算。(　　)

2. 根据现行部颁水利建筑工程概预算定额,土方洞挖定额中轴流通风机台时数量,按一个工作面长400 m拟定。(　　)

3. 挖掘机或装载机挖装土料自卸汽车运输定额,系按挖装自然方拟定。当挖松土时,其中人工及挖装机械需乘以0.85的系数。(　　)

4. 混凝土浇筑定额,不包括温控所需的工作及费用。(　　)

5. 现行部颁定额中,帷幕灌浆是以设计灌浆面积为计算单位的。(　　)

四、案例分析

1. 某渠道(上口宽17 m)土料为Ⅲ类土,采用1 m^3 液压挖掘机开挖,8 t 自卸汽车运输,运距2 km。该渠道位于中南部一般地区,考虑冬季施工增加费,属于河道工程,柴油的价格为3 500元/t。根据已知条件及《编规》(2014)、《调整办法》和《通知》,求该土方开挖预算单价。

2. 某灌溉渠道的边坡采用15 cm厚的现浇混凝土C25(二级配)衬砌,采用0.8 m^3 混凝土搅拌机拌和,机动翻斗车运输700 m至浇注现场,机械振捣,试计算其预算单价(小数点后保留两位)。已知:

人工预算单价:工长11.55元/工时,高级工10.67元/工时,中级工8.90元/工时,初级工6.13元/工时。

混凝土原材料及不含增值税进项税额价格:42.5的矿渣水泥310.00元/t,中砂75.00元/m^3,碎石80.00元/m^3,水1.00元/m^3,外加剂0.85元/kg。

机械台时费(不含增值税进项税额):1.1 kW振动器19.40元/台时,0.8 m^3 搅拌机36.00元/台时,胶轮车0.90元/台时,风水枪160.20元/台时,机动翻斗车12.50元/台时。

取费标准:其他直接费费率4.7%,间接费费率7%,利润率7%,税率9%。

3. 某水利枢纽工程有一条引水隧洞,总长6 000 m,纵坡2‰,设一条长200 m的施工支洞,分四个工作面A、B、C、D同时进行(见图5-2)。试确定通风机台时调整系数,石渣运输综合运距(洞内运输综合运距,露天运输综合运距)。

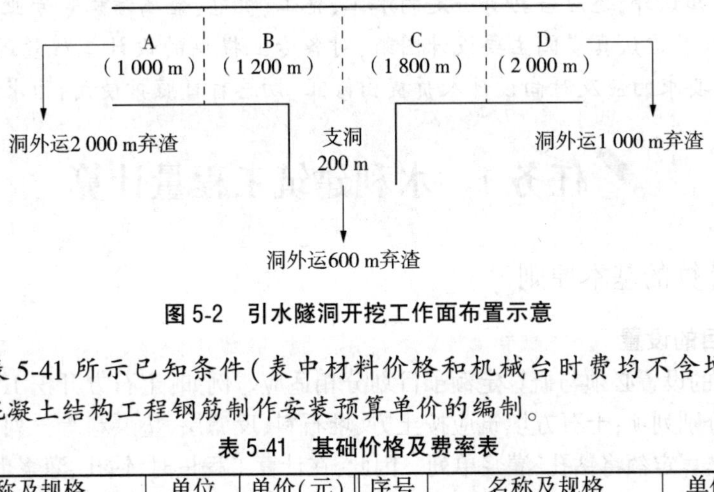

图5-2　引水隧洞开挖工作面布置示意

4. 根据表5-41所示已知条件(表中材料价格和机械台时费均不含增值税进项税额),完成某混凝土结构工程钢筋制作安装预算单价的编制。

表5-41　基础价格及费率表

序号	名称及规格	单位	单价(元)	序号	名称及规格	单位	单价(元)
1	工长	工时	11.55	11	钢筋弯曲机　Φ6~40	台时	12.88
2	高级工	工时	10.67	12	电焊机　25 kVA	台时	10.54
3	中级工	工时	8.90	13	对焊机　150型	台时	63.13
4	初级工	工时	6.13	14	载重汽车　5 t	台时	57.82
5	钢筋	t	4 200	15	塔式起重机　10 t	台时	105.96
6	铁丝	kg	5.16	16	其他直接费费率	%	7.5
7	电焊条	kg	6.42	17	间接费费率	%	9.5
8	钢筋调直机　14 kW	台时	18.2	18	利润率	%	7
9	风砂枪	台时	52.8	19	税率	%	9
10	钢筋切断机　20 kW	台时	20.66				

项目6 设计总概算编制

【学习目标】

了解分年度投资和资金流量表的编制;熟悉工程量的种类及计算规则;理解静态投资和动态投资的概念;会编制各部分概算表和总概算表。具有系统观念和全局意识,把握全局和局部、当前和长远、宏观和微观、主要矛盾和次要矛盾、特殊和一般的关系。

【学习任务】

(1)工程量计算;

(2)各分部工程概算编制;

(3)分年度投资和资金流量;

(4)总概算编制。

【任务分析】

工程概算是以工程量乘单价来计算的,因此工程量是编制工程概算的基本要素之一。工程量计算的准确与否,是衡量设计概算质量好坏的重要标志之一。所以,概算人员除应具有本专业的知识外,还应当具有一定的水工、施工、机电、金属结构等专业知识。在编制概算时,概算人员应认真查阅主要设计图纸,对各专业提供的设计工程量逐次核对,凡不符合概算编制要求的应及时向设计人员提出修正,切忌盲目照抄使用,力求准确可靠。

任务1 水利建筑工程量计算

1 工程量计算的基本原则

1.1 工程项目的设置

工程项目的设置必须与概算定额子目划分相适应。例如:土石方开挖工程应按不同土壤、岩石类别分别列项;土石方填筑应按土方、堆石料、反滤层、垫层料等分列。再如钻孔灌浆工程,一般概算定额将钻孔、灌浆单列。因此,在计算工程量时,钻孔、灌浆也应分开计算。

1.2 计量单位

工程量的计量单位要与定额子目的单位相一致。有的工程项目的工程量可以用不同的计量单位表示,如喷混凝土,可以用"m^2"表示,也可以用"m^3"表示;混凝土防渗墙可以用阻水面积"m^2"表示,也可以用进尺"m"或混凝土浇筑方量"m^3"来表示。因此,设计提供的工程量单位要与选用的定额单位相一致,否则应按有关规定进行换算,使其一致。

码6-1 水利水电工程设计工程量计算规定

1.3 工程量计算

1.3.1 设计工程量

工程量计算按照现行《水利水电工程设计工程量计算规定》(SL

328—2005)执行。可行性研究、初步设计阶段的设计工程量就是按照建筑物和工程的几何轮廓尺寸计算的数量乘以表 6-1 不同设计阶段系数而得出的数量;而施工图设计阶段系数均为 1.00,即设计工程量就是图纸工程量。

表 6-1 设计工程量计算阶段系数表

设计阶段		钢筋混凝土	混凝土			土石方开挖			土石方填筑			钢筋	钢材	灌浆
			工程量(万 m^3)											
			300以上	100~300	100以下	500以上	200~500	200以下	500以上	200~500	200以下			
永久水工建筑物	可行性研究	1.05	1.03	1.05	1.10	1.03	1.05	1.10	1.03	1.05	1.10	1.05	1.05	1.15
	初步设计	1.03	1.01	1.03	1.05	1.01	1.03	1.05	1.01	1.03	1.05	1.03	1.03	1.10
施工临时建筑物	可行性研究	1.10	1.05	1.10	1.15	1.05	1.10	1.15	1.05	1.10	1.15	1.10	1.10	
	初步设计	1.05	1.03	1.05	1.10	1.03	1.05	1.10	1.03	1.05	1.10	1.05	1.05	
金属结构	可行性研究												1.15	
	初步设计												1.10	

1.3.2 施工超挖、超填量及施工附加量

在水利水电工程施工中一般不允许欠挖,为保证建筑物的设计尺寸,施工中允许一定的超挖量;而施工附加量是指为完成本项工程而必须增加的工程量,如土方工程中的取土坑、试验坑,隧洞工程中的为满足交通、放炮要求而设置的内错车道、避炮洞以及下部扩挖所需增加的工程量;施工超填量是指由于施工超挖及施工附加相应增加的回填工程量。

概算定额已按有关施工规范计入合理的超挖量、超填量和施工附加量,故采用概算定额编制概(估)算时,工程量不应再计算这三项工程量。

预算定额中均未计入这三项工程量,因此采用预算定额编制概(估)算单价时,其开挖工程和填筑工程的工程量应按开挖设计断面和有关施工技术规范所规定的加宽及增放坡度计算。

采用预算定额时,超挖、超填量、施工附加量一般按以下规定计算:

(1)地下建筑物开挖规范允许超挖量及施工附加量,可在设计尺寸上按半径加大 20 cm 计算。

(2)水工建筑物岩石基础开挖允许超挖量及施工附加量:①平面高程,一般应不大于 20 cm。②边坡依开挖高度而异:开挖高度在 8 m 以内,应小于等于 20 cm;开挖高度为 8~15 m,应小于等于 30 cm;开挖高度为 15~30 m,应小于等于 50 cm。

1.3.3 施工损耗量

施工损耗量包括运输及操作损耗量、体积变化损耗量及其他损耗量。运输及操作损耗量指土石方、混凝土在运输及操作过程中的损耗。体积变化损耗量指土石方填筑工程中的施工期沉陷而增加的数量、混凝土体积收缩而增加的工程数量等。其他损耗量包括土石方填筑工程施工中的削坡,雨后清理损失数量,钻孔灌浆工程中混凝土灌注桩桩头的浇筑凿除及混凝土防渗墙一、二期接头重复造孔和混凝土浇筑等增加的工程量。

概算定额对这几项损耗已按有关规定计入相应定额之中,而预算定额未包括混凝土

防渗墙接头处理所增加的工程量,因此采用不同的定额编制工程单价时应仔细阅读有关定额说明,以免漏算或重算。

2 建筑工程量计算

2.1 土石方工程量计算

土石方开挖工程量,应根据设计开挖图纸,按不同土壤和岩石类别分别进行计算,石方开挖工程应将明挖、槽挖、水下开挖、平洞、斜井和竖井开挖等分别计算。

土石方填筑工程量,应根据建筑物设计断面中的不同部位及其不同材料分别进行计算,其沉陷量应包括在内。

2.2 砌石工程量计算

砌石工程量应按建筑物设计图纸的几何轮廓尺寸,以"建筑成品方"计算。

砌石工程量应将干砌石和浆砌石分开。干砌石应按干砌卵石、干砌块石,同时还应按建筑物或构筑物的不同部位及型式,如护坡(平面、曲面)、护底、基础、挡土墙、桥墩等分别计列;浆砌石按浆砌块石、卵石、条料石,同时尚应按不同的建筑物(浆砌石拱圈明渠、隧洞、重力坝)及不同的结构部位分项计列。

2.3 混凝土及钢筋混凝土工程量计算

混凝土及钢筋混凝土工程量的计算应根据建筑物的不同部位及混凝土的设计强度等级分别计算。

钢筋及埋件、设备基础螺栓孔洞工程量应按设计图纸所示的尺寸并按定额计量单位计算,例如大坝的廊道、钢管道、通风井、船闸侧墙的输水道等,应扣除孔洞所占体积。

计算地下工程(如隧洞、竖井、地下厂房等)混凝土的衬砌工程量时,若采用水利建筑工程概算定额,应以设计断面的尺寸为准;若采用预算定额,计算衬砌工程量时应包括设计衬砌厚度加允许超挖部分的工程,但不包括允许超挖范围以外增加超挖所充填的混凝土量。

2.4 钻孔灌浆工程量

钻孔工程量按实际钻孔深度计算,计量单位为"m"。计算钻孔工程量时,应按不同岩石类别分项计算,混凝土钻孔一般按粗骨料的岩石级别计算。

灌浆工程量从基岩面起计算,计算单位为"m"或"m^2"。计算工程量时,应按不同岩层的不同透水率或单位干料耗量分别计算。

隧洞回填灌浆,其工程量计算范围一般以顶拱中心角120°范围内的拱背面积计算,高压管道回填灌浆按钢管外径面积计算工程量。

混凝土防渗墙工程量,按设计的阻水面积计算其工程量,计量单位为"m^2"。

任务2 分部工程概算编制

1 建筑工程的概算编制

建筑工程按主体建筑工程、交通工程、房屋建筑工程、外部供电线路工程、其他建筑工程分别采用不同的方法编制。

1.1　主体建筑工程

(1)主体建筑工程概算均按设计工程量乘以工程单价进行编制。

(2)主体建筑工程量应根据《水利水电工程设计工程量计算规则》确定,按项目划分要求,计算到三级项目。

(3)当设计对混凝土施工有温控要求时,应根据温控措施设计,计算温控措施费用;也可以经过分析确定指标后,按建筑物混凝土方量进行计算。

(4)细部结构工程。初步设计阶段由于设计深度所限,不可能对各主体建筑物的细部结构提出工程项目和数量。编制概算时,大多按细部结构指标(见表6-2)计算。但这些指标是指基本直接费,应相应计算其他各项费用。

表6-2　水工建筑工程细部结构指标

项目名称	混凝土重力坝、重力拱坝、宽缝重力坝、支墩坝	混凝土双曲拱坝	土坝、堆石坝	水闸	冲砂闸、泄洪闸	进水口、进水塔	溢洪道	隧洞
单位	元/m^3(坝体方)	元/m^3(坝体方)	元/m^3(坝体方)	元/m^3(混凝土)	元/m^3(混凝土)	元/m^3(混凝土)	元/m^3(混凝土)	元/m^3(混凝土)
综合指标	16.2	17.2	1.15	48	42	19	18.1	15.3
项目名称	竖井、调压井	高压管道	地面厂房	地下厂房	地面升压变电站	地下升压变电站	船闸	明渠(衬砌)
单位	元/m^3(混凝土)	元/m^3(混凝土)	元/m^3(混凝土)	元/m^3(混凝土)	元/m^3(混凝土)	元/m^3(混凝土)	元/m^3(混凝土)	元/m^3(混凝土)
综合指标	19	4	37	57	30	17.7	54	8.45

注:1. 表中综合指标包括多孔混凝土排水管、廊道木模板制作与安装、止水工程(面板坝除外)、伸缩缝工程、接缝灌浆管路、冷却水管路、栏杆、照明工程、爬梯、通气管道、排水工程、排水渗井钻孔及反滤料、坝坡踏步、孔洞钢盖板、厂房内上下水工程、防潮层、建筑钢材及其他细部结构工程。

2. 表中综合指标仅包括基本直接费内容。

3. 改扩建及加固工程根据设计确定细部结构工程的工程量。对于其他工程,如果工程设计能够确定细部结构工程的工程量,可按设计工程量乘以工程单价进行计算,不再按表6-2指标计算。

1.2　交通工程

交通工程投资按设计工程量乘以单价进行计算,也可根据工程所在地区造价指标或有关实际资料,采用扩大单位指标编制。

1.3　房屋建筑工程

(1)水利工程的永久房屋建筑面积,用于生产和管理办公的部分,由设计单位按有关规定,结合工程规模确定;用于值班宿舍及文化福利建筑的投资,按主体建筑工程投资的百分率计算。其百分率为:

枢纽工程:	
投资≤50 000万元	1.0%~1.5%
100 000万元≥投资>50 000万元	0.8%~1.0%
投资>100 000万元	0.5%~0.8%
引水工程:	0.4%~0.6%

河道工程: 0.4%

注:在每档中,投资小或工程位置偏远者取大值;反之,取小值。

除险加固工程(含枢纽、引水、河道工程)、灌溉田间工程的永久房屋建筑面积由设计单位根据有关规定结合工程建设需要确定。

(2)室外工程投资,一般按房屋建筑工程投资的15%~20%计算。

1.4 供电设施工程

根据设计的电压等级、线路架设长度及所需配备的变配电设施要求,采用工程所在地区造价指标或有关实际资料计算。

1.5 其他建筑工程

(1)安全监测设施工程,指属于建筑工程性质的内外部观测设施。安全监测设施工程项目投资应按设计资料计算。如无设计资料,可根据坝型或其他工程型式,按照主体建筑工程投资的百分率计算。其百分率为:当地材料坝0.9%~1.1%,混凝土坝1.1%~1.3%,引水式电站(引水建筑物)1.1%~1.3%,堤防工程0.2%~0.3%。

(2)动力线路、照明线路、通信线路等工程投资按设计工程量乘以单价或采用扩大单位指标编制。

(3)其余各项按设计要求分析计算。

2 机电设备及安装工程的概算编制

机电设备及安装工程投资由设备费和安装工程费两部分组成。

2.1 设备费

设备费由设备原价、运杂费、运输保险费和采购及保管费等项组成。

2.1.1 设备原价

(1)国产设备。以出厂价为原价,非定型和非标准产品(如闸门、拦污栅、压力钢管等)采用与厂家签订的合同价或询价。

(2)进口设备。以到岸价和进口征收的关税、增值税、手续费、商检费及港口费等各项费用之和为原价。到岸价采用与厂家签订的合同价或询价计算,税费和手续费等按规定计算。

(3)自行加工设备。自行加工制作的设备参照有关定额计算价格,但不低于外购价格。

2.1.2 运杂费

运杂费指设备由厂家运至工地安装现场所发生的一切运杂费用。主要包括运输费、调车费、装卸费、包装绑扎费、变压器充氮费等。在运输过程中应考虑超重、超高、超宽所增加的费用,如铁路运输的特殊车辆费、公路运输的桥涵加宽和路面拓宽所需费用。

(1)国产设备运杂费,分主要设备和其他设备,均按占设备原价的百分率计算。

①主要设备运杂费率。

主要设备运杂费率如表6-3所示。

②其他设备运杂费率。

其他设备运杂费率如表6-4所示。

表 6-3 主要设备运杂费率 (%)

设备分类		铁路		公路		公路直达基本费率
		基本运距 1 000 km	每增运 500 km	基本运距 100 km	每增运 20 km	
水轮发电机组		2.21	0.30	1.06	0.15	1.01
主阀、桥机		2.99	0.50	1.85	0.20	1.33
主变压器	120 000 kVA 及以上	3.50	0.40	2.80	0.30	1.20
	120 000 kVA 以下	2.97	0.40	0.92	0.15	1.20

注：设备由铁路直达或铁路、公路联运时，分别按里程求得费率后叠加计算；如果设备由公路直达，应按公路里程计算费率后，再加公路直达基本费率。

表 6-4 其他设备运杂费率

类别	适用地区	费率(%)
Ⅰ	北京、天津、上海、江苏、浙江、江西、安徽、湖北、湖南、河南、广东、山西、山东、河北、陕西、辽宁、吉林、黑龙江等省、直辖市	3~5
Ⅱ	甘肃、云南、贵州、广西、四川、重庆、福建、海南、宁夏、内蒙古、青海等省、自治区、直辖市	5~7

注：工程地点距铁路线近者费率取小值，远者取大值。新疆、西藏地区的费率在表中未包括，可视具体情况另行确定。

(2)进口设备国内段运杂费率，可按国产设备运杂费率乘以相应国产设备原价占进口设备原价的比例系数计算。

2.1.3 运输保险费

运输保险费等于设备原价乘以运输保险费率。国产设备运输保险费率可按工程所在省、自治区、直辖市规定计算，进口设备的运输保险费率按有关规定执行。

2.1.4 采购及保管费

采购及保管费是指建设单位和施工企业在负责设备的采购、保管过程中发生的各项费用，按设备原价、运杂费之和的0.7%计算。

设备体腔内的定量充填物，应视为设备，其价值计入设备费，一般变压器油计入设备原价，不必另外计价。透平油、油压启闭机中液压油、蓄电池中电解液都应另计费用。

2.1.5 运杂综合费率

在编制设备安装工程概算时，一般将设备运杂费、运输保险费和采购及保管费合并，统称为设备运杂综合费，按设备原价乘以运杂综合费率计算。计算公式为

$$\text{运杂综合费率} = \text{运杂费率} + (1 + \text{运杂费率}) \times \text{采购及保管费率} + \text{运输保险费率} \tag{6-1}$$

上述运杂综合费率，适用于计算国产设备运杂综合费。国产设备运杂综合费率乘以相应国产设备原价占进口设备原价的比例系数，即为进口设备国内段运杂综合费率。

2.1.6 交通工具购置费

交通工具购置费指工程竣工后，为保证建设项目初期生产管理单位正常运行必须配

备车辆和船只所产生的费用。

交通设备数量应由设计单位按有关规定、结合工程规模确定,设备价格根据市场情况、结合国家有关政策确定。

无设计资料时,可按表6-5方法计算。除高原、沙漠地区外,不得用于购置进口、豪华车辆。灌溉田间工程不计此项费用。

计算方法:以第一部分建筑工程投资为技术,按表6-5所示的费率,以超额累进方法计算。简化计算公式为:第一部分建筑工程投资×该档费率+辅助参数。

表6-5 交通工具购置指标

第一部分建筑工程投资(万元)	费率(%)	辅助参数(万元)
10 000及以内	0.50	0
10 000~50 000	0.25	25
50 000~100 000	0.10	100
100 000~200 000	0.06	140
200 000~500 000	0.04	180
500 000~1 000 000	0.02	280

2.2 安装工程费

安装工程投资按设备数量乘以安装单价进行计算。

3 金属结构设备及安装工程的概算编制

金属结构设备及安装工程的概算编制方法同第二部分"机电设备及安装工程的概算编制"。

4 施工临时工程

4.1 施工导流工程

导流工程费用计算同主体工程编制方法一样,按设计工程量乘以工程单价进行计算。

4.2 施工交通工程

按设计工程量乘以单价进行计算,也可根据工程所在地区造价指标或有关实际资料,采用扩大单位指标编制。

4.3 施工场外供电工程

根据设计的电压等级、线路架设长度及所需配备的变配电设施要求,采用工程所在地区造价指标或有关实际资料计算。

4.4 施工房屋建筑工程

施工房屋建筑工程包括施工仓库和办公、生活及文化福利建筑两部分。施工仓库指为工程施工而临时兴建的设备、材料、工器具等仓库;办公、生活及文化福利建筑,指施工单位、建设单位(包括监理)及设计代表在工程建设期所需的办公室、宿舍、招待所和其他文化福利设施等房屋建筑工程。

施工房屋建筑工程不包括列入临时设施和其他施工临时工程项目内的电、风、水、通信系统，砂石料系统，混凝土拌和及浇筑系统，木工、钢筋、机修等辅助加工厂，混凝土预制构件厂，混凝土制冷、供热系统，施工排水等生产用房。

4.4.1 施工仓库

施工仓库面积和建筑标准由施工组织设计确定，单位造价指标根据当地生活福利建筑的相应造价水平确定。

4.4.2 办公、生活及文化福利建筑

(1)枢纽工程和大型引水工程，按下列公式计算：

$$I = \frac{AUP}{NL}K_1K_2K_3 \tag{6-2}$$

式中：I 为房屋建筑工程投资；A 为建安工作量，按工程一至四部分建安工作量（不包括办公、生活及文化福利建筑和其他施工临时工程）之和乘以（1+其他施工临时工程百分率）计算；U 为人均建筑面积综合指标，按 12~15 m^2/人标准计算；P 为单位造价指标，参考工程所在地区的永久房屋造价指标（元/m^2）计算；N 为施工年限，按施工组织设计确定的合理工期计算；L 为全员劳动生产率，一般不低于 60 000~100 000 元/（人·年），施工机械化程度高取大值，反之取小值；K_1 为施工高峰人数调整系数，取 1.10；K_2 为室外工程系数，取 1.10~1.15，地形条件差的可取大值，反之取小值；K_3 为单位造价指标调整系数，按不同施工年限，采用表 6-6 中的调整系数。

表 6-6 单位造价指标调整系数

工期	2 年以上	2~3 年	3~5 年	5~8 年	8~11 年
系数	0.25	0.40	0.55	0.70	0.80

(2)引水工程按一至四部分建安工作量的百分率计算。合理工期小于等于 3 年取 1.5%~2.0%，大于 3 年取 1.0%~1.5%。一般引水工程取中上限，大型引水工程取下限。

掘进机施工隧洞工程按上述费率乘 0.5 调整系数。

(3)河道工程按一至四部分建安工作量的百分率计算。合理工期小于等于 3 年取 1.5%~2.0%，大于 3 年取 1.0%~1.5%。

4.5 其他施工临时工程

其他施工临时工程费用计算按工程一至四部分建安工作量（不包括其他施工临时工程）之和的百分率计算。其百分率为：枢纽工程为 3.0%~4.0%；引水工程为 2.5%~3.0%，一般引水工程取下限，隧洞、渡槽等大型建筑物较多的引水工程、施工条件复杂的引水工程取上限；河道工程为 0.5%~1.5%，灌溉田间工程取下限，建筑物较多、施工排水量大或施工条件复杂的河道工程取上限。

5 独立费用的概算编制

5.1 建设管理费

5.1.1 枢纽工程

枢纽工程建设管理费以一至四部分建安工作量为计算基数，按表 6-7 所列费率，以超额累进方法计算。

表 6-7 枢纽工程建设管理费费率

一至四部分建安工作量(万元)	费率(%)	辅助参数(万元)
50 000 及以内	4.5	0
50 000~100 000	3.5	500
100 000~200 000	2.5	1 500
200 000~500 000	1.8	2 900
500 000 以上	0.6	8 900

简化计算公式为:一至四部分建安工作量×该档费率+辅助参数(下同)。

5.1.2 引水工程

引水工程建设管理费以一至四部分建安工作量为计算基数,按表 6-8 所列费率,以超额累进方法计算。原则上应按整体工程投资统一计算,工程规模较大时可分段计算。

表 6-8 引水工程建设管理费费率

一至四部分建安工作量(万元)	费率(%)	辅助参数(万元)
50 000 及以内	4.2	0
50 000~100 000	3.1	550
100 000~200 000	2.2	1 450
200 000~500 000	1.6	2 650
500 000 以上	0.5	8 150

5.1.3 河道工程

河道工程建设管理费以一至四部分建安工作量为计算基数,按表 6-9 所列费率,以超额累进方法计算。原则上应按整体工程投资统一计算,工程规模较大时可分段计算。

表 6-9 河道工程建设管理费费率

一至四部分建安工作量(万元)	费率(%)	辅助参数(万元)
10 000 及以内	3.5	0
10 000~50 000	2.4	110
50 000~100 000	1.7	460
100 000~200 000	0.9	1 260
200 000~500 000	0.4	2 260
500 000 以上	0.2	3 260

5.2 工程建设监理费

按照国家发展改革委发改价格〔2007〕670 号文发布的《建设工程监理与相关服务收费管理规定》及其他相关规定执行。

5.3 联合试运转费

费用指标见表 6-10。

表 6-10 联合试运转费用指标

水电站工程	单机容量(万 kW)	≤1	≤2	≤3	≤4	≤5	≤6	≤10	≤20	≤30	≤40	>40
	费用(万元/台)	6	8	10	12	14	16	18	22	24	32	44
泵站工程	电力泵站	50~60 元/kW										

5.4 生产准备费

5.4.1 生产及管理单位提前进场费

枢纽工程按一至四部分建安工作量的 0.15%~0.35%计算,大(1)型工程取小值,大(2)型工程取大值。

引水工程视工程规模参照枢纽工程计算。

河道工程、除险加固工程、田间工程原则上不计此项费用,若工程中含有新建大型泵站、泄洪闸、船闸等建筑物,按建筑物投资参照枢纽工程计算。

5.4.2 生产职工培训费

按一至四部分建安工作量的 0.35%~0.55%计算,枢纽工程、引水工程取中上限,河道工程取下限。

5.4.3 管理用具购置费

枢纽工程按一至四部分建安工作量的 0.04%~0.06%计算,大(1)型工程取小值,大(2)型工程取大值。

引水工程按建安工作量的 0.03%计算。

河道工程按建安工作量的 0.02%计算。

5.4.4 备品备件购置费

按占设备费的 0.4%~0.6%计算。大(1)型工程取下限,其他工程取中上限。

注:①设备费应包括机电设备、金属结构设备以及运杂费等全部设备费。②电站、泵站同容量、同型号机组超过一台时,只计算一台的设备费。

5.4.5 工器具及生产家具购置费

按占设备费的 0.1%~0.2%计算。枢纽工程取下限,其他工程取中上限。

5.5 科研勘测设计费

5.5.1 工程科学研究试验费

按工程建安工作量的百分率计算。其中:枢纽和引水工程取 0.7%,河道工程取 0.3%。灌溉田间工程一般不计此项费用。

5.5.2 工程勘测设计费

项目建议书、可行性研究阶段的勘测设计费及报告编制费,执行国家发展改革委发改价格〔2006〕1352 号文颁布的《水利、水电工程建设项目前期工程勘察收费标准》和原国家计委计价格〔1999〕1283 号文颁布的《建设项目前期工作咨询收费暂行规定》。

初步设计、招标设计及施工图设计阶段的勘测设计费,执行原国家计委、建设部计价格〔2002〕10 号文颁布的《工程勘察设计收费标准》。

应根据所完成的相应勘测设计工作阶段确定工程勘测设计费,未发生的工作阶段不计相应阶段勘测设计费。

5.6 其他

5.6.1 工程保险费

按工程一至四部分投资合计的4.5‰~5.0‰计算。田间工程原则上不计此项费用。

5.6.2 其他税费

按国家有关规定计取。

任务3 分年度投资及资金流量

1 分年度投资

分年度投资是根据施工组织设计确定的施工进度和合理工期而计算出的工程各年度预计完成的投资额。

1.1 建筑工程

(1)建筑工程分年度投资表应根据施工进度的安排,对主要工程按各单项工程分年度完成的工程量和相应的工程单价计算。对于次要的和其他工程,可根据施工进度,按各年所占完成投资的比例,摊入分年度投资表。

(2)建筑工程分年度投资的编制可视不同情况按项目划分列至一级项目或二级项目,分别反映各自的建筑工作量。

1.2 设备及安装工程

设备及安装工程分年度投资应根据施工组织设计确定的设备安装进度计算各年预计完成的设备费和安装费。

1.3 施工临时工程

除施工导流工程应在工程施工进度安排的相应时段计算外,其余工程一般均应在工程施工准备期内计算。

1.4 独立费用

独立费用根据费用的性质和发生的时段,按相应年度分别进行计算。

2 资金流量

资金流量是为满足工程项目在建设过程中各时段的资金需求,按工程建设所需资金投入时间计算的各年度使用的资金量。资金流量表的编制以分年度投资表为依据,按建筑及安装工程、永久设备工程和独立费用三种类型分别计算。

2.1 建筑及安装工程资金流量

(1)建筑工程可根据分年度投资表的项目划分,考虑一级项目中的主要工程项目,以归项划分后各年度建筑工作量作为计算资金流量的依据。

(2)资金流量是在原分年度投资的基础上,考虑预付款、预付款的扣回、保留金和保留金的偿还等编制出的分年度资金安排。

(3)预付款一般可划分为工程预付款和工程材料预付款两部分。

①工程预付款按划分的单个工程项目的建安工作量的10%~20%计算,工期在3年以内的工程全部安排在第一年,工期在3年以上的可安排在前两年。工程预付款的扣回从完成建安工作量的30%起开始,按完成建安工作量的20%~30%扣回至预付款全部回收完毕为止。对于需要购置特殊施工机械设备或施工难度较大的项目,工程预付款可取大值,其他项目取中值或小值。

②工程材料预付款。水利工程一般规模较大,所需材料的种类及数量较多,提前备料所需资金较大,因此可考虑向承包商支付一定数量的材料预付款。可按分年度投资中次年完成建安工作量的20%在本年提前支付,并于次年扣回,依次类推,直至本项目竣工。

(4)保留金。水利工程的保留金,按建安工作量的2.5%计算。在概算资金流量计算时,按分项工程分年度完成建安工作量的5%扣留至该项工程全部建安工作量的2.5%时终止(完成建安工作量的50%时),并将所扣的保留金100%计入该项工程终止后一年(如该年已超出总工期,则此项保留金计入工程的最后一年)的资金流量表内。

2.2 永久设备工程资金流量

永久设备工程资金流量的计算,划分为主要设备和一般设备两种类型分别计算。

(1)主要设备指水轮发电机组、大型水泵、大型电机、主阀、主变压器、桥机、门机、高压断路器或高压组合电器、金属结构闸门启闭设备等。其资金流量计算按设备到货周期确定各年资金流量比例,具体比例见表6-11。

表6-11 各年资金流量比例表

到货周期	年份					
	第1年	第2年	第3年	第4年	第5年	第6年
1年	15%	75%*	10%			
2年	15%	25%	50%*	10%		
3年	15%	25%	10%	40%*	10%	
4年	15%	25%	10%	10%	30%*	10%

注:表中带*号的年份为设备到货年份。

(2)其他设备,按到货前一年预付15%定金,到货年支付85%的剩余价款。

2.3 独立费用资金流量

独立费用资金流量主要是勘测设计费的支付方式应考虑质量保证金的要求,其他项目均按分年度投资表中的资金安排计算。

(1)可行性研究和初步设计阶段勘测设计费按合理工期分年平均计算。

(2)技施阶段勘测设计费的95%按合理工期分年平均计算,其余5%的勘测设计费用作为设计保证金计入最后一年的资金流量表内。

任务4 总概算编制

在各部分概算完成后,即可进行总概算表的编制。总概算表是工程设计概算文件的总表,反映了整个工程项目的全部投资,现行总概算表中的内容包括各部分投资、一至五部分投资合计、基本预备费、静态总投资、价差预备费、建设期融资利息、总投资等费用。

1 预备费

1.1 基本预备费

根据工程规模、施工年限和地质条件不同情况,基本预备费按工程一至五部分投资合计(依据分年度投资表)的百分率计算,初步设计阶段设计概算为5.0%~8.0%,技术复杂、建设难度大的工程项目取大值,其他工程取中小值。

1.2 价差预备费

价差预备费根据施工年限,以资金流量表的静态投资为计算基数,按照国家发展和改革委员会发布的年物价指数计算。计算公式为

$$E = \sum_{n=1}^{N} F_n[(1+p)^n - 1] \tag{6-3}$$

式中:E 为价差预备费;N 为合理建设工期;n 为施工年度;F_n 为建设期间资金流量表内第 n 年的静态投资;p 为年物价指数。

2 建设期融资利息

根据合理建设工期,按一至五部分分年度投资、基本预备费、价差预备费之和,按国家规定的贷款利率复利计算。计算公式为

$$S = \sum_{n=1}^{N}\left[\left(\sum_{m=1}^{n} F_m b_m - \frac{1}{2}F_n b_n\right) + \sum_{m=0}^{n-1} S_m\right] i \tag{6-4}$$

式中:S 为建设期融资利息;N 为合理建设工期;n 为施工年度;m 为还息年度;F_n、F_m 分别为在建设期资金流量表内的第 n、m 年的投资;b_n、b_m 分别为各施工年份融资额占当年投资比例;i 为建设期融资利率;S_m 为第 m 年的付息额度。

3 静态总投资

工程一至五部分投资与基本预备费之和构成工程部分静态投资。编制工程部分总概算表时,在第五部分独立费用之后,应顺序计算以下项目:

(1)一至五部分投资合计。

(2)基本预备费。

(3)静态投资。

工程部分、建设征地移民补偿、环境保护工程、水土保持工程的静态投资之和构成静态总投资。

4 总投资

静态总投资、价差预备费、建设期融资利息之和构成总投资。

编制工程概算总表时,在工程投资总计中应顺序计列以下项目:

(1)静态总投资(汇总各部分静态投资)。

(2)价差预备费。

(3)建设期融资利息。

(4)总投资。

5　设计概算编制案例

编制某水利水电枢纽工程工程部分设计概算。

5.1　工程概况

某水库工程为某流域规划的一座大型综合利用水利枢纽工程,水库控制流域面积 1 915 km^2,水库主要任务是以防洪、发电、工业及生活供水为主,兼顾灌溉等综合利用。水库设计洪水标准为 100 年一遇,校核洪水标准为 2 000 年一遇,校核洪水位 275.0 m,水库总库容为 6.08 亿 m^3。

水库主要建筑物有大坝、泄洪洞、溢洪道和输水洞及电站等,工程等级为一等。水库对外交通运输条件尚好。水库淹没土地及移民人数分别为 0.26 万亩和 631 人,移民大多迁移到某市。主体建筑工程土石方开挖 409.98 万 m^3,土石填筑 572.99 万 m^3,混凝土 24.30 万 m^3。主要材料用量为水泥 102 316 t,钢筋 10 248 t,钢材 2 485 t,木材 1 296 m^3,炸药 2 859 t,汽油 12 t,柴油 14 965 t,砂 21.36 万 m^3,碎石 39.25 万 m^3。施工总工期为 5 年,施工总工日为 226.01 万个。

项目资金来源为:国家拨款 40%,地方自筹 60%(其中 50%贷款,贷款利率为 6.21%)。

5.2　设计概算编制说明

5.2.1　设计概算编制原则及依据

5.2.1.1　编制原则

本工程为大(2)型水利枢纽项目,按国家水利基本建设项目编制本工程设计概算。执行水利部水总〔2014〕429 号文发布的《水利工程设计概(估)算编制规定》及《水利工程营业税改征增值税计价依据调整办法》(办水总〔2016〕132 号)和《关于调整水利工程计价依据增值税计算标准的通知》(办财务函〔2019〕448 号)、《关于调整水利工程计价依据安全生产措施费计算标准的通知》(办水总函〔2023〕38 号)。

5.2.1.2　编制依据

建筑工程采用水利部水总〔2002〕116 号文发布的《水利建筑工程概算定额》;安装工程采用水利部水建管〔1999〕523 号关于发布的《水利水电设备安装工程概算定额》;施工机械台时费定额执行水利部水总〔2002〕116 号文发布的《水利工程施工机械台时费定额》。

5.2.2　基础单价

5.2.2.1　人工预算单价

依据水利部水总〔2014〕429 号文发布的《水利工程设计概(估)算编制规定》,本工程所在地为一般地区,其人工工时预算单价为:工长 11.55 元/工时、高级工 10.67 元/工时、中级工 8.90 元/工时、初级工 6.13 元/工时。

5.2.2.2　主要材料预算价格

该工程材料原价均按该市 2023 年第三季度市场调节价(不含增值税进项税额)。材料运杂费按当地运输部门规定计算,运输保险费按 2%计算。

5.2.2.3 风、水、电预算价格

施工用电由国家电网供给,经计算,预算价格为0.45元/kWh;风、水由施工单位自备,计算后的预算价格分别为0.1元/m^3和0.6元/m^3。

5.2.2.4 施工机械台时费

施工机械台时费按台时计算,执行水利部水总〔2002〕116号文发布的《水利工程施工机械台时费定额》。

5.2.2.5 设备预算价格

机电设备和金属结构设备价格均采用现行价,以出厂价为原价,非定型和非标准产品,采用对生产厂家的询价或报价计算设备价格;运杂费按占设备原价的百分率计算。

5.2.3 取费标准

(1)其他直接费:计算基础为基本直接费,其中建筑工程费费率为7.5%,安装工程费费率为8.2%。

(2)间接费:间接费费率标准见表5-1。

(3)利润:按直接费和间接费之和的7%计算。

(4)税金:按直接费、间接费与利润之和的9%计算。

(5)独立费用:按费用标准中的有关要求计取。

(6)预备费:基本预备费按一至五部分投资合计的5%计算,价差预备费按编制规定计算,年物价指数按5%计算。

(7)建设期融资利息:本项目国家拨款40%,地方自筹60%(其中50%贷款),贷款利率为6.21%。

5.3 总概算表及分部概算表

总概算表及分部概算表如表6-12~表6-19所示。

表6-12 总概算表 (单位:万元)

序号	工程或费用名称	建安工程费	设备购置费	独立费用	合计	占一至五部分合计(%)
	第一部分 建筑工程	58 428.98			58 428.98	72.73
一	混凝土面板堆石坝	32 000.64			32 000.64	
二	溢洪道工程	5 764.20			5 764.20	
三	泄洪洞工程	13 489.48			13 489.48	
四	输水洞工程	1 920.91			1 920.91	
五	发电厂工程	679.73			679.73	
六	交通工程	2 781.29			2 781.29	
七	房屋建筑工程	1 008.04			1 008.04	
八	其他建筑工程	784.69			784.69	
	第二部分 机电设备及安装工程	236.32	2 247.85		2 484.17	3.09
一	发电设备及安装	134.11	1 121.71		1 255.82	
二	升压变电设备及安装	83.09	614.08		697.17	
三	公用设备及安装	19.12	512.06		531.18	
	第三部分 金属结构设备及安装工程	313.68	1 717.43		2 031.11	2.53
一	输水洞工程	171.00	226.41		397.41	

续表 6-12

序号	工程或费用名称	建安工程费	设备购置费	独立费用	合计	占一至五部分合计(%)
二	电站尾水闸门	4.24	23.71		27.95	
三	泄洪洞闸门	126.68	1 355.02		1 481.7	
四	施工导流洞	11.76	112.29		124.05	
	第四部分　施工临时工程	9 591.20			9 591.20	11.94
一	导流工程	3 020.35			3 020.35	
二	施工交通工程	1 628.50			1 628.50	
三	施工场外供电工程	340.00			340.00	
四	施工房屋建筑工程	1 965.04			1 965.04	
五	其他施工临时工程	2 637.31			2 637.31	
	第五部分　独立费用			7 800.06	7 800.06	9.71
一	建设管理费			2 899.96	2 899.96	
二	工程建设监理费			151.05	151.05	
三	联合试运转费			16.54	16.54	
四	生产准备费			647.79	647.79	
五	科研勘测设计费			3 758.31	3 758.31	
六	其他			326.41	326.41	
	一至五部分合计	68 570.18	3 965.28	7 800.06	80 335.52	100.00
	基本预备费				4 016.78	
	静态总投资				84 352.30	
	价差预备费				12 115.47	
	建设期融资利息				5 248.02	
	总投资				101 715.79	

表 6-13　建筑工程概算表

序号	工程或费用名称	单位	数量	单价(元)	合计(万元)
	第一部分　建筑工程				58 428.98
一	混凝土面板堆石坝工程				32 000.64
(一)	基础开挖工程				2 411.93
	坝基土方开挖	m^3	194 281	11.70	227.31
	…				
(二)	坝体土石填筑工程				24 692.06
	坝体灰岩垫层	m^3	179 464	124.50	2 234.33
	…				
(三)	混凝土及钢筋混凝土工程				1 605.67
	面板 C20 混凝土	m^3	38 147	305.52	1 165.47
	…				

续表 6-13

序号	工程或费用名称	单位	数量	单价(元)	合计(万元)
(四)	模板工程				10.95
	模板	m^2	2 432.4	45.00	10.95
(五)	其他工程				3 280.03
	细部结构指标	m^3	5 736 180	0.84	481.84
	枢纽区两岸山体稳定处理	项	1	1 000 000	100.00
	砂料调差	m^3	99 358	16.07	159.67
	…				
二	溢洪道工程				5 764.20
(一)	石方开挖				4 487.10
(二)	混凝土、模板工程				852.25
(三)	其他工程				424.85
三	泄洪洞工程				13 489.48
(一)	1号泄洪洞工程				2 742.83
(二)	2号泄洪(导流)洞工程				3 878.31
(三)	1号、2号泄洪洞工程出口部分				6 402.66
	石方工程				2 853.60
	混凝土、模板工程				2 467.09
	其他工程				1 081.97
(四)	导流洞封堵部分				140.10
(五)	其他				325.58
四	输水洞工程				1 920.91
(一)	进口部分				240.27
(二)	洞身部分				997.58
	石方工程				249.50
	…				
(三)	竖井及交通桥				196.45
(四)	1号支洞出口				341.63
	…				
(五)	2号支洞出口				113.63
	…				
(六)	其他				31.35
五	发电厂工程				679.73
(一)	1号电站工程				263.53
	…				
(二)	2号电站工程				391.66
	…				
(三)	其他				24.54

续表 6-13

序号	工程或费用名称	单位	数量	单价(元)	合计(万元)
六	交通工程				2 781.29
(一)	永久公路				1 324.39
(二)	新增永久进场路及交通桥	项	1	12 689 000	1 268.9
(三)	转运站(不含征地)	项	1	1 880 000	188
七	房屋建筑工程				1 008.04
(一)	辅助生产厂房	m^2	400	600	24
(二)	办公室	m^2	5 000	600	300
(三)	生活文化福利建筑	项	538 549 540	0.011	592.40
(四)	室外工程投资	项	9 164 045	0.1	91.64
八	其他建筑工程				784.69
(一)	通信线路	km	10	200 000	200
(二)	厂坝区供水、供热、排水等措施	项	1	1 000 000	100
(三)	内外部观测工程	项	538 549 540	0.009	484.69

表 6-14 机电设备及安装工程概算表

序号	名称及规格	单位	数量	单价(元)		合计(万元)	
				设备费	安装费	设备费	安装费
	第二部分 机电设备及安装工程					2 247.86	236.32
一	发电设备及安装工程					1 121.71	134.11
(一)	1 号电站工程					360.06	55.62
1	主机设备及安装					296.01	46.64
	…						
2	辅助机械					39.51	5.54
	…						
3	测压设备					0.19	0.03
	…						
4	自动化元件					10.69	1.5
	项	1	100 000	15 000	10	1.5	
	小计					10	
	运杂、保险及采保费 6.94%					0.69	
5	阀门与管件					4.73	0.66
	项	1		44 203	6 630	4.42	0.66
	小计					4.42	
	运杂、保险及采保费 6.94%					0.31	
6	其他					8.92	1.25
	…						

续表 6-14

序号	名称及规格	单位	数量	单价(元)		合计(万元)	
				设备费	安装费	设备费	安装费
(二)	2号电站工程					761.65	78.48
	…						
二	升压变电设备及安装工程					614.08	83.09
(一)	1号电站					330.25	43.34
1	发电机电压(6.3 kV)设备					46.7	6.01
2	控制保护设备					104.59	14.67
3	厂用电系统					10.48	1.47
4	电缆					23.88	3.35
5	…						
(二)	2号电站					283.83	39.75
	…						
三	公用设备及安装工程					512.06	19.12
(一)	库区供电					125.78	18.87
(二)	水情自动测报系统					150	
(三)	交通设备					160	
(四)	水文环保设备					50	
(五)	全厂消防设备					26.28	0.25

表 6-15 金属结构设备及安装工程概算表

序号	名称及规格	单位	数量	单价(元)		合计(万元)	
				设备费	安装费	设备费	安装费
	第三部分 金属结构设备及安装工程					1 717.43	313.68
一	输水洞					226.41	171.00
(一)	输水洞进口拦污栅					28	4.19
	拦污栅	t	8	10 000	399	8	0.32
	…						
(二)	输水洞事故检修闸门					100.29	17.40
	检修闸门	t	22	11 000	1 542	24.2	3.39
	闸门埋件	t	40	9 000	2 978	36	11.91
	配重	t	25	5 000	236	12.5	0.59
	手动葫芦 3 t	台	1	6 000	2 020	0.6	0.20
	卷扬式启闭机 800 kN-75 m	台	1	150 000	13 057	15	1.31

续表 6-15

序号	名称及规格	单位	数量	单价(元)		合计(万元)	
				设备费	安装费	设备费	安装费
	闸门喷锌	t	22	1 400		3. 08	
	埋件喷锌	t	40	600		2. 4	
	小计					93. 78	
	运杂、保险及采保费 6. 94%					6. 51	
(三)	输水洞 1 号支洞锥形阀					21. 66	25. 06
	锥形阀(Φ=1 600 mm)	台	1	150 000	38 533	15	3. 85
	压力钢管	t	15	3 500	14 139	5. 25	21. 21
	小计					20. 25	
	运杂、保险及采保费 6. 94%					1. 41	
(四)	输水洞 2 号支洞锥形阀					76. 46	124. 35
	锥形阀(Φ=2 200 mm)	台	1	400 000	61 337	40	6. 13
	压力钢管	t	90	3 500	13 135	31. 5	118. 22
	小计					71. 5	
	运杂、保险及采保费 6. 94%					4. 96	
二	电站尾水闸门					23. 71	4. 24
(一)	1 号电站尾水检修闸门					5. 56	1. 06
(二)	2 号电站尾水防洪闸门					18. 15	3. 18
三	泄洪洞闸门					1 355. 02	126. 68
(一)	1、2 号泄洪洞弧形工作闸门					543. 05	62. 79
(二)	1、2 号泄洪洞事故检修门					811. 97	63. 89
四	施工导流洞					112. 29	11. 76

表 6-16 施工临时工程概算表

序号	工程或费用名称	单位	数量	单价(元)	合计(万元)
	第四部分 施工临时工程				9 591. 20
一	导流工程				3 020. 35
(一)	一期导流工程				1 182. 49
1	导流洞进口围堰				166. 29
	堰体石渣填筑	m^3	6 145	22. 00	13. 52
	堰体草袋装土填筑	m^3	1 731	145. 29	25. 15
	高压定喷防渗	m	1 495	853. 66	127. 62

续表 6-16

序号	工程或费用名称	单位	数量	单价(元)	合计(万元)
2	泄洪洞出口围堰				339.40
	土石方填筑	m^3	21 829	22.00	48.02
	草土围堰填筑	m^3	4 567	145.29	66.35
	高压定喷防渗	m	2 636	853.67	225.03
3	导流洞进口左岸滩地开挖				148.46
	沙滩砂砾石开挖	m^3	50 659	14.86	75.28
	沙滩石方开挖	m^3	21 712	33.70	73.18
4	泄洪洞出口左岸滩地开挖				130.88
	砂砾石开挖	m^3	44 660	14.86	66.37
	石方开挖	m^3	19 140	33.70	64.51
5	主河槽坝基础纵向防渗				397.46
	下游高压定喷防渗	m	2 310	853.66	197.19
	上游摆喷防渗	m	1 980	1 011.44	200.27
(二)	二期导流工程				1 837.86
1	上游围堰				784.28
2	下游围堰				80.37
3	坝面过水保护				915.88
4	围堰拆除				57.33
二	施工交通工程				1 628.5
(一)	场内交通道路				1 328.5
(二)	临时交通桥				300
三	施工场外供电线路	km	10	340 000	340
四	施工房屋建筑工程				1 965.04
(一)	施工仓库	m^2	20 000	300	600
(二)	办公、生活及文化福利建筑		0.020 328	671 505 453	1 365.04
五	其他施工临时工程		4%	659 328 683	2 637.31

表 6-17 独立费用概算表

序号	工程或费用名称	单位	数量	单价(元)	合计(万元)
	第五部分独立费用				7 800.06
一	建设管理费				2 899.96
二	工程建设监理费				151.05
三	联合试运转费				16.54
四	生产准备费				647.79
1	生产及管理单位提前进厂费	%	0.35	68 570.18	240

续表 6-17

序号	工程或费用名称	单位	数量	单价(元)	合计(万元)
2	生产职工培训费	%	0.50	68 570.18	342.85
3	管理用具购置费	%	0.06	68 570.18	41.14
4	备品备件购置费	%	0.50	3 965.28	19.83
5	工器具及生产家具购置费	%	0.10	3 965.28	3.97
五	科研勘测设计费				3 758.31
1	工程科学研究试验费	%	0.70	68 570.18	479.99
2	勘测设计费				3 278.32
	勘测费				1 000
	设计费				2 278.32
六	其他				326.41
1	工程保险费	%	0.45	72 535.46	326.41
2	其他税费				0

表 6-18 分年度投资表 (单位:万元)

项目	合计	建设工期(年)				
		1	2	3	4	5
一、建筑工程	68 020.18	10 060.60	20 536.21	20 885.39	12 704.16	3 833.82
1. 建筑工程	58 428.98	6 652.03	19 110.36	17 638.51	11 637.67	3 390.41
混凝土面板堆石坝	32 000.64	1 600.03	11 200.22	12 800.26	6 400.13	
溢洪道工程	5 764.20				3 746.73	2 017.47
泄洪洞工程	13 489.48	1 348.95	7 419.21	4 721.32		
输水洞工程	1 920.91				1 344.64	576.27
发电厂工程	679.73					679.73
交通工程	2 781.29	2 781.29				
房屋建筑工程	1 008.04	604.82	403.22			
其他建筑工程	784.69	316.94	87.70	116.94	146.17	116.94
2. 施工临时工程	9 591.20	3 408.57	1 425.85	3 246.88	1 066.49	443.41
导流工程	3 020.35	1 182.49		1 837.86		
施工交通工程	1 628.50	407.13	407.12	488.55	244.28	81.42
施工房屋建筑工程	1 965.04	687.76	491.26	393.01	294.76	98.25
施工场外供电工程	340.00	340				
其他施工临时工程	2 637.31	791.19	527.46	527.46	527.46	263.73

续表 6-18

项目	合计	建设工期(年)				
		1	2	3	4	5
二、安装工程	550.00	15.80	3.77	130.45	3.77	396.21
1. 发电设备及安装工程	134.11					134.11
2. 升压变电设备及安装工程	83.09					83.09
3. 公用设备及安装工程	19.12	4.04	3.77	3.77	3.77	3.77
4. 金属结构设备及安装工程	313.68	11.76		126.68		175.24
三、设备购置费	3 965.28	523.69	25.16	1 380.18	25.17	2 011.08
1. 发电设备	1 121.71					1 121.71
2. 升压变电设备	614.08					614.08
3. 公用设备	512.06	411.40	25.16	25.16	25.17	25.17
4. 金属结构设备	1 717.43	112.29		1 355.02		250.12
四、独立费用	7 800.06	1 662.20	1 508.98	1 508.98	1 320.27	1 799.63
建设管理费	2 899.96	1 000.49	469.79	469.79	469.79	490.10
工程建设监理费	151.05	30.21	30.21	30.21	30.21	30.21
联合试运转费	16.54	2.48	4.14	4.14	3.30	2.48
生产准备费	647.79					647.79
科研勘测设计费	3 758.31	563.75	939.57	939.57	751.67	563.75
其他	326.41	65.27	65.27	65.27	65.30	65.30
一至四部分合计	80 335.52	12 262.29	22 074.12	23 905.00	14 053.37	8 040.74

表 6-19 资金流量表 (单位:万元)

项目	合计	建设工期(年)				
		1	2	3	4	5
一、建筑工程						
分年度资金流量	68 020.18	16 586.02	16 537.85	18 501.10	12 020.76	4 374.45
混凝土面板堆石坝	32 000.64	5 360.11	9 360.19	11 360.23	5 120.10	800.02
溢洪道工程	5 764.20				4 006.12	1 758.08
泄洪洞工程	13 489.48	4 114.29	5 260.90	3 777.05	337.24	
输水洞工程	1 920.91				1 344.64	576.27
发电厂工程	679.73					679.73
交通工程	2 781.29	2 781.29				

续表 6-19

项目	合计	建设工期(年)				
		1	2	3	4	5
房屋建筑工程	1 008.04	604.82	403.22			
其他建筑工程	784.69	316.94	87.70	116.94	146.17	116.94
导流工程	3 020.35	1 182.49		1 837.86		
施工交通工程	1 628.50	407.13	407.13	488.55	244.28	81.43
施工房屋建筑工程	1 965.04	687.76	491.26	393.01	294.76	98.25
施工场外供电工程	340.00	340.00				
其他施工临时工程	2 637.31	791.19	527.46	527.46	527.46	263.73
二、安装工程						
分年度资金流量	550.00	15.80	3.77	130.45	3.77	396.21
三、设备工程						
分年度资金流量	3 965.28	527.52	228.34	1 176.94	323.06	1 709.42
四、独立费用						
分年度资金流量	7 800.06	1 170.02	1 950.01	1 950.01	1 559.99	1 170.03
一至四部分合计	80 335.52	17 651.57	18 719.97	21 758.50	13 907.58	8 297.90
基本预备费	4 016.78	613.11	1 103.71	1 195.25	702.67	402.04
静态总投资	84 352.30	18 264.68	19 823.68	22 953.75	14 610.25	8 699.94
价差预备费	12 115.47	913.23	2 031.93	3 618.08	3 148.60	2 403.63
建设期融资利息	5 248.02	178.64	571.96	1 058.58	1 537.26	1 901.58
总投资	101 715.79	19 356.55	22 427.57	27 630.41	19 296.11	13 005.15

注:限于篇幅,其他内容未一一列出。其他内容的计算方法已在前面项目相关内容中作了介绍,具体计算可参阅有关项目中的计算公式和例题。

小 结

设计概算是在初步设计阶段,设计单位为确定拟建基本建设项目所需的投资额或费用而编制的工程造价文件,是设计文件的重要组成部分。

工程部分设计概算的编制程序为:①准备工作。了解工程各方面情况,拟定概算编制工作计划,调查研究,收集各种有关资料。②计算基础单价。③划分工程项目,计算工程量。④套用定额计算工程单价。⑤编制工程概算。根据工程量、设备清单、工程单价和费用标准编制五部分概算。⑥进行工、料、机分析汇总。⑦汇总总概算。汇总建筑工程、机电设备及安装工程、金属设备及安装工程、施工临时工程、独立费用五部分投资,计算分年度投资和资金流量,再依次计算基本预备费、价差预备费、建设期融资利息,最终计算静态总投资和总投资。

在学习过程中,要重点学习基本概念和编制方法。教材中提供了设计概算编制的实例,希望能为大家学习提供帮助。

职业能力训练6

一、单项选择题

1. 设备费包括(　　)。
   A. 设备原价、运杂费和采购及保管费
   B. 设备原价、运输保险费和采购及保管费
   C. 设备原价、运杂费、运输保险费
   D. 设备原价、运杂费、运输保险费和采购及保管费
2. 枢纽工程建设管理费以(　　)为计算基数。
   A. 工程规模和工期
   B. 一至四部分建安工作量
   C. 建设单位定员和开办费标准
   D. 建设单位定员和费用指标
3. 建设管理费包括(　　)。
   A. 联合试运转费和生产准备费
   B. 建设单位开办费、建设单位人员费、项目管理费
   C. 项目建设管理费和建设单位开办费
   D. 建设单位人员经常费和劳动保护费
4. 引水工程建设管理费以(　　)为计算基数。
   A. 基本预备费　　B. 一至四部分建安工作量
   C. 设备费　　D. 建安工作量
5. 价差预备费以(　　)为计算基数。
   A. 一至五部分投资合计　　B. 资金流量表的静态投资
   C. 预备费　　D. 静态总投资+价差预备费

二、多项选择题

1. 按现行部颁规定,下列哪几项属独立费用?(　　)
   A. 建设期融资利息　　B. 建设管理费
   C. 建设单位经常费　　D. 工程建设监理费
   E. 联合试运转费
2. 按现行部颁规定,科研勘测设计费包括(　　)。
   A. 定额编制管理费　　B. 工程勘测设计费
   C. 项目建设管理费　　D. 工程质量监督费
   E. 工程科学试验研究费

3. 下列叙述正确的是(　　)。

A. 基本预备费在初设阶段为5%~8%

B. 价差预备费以工程一至五部分投资合计的百分率计算

C. 建设期融资利息以静态总投资为计算基数

D. 工程一至五部分投资与基本预备费之和构成静态总投资

E. 预备费与建设期融资利息属于动态投资

4. 下列叙述错误的是(　　)。

A. 工程保险费按建安工作量计取

B. 管理用具购置费按一至四部分投资合计计取

C. 备品备件购置费按设备费计取

D. 工程科学研究试验费按建安工作量计取

E. 工器具及生产家具购置费按一至四部分投资合计计取

5. 编制概算工程量要计入(　　)。

A. 设计图纸工程量　　B. 设计阶段系数　　C. 允许的施工附加量

D. 允许的超挖超填量　　E. 施工操作损耗

三、判断题

1. 建设期融资利息的计算基数为一至五部分投资合计。(　　)

2. 工程保险费按工程一至四部分投资合计计算。(　　)

3. 建设单位为解决工程涉及的技术、经济、法律等问题需要进行咨询所发生的费用从间接费中开支。(　　)

4. 联合试运转费指水利工程的发电机组、水泵等安装完毕,在竣工验收前,进行整套设备不带负荷联合试运转期间所需的各项费用。(　　)

5. 生产准备费是指水利建设项目的生产、管理单位为准备正常的生产运行或管理发生的费用。(　　)

四、案例分析

某水利枢纽工程一至五部分的分年度投资如表6-20所示。已知:基本预备费费率为6%,年物价指数为5%,融资利率为6.21%,各施工年份融资额占当年投资比例的30%。按给定条件编写该枢纽工程的总概算表(见表6-21)。

表6-20　分年度投资表　　(单位:万元)

序号	工程或费用名称	合计	建设工期(年)		
			1	2	3
1	第一部分　建筑工程	15 000	5 000	8 000	2 000
2	第二部分　机电设备及安装工程	600	100	250	250
3	第三部分　金属结构设备及安装工程	300	50	100	150
4	第四部分　临时工程	300	150	100	50
5	第五部分　独立费用	900	400	300	200
6	一至五部分合计	17 100	5 700	8 750	2 650

表6-21　枢纽工程总概算表　(单位:万元)

序号	工程或费用名称	建安工程费	设备购置费	独立费用	合计
1	第一部分　建筑工程	15 000			15 000
2	第二部分　机电设备及安装工程	100	500		600
3	第三部分　金属结构设备及安装工程	100	200		300
4	第四部分　临时工程	300			300
5	第五部分　独立费用			900	900
6	一至五部分合计	15 500	700	900	17 100
7	预备费				
8	基本预备费				
9	价差预备费				
10	建设期还贷利息				
11	静态总投资				
12	总投资				

项目7　施工图预算、施工预算与竣工决算

【学习目标】

了解施工图预算、施工预算、竣工决算的内容与作用；理解施工图预算、施工预算、竣工决算与概算的区别与联系；会编制方法。具有具体问题具体分析的能力，解放思想、实事求是、与时俱进、求真务实，一切从实际出发。

【学习任务】

(1)施工图预算编制；

(2)施工预算编制；

(3)竣工决算编制。

【任务分析】

施工图预算、施工预算与竣工决算是工程造价的几种表现形式，要领会设计概算的区别与联系。

任务1　施工图预算

施工图预算，又称设计预算，是设计单位在施工图设计阶段，在批准的概算范围内，根据国家现行规定，按施工图纸和施工组织设计综合计算的工程造价。

1　施工图预算的作用

(1)施工图预算是确定单位工程项目造价的依据。水利工程由于体积庞大，结构复杂，形态多样，地点固定，生产周期长，材料消耗庞杂，其造价不能像其他工业产品那样由国家制订统一的出厂价格，而必须依据各自的施工设计图纸，预算定额单价、取费标准(间接费定额)等分别计算各个建筑安装工程的预算造价。预算比主要起控制造价作用的概算更为具体和详细，因而可以起确定造价的作用。如果施工图预算超过了设计概算，应由建设单位会同设计部门报请上级主管部门核准，并对原设计概算进行修改。

(2)施工图预算是签订工程承包合同，实行投资包干和办理工程价款结算的依据。凡是承发包工程，建设单位与施工单位都必须以经审查后的施工图预算为依据签订施工合同。因预算确定的投资较概算准确，故对于不进行招标投标的特殊或紧急工程项目等，常采用预算包干。按照规定程序，经过工程量增减、价差调整后的预算作为结算依据。

(3)施工图预算是施工企业内部进行经济核算和考核工程成本的依据。施工图预算确定的工程造价(预算成本)与其实际成本的差额即为施工利润，是企业利润总额的主要组成部分。施工企业为了生存和发展，必须加强经济核算，提高经营管理水平，以降低成本，取得较好的利润。同时，施工图预算也是编制各种人工、材料、半成品、成品、机具供应计划的依据。

(4)施工图预算是编制固定资产的依据。

(5)施工图预算是进一步考核设计经济合理性的依据。施工图预算的成果,因其更详尽和切合实际,可以进一步考核设计方案的技术先进性和经济合理程度。

2 施工图预算的编制依据

(1)现行预算定额及编制办法。

国家和水利部颁发的建筑、设备及安装工程预算定额及有关的编制办法、工程量计算规则等,这些是编制施工图预算、确定分项工程子目、计算工程量、计算直接工程费的主要依据。

(2)施工图纸、说明书和标准图集。

经审查的施工图纸、说明书和标准图集反映了工程的具体内容、各部分的具体做法、结构尺寸、技术特征及施工方法,是施工图预算的重要依据。

(3)材料、人工、机械台班(时)预算价格及调价规定。

材料、人工、机械台班(时)预算价格是预算定额的三要素,是构成直接工程费的主要因素。尤其是材料费在工程成本中占的比重较大,而且在市场经济条件下,材料、人工、机械台时(班)的价格是随市场而变化的。为使预算造价尽可能接近实际,国家和地方主管部门对此都有明确的调价规定,因此在执行定额时应当注意,特别要注意各地区定额或工程造价管理部门每月发布的本地区材料预算价格等信息。

(4)施工组织设计或施工方案。

施工组织设计或施工方案中包括了编制施工图预算必不可少的信息,如建设地点的地形、地质情况、土石方开挖的施工方法、余土外运方式与距离、施工机械使用情况、重要或特殊机械设备的安装方案等。

(5)工程承包经济合同或协议书。

工程承包合同是确定签约方之间经济关系,明确各自权利和义务,具有法律效力,受国家法律保护的一种经济契约。合同中规定的工程范围和内容、承包形式、施工准备、技术资料供应、物资供应、工程质量等是施工图预算的依据。对于合同中未规定的内容,在施工图预算编制说明中应予以说明。

(6)预算工程手册和有关工具书。

预算工作手册和工具书汇编了各种单位换算,具有计算各种长度、面积和体积的公式,钢材、木材等用量数据,金属材料理论质量等资料。预算工作人员应该具有这方面的工具书,以便计算工程量时查用,从而加快计算速度。

3 施工图预算的编制方法

施工图预算与设计概算的项目划分、编制程序、费用构成、计算方法等与设计概算基本相同。但施工图预算时,建筑物的细部构造、尺寸,设备及装置性材料的型号、规格都已明确,所以施工图预算比概算要精细。二者的编制方法主要区别如下。

3.1 主体工程

施工图预算与概算都采用工程量乘工程单价的方法计算投资,但深度不同。

概算根据概算定额和初步设计工程量编制，其三级项目经综合扩大，比施工图预算简化，概括性强。而预算则依据预算定额和施工图设计工程量编制，其三级项目较为详细。

3.2　非主体工程

概算中的非主体工程以及主体工程中的细部结构采用综合指标或百分率乘以二级项目工程量的方法估算投资；而预算则均要求按三级项目乘以工程单价的方法计算。

3.3　编制内容不同

概算包括工程建设的全部内容，于初步设计阶段一次完成，总概算要考虑从筹建开始到全部竣工验收交付使用为止所需的一切费用。由于施工图的设计工作量大，历时长，施工图设计大多以满足施工为前提陆续出图。因此，施工图预算通常以单项工程为单位，陆续编制，各单项工程单独成册，最后汇总成总预算，一般不包括准备阶段的费用（如勘察、征地费等）。

任务2　施工预算

1　施工预算的概念

施工预算是施工企业根据施工图纸、施工措施及施工定额编制的建筑安装工程在单位工程或分部分项工程上的人工、材料、施工机械台班（时）消耗数和直接费标准，是建筑安装产品及企业基层成本的计划文件。

2　施工预算的作用

施工预算主要有以下几点作用：

（1）施工预算是编制施工作业计划的依据。

施工作业计划是施工企业计划管理的中心环节，也是计划管理的基础和具体化。编制施工作业计划，必须依据施工预算计算的单位工程或分部分项工程的工程量、构配件、劳力等进行。

（2）施工预算是施工单位向施工班组签发施工任务单和限额领料的依据。

施工任务单是把施工作业计划落实到班组的计划文件，也是记录班组完成任务情况和结算班组工人工资的凭证。施工任务单的内容可以分为两部分：第一部分是下达给班组的工程任务，包括工程名称、工作内容、质量要求、开工和竣工日期、计量单位、工程量、定额指标、计件单价和平均技术等级；第二部分是实际任务完成的情况记载和工资结算，包括实际开工和竣工日期、完成工程量、实际工日数、实际平均技术等级、完成工程的工资额、工人工时记录表和每人工资分配额等。其主要工程量、工日消耗量、材料品种和数量均来自施工预算。

（3）施工预算是计算超额奖和计算计件工资、实行按劳分配的依据。

施工预算所确定的人工、材料、机械使用量与工程量的关系是衡量工人劳动成果、计算应得报酬的依据，它把工人的劳动成果与劳动报酬联系起来，很好地体现了社会主义多劳多得、按劳分配的原则。

(4)施工预算是施工企业进行经济活动分析的依据。

进行经济活动分析是企业加强经营管理,提高经济效益的有效手段。经济活动分析,主要是应用施工预算的人工、材料和机械台时数量等与实际消耗量对比,同时与施工图预算的人工、材料和机械台时数量进行对比,分析超支、节约的原因,改进操作技术和管理手段,有效地控制施工中的消耗,节约开支。

3 施工预算的编制依据

施工预算的编制依据主要包括:施工图纸、施工定额及补充定额、施工组织设计和实施方案、有关的手册资料等。

3.1 施工定额及补充定额

施工定额包括全国建筑安装工程统一劳动定额和各部、各地区颁发的专业施工定额。凡是已有施工定额可以查照使用的,应参照施工定额编制施工预算中的人工、材料及机械使用费。在缺乏施工定额作为依据的情况下,可按有关规定自行编排补充定额。施工定额是编制施工预算的基础,也是施工预算与施工图预算的主要差别之一。

3.2 施工图纸

施工图纸和说明书必须是经过建设单位、设计单位和施工单位会审通过的,不能采用未经会审通过的图纸,以免返工。

3.3 施工组织设计或施工方案

由施工单位编制详细的施工组织设计,据以确定应采取的施工方法、进度以及所需的人工、材料和施工机械,作为编制施工预算的基础。例如土方开挖,应根据施工图设计,结合具体的工程条件,确定其边坡系数、开挖采用人工还是机械、运土的工具和运输距离等。

3.4 有关的手册、资料

例如,建筑材料手册,人工、材料、机械台时费用标准等。

4 施工预算的编制步骤

施工预算内容包括:分层、分部位、分项工程的工程量指标,所需人工、材料、机械台时费消耗量指标按人工工种、材料种类、机械类型分别计算的消耗总量,按人工、材料和机械台班的消耗总量分别计算的人工费、材料费和机械使用费,以及按分项工程的单位工程计算的直接费。

编制施工预算和编制施工图预算的步骤相似。首先应熟悉设计图纸及施工定额,对施工单位的人员、劳力、施工技术等有大致了解;对工程的现场情况、施工方式方法要比较清楚;对施工定额的内容、所包括的范围应了解。为了便于与施工图预算相比较,编制施工预算时,应尽可能与施工图预算的分部、分项项目相对应。在计算工程量时所采用的计算单位要与定额的计量单位相适应。具备施工预算所需的资料,在已熟悉了基础资料和施工定额的内容后,就可以按以下步骤编制施工预算。

4.1 计算工程实物量

工程实物量的计算是编制施工预算的基本工作,要认真、细致、准确,不得错算、漏算和重算。凡是能够利用施工图预算的工程量,就不必再算,但工程项目、名称和单位一定要符合施工定额。工程量计算完毕经仔细核对无误后，根据施工定额的内容和要求，按工程项目的划分逐项汇总。

4.2　按施工图纸内容进行分项工程计算

套用的施工定额必须与施工图纸的内容相一致。分项工程的名称、规格、计量单位必须与施工定额所列的内容相一致，逐项计算分部分项工程所需人工、材料、机械台时使用量。

4.3　工料分析和汇总

有了工程量后，按照工程的分项名称顺序，套用施工定额的单位人工、材料和机械台时消耗量，逐一计算出各个工程项目的人工、材料和机械台时的用工用料量，最后同类项目工料相加予以汇总，便成为一个完整的分部分项工料汇总表。

4.4　编写编制说明

编制说明包括的内容有：编制依据，包括采用的图纸名称及编号，采用的施工定额、施工组织设计或施工方案；遗留项目或暂估项目的原因和存在的问题以及处理的办法等。

5　施工预算的编制方法

施工预算的编制方法主要有实物法和实物金额法。

实物法是根据施工图和说明书，按照劳动定额或施工定额规定计算工程量，汇总、分析人工和材料数量，向施工班组签发施工任务单和限额领料单。实行班组核算，与施工图预算的人工和主要材料进行对比，分析超支、节约原因，以加强企业管理。该法的应用比较普遍。

实物金额法即根据实物法编制施工预算的人工和材料数量分别乘以人工和材料单价，求得直接费，或根据施工定额规定计算工程量、套用施工定额单价，计算直接费。其实物量用于向施工班组签发施工任务单和限额领料单，实行班组核算。直接费与施工图预算的直接费进行对比，以改进企业管理。

6　施工预算和施工图预算的对比

施工预算和施工图预算的对比是建筑企业加强经营管理的手段，通过对比分析，找出节约、超支的原因，研究解决措施，防止人工、材料和机械使用费的超支，避免发生计划成本亏损。其对比方法有两种，一是实物对比法，二是实物金额对比法。

实物对比法是将施工预算计算的工程量，套用施工定额中的人工定额、材料定额，分析出人工和主要材料数量，然后按施工图预算计算的工程量套用预算定额中的人工、材料定额，得出人工和主要材料数量，对两者人工、主要材料数量和机械台时费数量进行对比。

实物金额对比法是将施工预算的人工和主要材料、机械台时费分别乘以单价，汇总成人工、材料和机械使用费，与施工图预算相应的人工、材料和机械使用费进行对比。

由于施工图预算定额与施工预算定额的定额水平不一样，施工预算的人工、材料、机械使用量及其相应的费用，一般应低于施工图预算。当出现相反情况时，要调查分析原因，必要时要改变施工方案。

7 施工图预算和施工预算的区别

施工图预算和施工预算的区别见表7-1。

表7-1 施工图预算和施工预算的区别

序号	项目	施工图预算	施工预算
1	编制时间不同	施工图设计阶段	施工阶段
2	依据的定额不同	预算定额	施工定额
3	作用不同	1. 编制施工计划的依据 2. 用来签订承包合同 3. 工程价款结算的依据 4. 进行经济核算和考核成本	1. 施工企业内部管理的依据 2. 下达施工任务和限额领料的依据 3. 劳动力、施工机械调配的依据 4. 进行成本分析和班组经济核算的依据
4	编制单位不同	设计单位编制	施工单位编制
5	投资额不同	<概算 >施工预算	<施工图预算
6	预备费大小不同	基本预备费费率为3%~5%	不列预备费或按合同列部分预备费

任务3 竣工决算

工程竣工后,要及时组织验收工作,尽快交付投产,这是基本建设程序的重要内容。施工企业要按照双方签订的工程合同,根据现场施工记录和设计变更通知书,在原定合同预算的基础上编制竣工结算书,向建设单位和银行结算工程价款。建设单位应组织编写竣工决算报告,该报告的作用主要是反映基本建设实际投资额及其投资效果,并作为核定新增固定资产价值和流动资金价值、国家或主管部门验收小组验收与交付使用的重要财务成本依据。完工结算是编制竣工决算的基础,因此以下首先介绍完工结算,然后介绍竣工决算。

1 完工结算

1.1 完工结算的概念

完工结算是承包施工单位完成工程任务后,经验收合格,按照合同规定条件向建设单位办理工程款的过程。通常通过编制完工结算书来办理。单位工程或工程项目竣工验收后,施工单位应该及时整理有关技术资料,绘制主要工程竣工图,编制完工结算书,经监理工程师、建设单位、开户银行审查鉴证后与建设单位办理工程价款的结算。

办理工程价款完工结算可以按以下公式计算:

完工结算工程价款=预算或合同价款+施工过程中预算或合同价款调整数额-预付及已结算工程价款 (7-1)

施工预算、施工图预算、完工结算是施工企业进行施工管理的“三算”。

1.2　完工结算的作用

完工结算是本项工程最后一次工程价款结算。完工结算是建设单位落实投资额，拟付工程价款的依据；是施工单位确定工程建筑安装施工产值和实物工程完成情况的依据；是确定工程的最终收入，进行经济核算及考核工程成本的依据。因此，建设单位和施工单位均应给予足够的重视。

1.3　完工结算的依据

(1)施工单位与建设单位签订的工程合同或双方协议书。

(2)施工图纸设计变更通知书、现场变更签证及现场记录。

(3)工程竣工报告及工程竣工验收单。

(4)预算定额、材料价格、基础单价及其他费用标准。

(5)施工图预算及其他有关资料。

1.4　完工结算的编制方法

(1)以单位工程为基础，根据现场施工情况，对施工图预算(或工程清单)的主要工程项目进行检查和核对，主要是以下三方面：

①工程量。即施工图预算(或工程量清单)所列工程量与实际完成工程量不符合时应做调整。包括设计修改和增漏项而需要增减的工程量，应根据设计修改通知单进行调整；现场工程更改(例如基础开挖遇到地下障碍物、施工方法发生某些变更等)，应根据现场记录按合同规定调整；施工图预算(或工程清单)发生的某些错误应做调整。

②材料的预算价格。即材料预算价格与实际价格不符时应作调整。包括因材料供应或其他原因发生材料短缺时，需以大代小，以高代低，这部分代用材料应根据工程材料代用通知单计算材料代用价差进行调整；材料价格发生较大变动而与预算价格不符时，应根据有关规定，对允许调整的进行调整。

③间接费和其他费用。即间接费和其他费用应根据工程量的变化作相应的调整。由于管理不善或其他原因，造成窝工、浪费等所发生的费用，应根据有关规定，由承担责任的一方负担，一般不由工程费开支。

(2)对单位工程查对核实后，编制单位工程结算。

(3)对各单位工程进行汇总，编制单项工程综合结算书。

(4)将各单项工程综合结算书汇编成整个承建项目的竣工结算书。

1.5　完工结算的方式

由于水利建设工程生产周期长，一般来讲不能等到工程全部竣工后才结算工程价款。为了使承包单位在施工过程中耗用的资金及时得到补偿，反映工程进度和承包单位的经营成果，加速资金周转，用已完成工程的工程量乘以工程合同单价来计算工程价款，向建设单位办理完工结算手续。

具体的完工结算可以根据实际情况采用以下三种方式：

(1)按月结算。即月中预支，月末结算，竣工后清算的办法。跨年度竣工的工程，在年终应进行工程盘点，办理年终结算。在现行的建筑安装工程中，相当一部分是按月结算的。

(2)竣工后一次结算。即一个单项工程或工程项目全部完成时间在12个月以内,或者工程承包合同价值在140万元以下,可以实行工程价款每月月中预支,竣工后一次结算的方式。

(3)分段结算。即开工后当年不能竣工的建设项目或单项工程,可以按照工程进度,划分不同阶段进行结算。结算阶段的划分可以由承发包双方根据实际情况和工程特点来确定,并在承包合同中写明(也可以根据各主管部门或省、自治区、直辖市、计划单列市的规定执行)。

2 竣工决算

2.1 竣工决算的概念

工程项目的竣工决算是建设单位向国家汇报建设成果和财务状况的总结性文件,也是竣工验收报告的重要组成部分,也是办理交付使用的依据。

2.2 竣工决算的作用

及时、正确地编制竣工决算报告,对于考核建设项目的投资经济效益,检查竣工项目设计概预算和计划执行情况,正确核定新增固定资产,积累技术经济资料,为今后新的工程项目建设积累经验,降低建设成本,提高投资效益具有重要的价值。

2.3 竣工决算编制的依据

(1)项目主管部门批准的设计文件、工程概(预)算和修正概算。

(2)上级计划部门下达的历年基本建设投资计划。

(3)上级财政主管部门批准的历年度基本建设财务决算报告。

(4)工程勘测、设计、施工、材料设备供应等合同(协议)、有关文件和投资包干协议及有关文件。

(5)历年与财务、物资、劳动工资、统计等有关的文件。

(6)与工程质量检验、鉴定有关的文件资料。

(7)与竣工决算有关的一切文件资料。

决算是建设项目重要的经济档案,内容与数据必须真实可靠。决算的内容和表格格式必须符合主管部门颁发的规程的要求。

2.4 竣工决算的编制内容

竣工决算的内容是从筹建开始到竣工投产交付使用为止全部实际支出费,即建筑工程费用,安装工程费用,设备、工具购置费用以及其他费用。在正式编制竣工决算报告之前,对建设项目所有财产和投资进行逐项清仓盘点,核实账物。

竣工决算由下面几部分组成:

(1)竣工决算报告的封面及目录。

(2)竣工工程的平面示意图及主体工程照片。

(3)竣工决算报告说明书。竣工决算报告说明书是总结竣工工程建设成果和经验、全面考核分析工程投资与造价的书面总结,是竣工决算报告的重要组成部分,其主要内容包括:

①工程概况。包括工程一般情况,例如,建设工程设计效益、主体建筑物特征及主要设备的特征等。

②对工程总的评价。从工程的进度、质量、安全、造价等几方面加以说明。在进度方面说明具体的开工和竣工的时间,对照合理工期要求,给出提前还是延期的分析结论。在

质量方面说明工程质量验收评定等级、合格率和优良品率。在安全方面说明整个建设时期有无人员伤亡和设备事故的情况。在造价方面通过竣工决算，确定最终工程造价。

③概预算与工程计划执行情况。包括概预算批复及调整情况、概预算执行情况、工程计划执行情况，主要实物工程量完成、变动情况及原因。

④投资来源。包括投资主体、投资性质及投资构成分析。

⑤投资使用和基建支出情况。

⑥工程效益。包括因工程建设发生的直接效益和可预见的间接效益。

⑦投资包干和招标投标的执行情况及分析。

⑧包干结余资金分配情况。

⑨工程费用分配情况和投资分摊情况。

⑩交付使用财产情况。

⑪财务管理情况。

⑫移民及库区淹没处理情况。

⑬存在的主要问题及处理意见。

⑭其他有关说明(如工程建设的经验教训及有待解决的问题)。

(4)竣工决算报表。

竣工决算报表采用国家统一规定的水利工程项目的竣工决算报表，该报告共分为4个部分：

①竣工工程概况表。主要反映建设项目新增生产的能力、建设时间、完成的主要工程量、主要材料消耗、主要技术经济指标、建设投资及造价、工程质量鉴定等。根据水利工程的不同类型有水库、水闸渠道、机电排灌、河道整治等竣工工程概况表。

②竣工工程决算表。该类表反映竣工建设项目的投资、造价及移交生产单位财产总值，可考核概算的执行情况。

③移交资产、投资及转出工程明细表。反映建设项目竣工后，交付使用固定资产和流动资产的详细内容和价值，使用单位据此建立财产明细表。

④竣工工程财务决算表。主要反映建设项目的资金来源和运作、投资支出、结余资金及临建回收等综合财务状况。

2.5　完工结算和竣工决算的区别

完工结算和竣工决算的关系，可归纳为以下两点：

(1)完工结算只反映承建工程项目的最终预算成本，完工结算确定的工程造价，只是整个建设成本的一部分，而竣工决算还有工程建设的其他费用的实际支出和分摊。所以，完工结算是竣工决算的组成部分。

(2)办理完工结算是编制竣工决算的基础，只有先办完工结算，才能编制竣工决算。所以，要求竣工决算应该完工一项就结算一项，为编制决算文件创造条件。

完工结算一般以单项工程或工程合同为对象，如果工程项目规模不大，当具备结算条件并征得建设单位同意时，也可按单位工程办理结算。

竣工决算的目的是要确定工程项目的最终实际成本，按决算范围不同有建安工程竣工决算和建设项目竣工决算之分。水利水电工程建设通常以建设项目为竣工决算对象。

建安工程竣工决算报告由施工承包人编制;建设项目的竣工决算报告由项目法人单位编制。

小 结

施工图预算是设计单位在施工图设计阶段,在批准的概算范围内,根据国家现行规定,按施工图纸和施工组织设计综合计算的工程造价。施工预算是施工企业根据施工图纸、施工措施及施工定额编制的建筑安装工程在单位工程或分部分项工程上的人工、材料、施工机械台班(时)消耗数和直接费标准,是建筑安装产品及企业基层成本的计划文件。竣工决算是建设单位向国家汇报建设成果和财务状况的总结性文件,是竣工验收报告的重要组成部分,也是办理交付使用的依据。

施工图预算编制方法与设计概算的项目划分、编制程序、费用构成、计算方法等都基本相同。但两者主体工程编制深度不同,编制依据不同,编制内容不同。施工预算由两种方法编制:一是实物法,二是实物金额法。施工预算与施工图预算也有很大区别。施工图预算是设计阶段由设计单位采用水利水电工程预算定额编制的工程造价,而施工预算是施工企业根据施工图纸、施工措施及施工定额编制的建筑安装工程在单位工程或分部分项工程上的人工、材料、施工机械台班(时)消耗数和直接费标准。完工结算是竣工决算的组成部分,办理完工结算是编制竣工决算的基础,只有先办完工结算,才能编制竣工决算,建安工程竣工决算报告由施工承包人编制,建设项目的竣工决算报告由项目法人单位编制。

学习本单元内容,应深刻理解各种"算"之间的区别与联系,抓住其本质。

职业能力训练7

一、单项选择题

1. 竣工结算是(　　)与建设单位对承建工程项目的最终结算。

A. 施工单位　　B. 投资人　　C. 监理单位　　D. 项目法人

2. 完工结算是(　　)与建设单位对承建工程项目的最终结算。

A. 施工单位　　B. 投资人　　C. 监理　　D. 项目法人

3. 凡是承发包工程,建设单位与施工单位都必须以经审查后的(　　)为依据签订施工合同。

A. 施工预算　　B. 施工图预算　　C. 设计概算　　D. 完工结算

二、判断题

1. 如果施工图预算超过了设计概算,应由建设单位会同设计部门报请上级主管部门核准,并对原设计概算进行修改。(　　)

2. 建安工程竣工决算报告由施工承包人编制,建设项目的竣工决算报告由项目法人单位编制。(　　)

3. 办理完工结算是编制竣工结算的基础,只有先办完工结算,才能编制竣工决算。(　　)

三、论述题

1. 什么是施工图预算、施工预算、完工结算、竣工决算？它们之间有何区别与联系？
2. 施工图预算、施工预算、完工结算及竣工决算的作用分别有哪些？
3. 施工图预算与设计概算的区别有哪些？
4. 为什么要将施工预算与施工图预算进行对比？有何对比方法？

项目8 水利水电工程招标

【学习目标】

了解评标的方法和评标的程序;掌握施工招标的程序和招标文件的内容;能够组织招标,会编制标底(招标控制价)和招标文件。具有爱国精神、民族自信,遵纪守法、诚实守信、公平公正。

【学习任务】

(1)水利水电工程施工招标程序;

(2)施工招标标底和招标控制价的编制;

(3)招标实例。

【任务分析】

招标与投标是市场经济中用于采购大宗商品的一种交易方式,也是国内外广泛采用的分派建设任务主要的交易方式。要能够进行招标,必须熟悉相关的法律法规和招标程序。

任务1 概 述

1 工程招标投标的概念

工程招标是指招标人(业主或建设单位)为发包方,根据拟建工程的内容、工期、质量和投资额等技术经济要求,公开或非公开邀请有资格和能力的投标人报出工程价格,从中择优选定承担可行性研究、勘察、设计、施工等任务的承包单位。工程项目投标是指经招标人审查获得投标资格的投标人,按照招标条件和自己的能力,在规定的期限内向招标人填报投标书,并争取中标,达成协议的过程。

自1984年我国工程建设项目推行招标投标制以来,对控制工期、保证工程质量、降低工程造价、提高经济效益、健全建筑市场竞争机制起到了重要的作用。30多年来,国家先后颁布了一系列相关的法律、法规、条例,例如《中华人民共和国招标投标法》(简称《招标投标法》)自2000年1月1日起施行;《水利工程建设项目招标投标管理规定》自2002年1月1日起施行;《中华人民共和国标准施工招标资格预审文件》(简称《标准施工招标资格预审文件》)和《中华人民共和国标准施工招标文件》(简称《标准施工招标文件》)自2008年5月1日起施行;2013年3月11日,国家发展改革委等9部委对《标准施工招标资格预审文件》和《标准施工招标文件》发布了修改规定,自2013年5月1日起施行;在《标准施工招标资格预审文件》和《标准施工招标文件》

码8-1 工程招投标相关法律法规

的基础上，结合水利水电工程特点和行业管理需要，水利部组织编制了《水利水电工程标准施工招标资格预审文件》和《水利水电工程标准施工招标文件》(简称《水利水电工程标准文件》)，自 2010 年 2 月 1 日施行，凡列入国家或地方投资计划的大中型水利水电工程使用《水利水电工程标准文件》，小型水利水电工程可参照使用；《中华人民共和国招标投标法实施条例》(简称《招标投标法实施条例》)自 2012 年 2 月 1 日起施行；《电子招标投标办法》自 2013 年 5 月 1 日起施行；《招标公告和公示信息发布管理办法》自 2018 年 1 月 1 日起施行；《必须招标的工程项目规定》自 2018 年 6 月 1 日起施行；中华人民共和国主席令(第 86 号)对《招标投标法》进行了修改，修改后的《招标投标法》自 2017 年 12 月 28 日起施行；中华人民共和国国务院令(第 698 号)对《中华人民共和国招标投标法实施条例》进行了修订，自 2019 年 3 月 2 日施行。这些法律、法规、条例、示范文本等使招标投标有法可依、有规可循。

2　工程项目招标的分类

2.1　按招标的性质分类

2.1.1　项目开发招标

项目开发招标是建设单位(业主)邀请工程咨询单位对建设项目进行可行性研究，其“标的物”是可行性研究报告。中标的工程咨询单位必须对自己提供的研究成果认真负责，可行性研究报告应得到业主的认可。

2.1.2　监理招标

监理招标是通过竞争方式选择工程监理单位的一种方法。监理招标的“标的物”为监理工程师提供的服务。

2.1.3　勘察设计招标

勘察设计招标根据通过的可行性研究报告所提出的项目设计任务书，择优选定承包工程项目勘察设计工作的承包商。其“标的物”是勘察和设计成果。

2.1.4　工程施工招标

在工程项目的初步设计或施工图设计完成以后，用招标的方式选择施工承包商，其“标的物”是向建设单位(业主)交付按设计规定的建筑产品。

2.1.5　材料、设备招标

工程建设中，材料、设备费占工程总投资的比重很大，招标人通过招标的方式选择承包材料、设备的供应商，其“标的物”是所需要的建筑材料、建筑构件和设备等。

2.2　按工程承包的范围分类

2.2.1　建设项目总承包招标

从项目的可行性研究、勘察设计、材料和设备采购、工程施工、生产准备直到竣工投产交付使用而进行的一次性招标。

2.2.2　专项工程承包招标

专项工程承包招标指在对工程承包招标中，对其中某些比较复杂或专业性强，或施工和制作要求特殊的单项工程，单独进行招标。

3 必须招标的工程项目

为了确定必须招标的工程项目,规范招标投标活动,提高工作效率、降低企业成本、预防腐败,2018年3月27日,中华人民共和国国家发展和改革委员会第16号令,根据《中华人民共和国招标投标法》第三条的规定,制定了《必须招标的工程项目规定》。符合下列条件的项目必须进行招标。

3.1 全部或者部分使用国有资金投资或者国家融资的项目

(1)使用预算资金200万元人民币以上,并且该资金占投资额10%以上的项目。

(2)使用国有企业事业单位资金,并且该资金占控股或者主导地位的项目。

3.2 使用国际组织或者外国政府贷款、援助资金的项目

(1)使用世界银行、亚洲开发银行等国际组织贷款、援助资金的项目。

(2)使用外国政府及其机构贷款、援助资金的项目。

不属于上述条规定情形的大型基础设施、公用事业等关系社会公共利益、公众安全的项目,必须招标的具体范围由国务院发展改革部门会同国务院有关部门按照确有必要、严格限定的原则制订,报国务院批准。

以上规定范围内的项目,其勘察、设计、施工、监理以及与工程建设有关的重要设备、材料等的采购达到下列标准之一的,必须招标:

(1)施工单项合同估算价在400万元人民币以上。

(2)重要设备、材料等货物的采购,单项合同估算价在200万元人民币以上。

(3)勘察、设计、监理等服务的采购,单项合同估算价在100万元人民币以上。

同一项目中可以合并进行的勘察、设计、施工、监理以及与工程建设有关的重要设备、材料等的采购,合同估算价合计达到上述规定标准的,必须招标。

4 招标方式

国际上常采用的招标方式有以下三种形式。

4.1 公开招标

公开招标亦称无限竞争性招标。由招标人依据《招标投标法》的有关规定,在国内外主要报纸、招标网、电视台等公开的媒介上发布招标广告,凡对此招标工程项目有兴趣的承包商均有同等的机会购买资格预审文件,并参加资格预审,预审合格后均可购买招标文件进行投标。

这种方式可以为一切符合条件的有能力的承包商提供一个平等的竞争机会,促使承包商加强管理、提高工程质量和降低工程成本,使招标人在众多的投标人中选择一个比较理想的承包商,有利于降低工程造价、保证工程质量和缩短工期。但由于参与竞争的承包商可能有很多,会增加资格预审和评标的工作量。

4.2 邀请招标

邀请招标亦称有限竞争性选择招标。这种方式不发布广告,而是业主根据自己的经验和所掌握的有关承包商的各种信息资料,对那些被认为有能力,而且信誉好的承包商发

出邀请,请他们来参加投标。一般邀请 5~10 家(但不能少于 3 家)前来投标。

这种招标方式花费精力少、省时,但由于经验和信息资料有一定的局限性,有可能漏掉一些在技术上、报价上有竞争力的后起之秀。

4.3　议标

议标亦称非竞争性招标或指定性招标。这种方式是招标人邀请一家,最多不超过两家承包商来直接协商谈判。实际上是一种合同谈判的形式。这种方式适用于工程造价较低、工期紧、专业性强或军事保密的工程。其优点是可以节省时间,容易达成协议,迅速开展工作。

但在我国《招标投标法》中规定,我国的招标方式就只有公开招标和邀请招标两种形式。

任务 2　水利水电工程施工招标程序

1　工程施工招标的条件

水利水电工程建设项目施工招标应具备下列条件:

(1)概算已经批准。

(2)建设项目已正式列入国家、部门或地方的年度固定资产投资计划。

(3)建设用地的征用工作已经完成。

(4)有能够满足施工需要的施工图纸和技术资料。

(5)建设资金和主要建筑材料、设备的来源已经落实。

(6)已经建设项目所在地规划部门的批准,施工现场的“三通一平”已经完成或列入施工招标范围。

2　工程施工招标的工作程序

建设项目施工招标的一般程序如图 8-1 所示。

2.1　提交招标报告备案

招标前,按项目管理权限向水行政主管部门提交招标报告备案。报告具体内容应当包括:招标已具备的条件、招标方式、分标方案、招标计划安排、投标人资质(资格)条件、评标方法、评标委员会组建方案以及开标、评标的工作具体安排等。

2.2　招标公告和投标邀请书的内容

依据《招标投标法》和《招标投标法实施条例》,2017 年 11 月 23 日中华人民共和国国家发展和改革委员会第 10 号令发布了《招标公告和公示信息发布管理办法》,规定依法必须招标的项目的招标公告应当在“中国招标投标公共服务平台”或者项目所在地省级电子招标投标公共服务平台发布。规定依法必须招标的项目的资格预审公告和招标公告应当载明以下内容:

(1)招标项目名称、内容、范围、规模、资金来源。

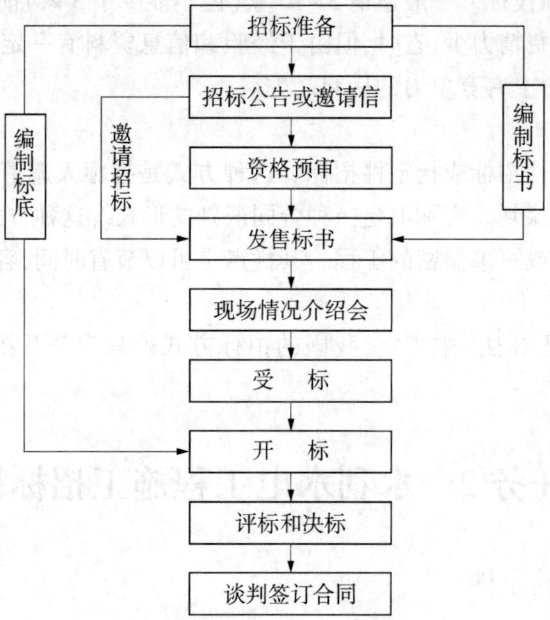

图 8-1　建设项目施工招标程序

(2)投标资格能力要求,以及是否接受联合体投标。

(3)获取资格预审文件或招标文件的时间、方式。

(4)递交资格预审文件或投标文件的截止时间、方式。

(5)招标人及其招标代理机构的名称、地址、联系人及联系方式。

(6)采用电子招标投标方式的,潜在投标人访问电子招标投标交易平台的网址和方法。

(7)其他依法应当载明的内容。

2008 年 5 月 1 日开始施行的《中华人民共和国标准施工招标资格预审文件》(简称《标准施工招标资格预审文件》)给出了资格预审公告(代招标公告)的内容和格式,在实际招标时将实际招标项目的资料填入即可。

2.3　资格审查

招标人可以根据招标项目本身的特点和需要,要求潜在投标人或者投标人提供满足其资格要求的文件,对潜在投标人或者投标人进行资格审查。

资格审查可以分为资格预审和资格后审。资格预审是指在投标前对潜在投标人进行的资质条件、业绩、信誉、技术、资金等多方面进行资格审查,而资格后审是指在开标后对投标人进行的资格审查。资格预审和资格后审的内容与标准是相同的,因此此处主要介绍资格预审。

2.3.1　资格预审内容

资格预审包括以下三方面的内容:

(1)邀请承包商参加资格预审。在国内外有关招标投标公共服务平台上发布资格预审公告,邀请愿意参加工程投标的承包商申请投标资格审查。

(2)颁发和提交资格预审文件。业主颁发资格预审须知,要求投标者填写有关表格和回答有关问题。

(3)预审资格资料分析,审查并通知已入选的投标者。由业主负责对投标者提交的资格预审文件进行评比和审查,向所有参加申请资格预审者公布所有入选的投标者名单,即所谓的"短名单"。

2.3.2 资格预审的审查办法

资格预审的评审指标有机构与管理、财务状况、技术能力、施工经验与业绩。

《标准施工招标资格预审文件》中"资格审查办法"分别规定合格制和有限数量制两种资格审查方法,招标人可根据招标项目具体特点和实际需要选择适用。

合格制即凡符合《标准施工招标资格预审文件》中规定的初步审查和详细审查标准的申请人均通过资格预审。

有限数量制即审查委员会依据规定的审查标准和程序,对通过初步审查和详细审查的资格预审申请文件进行量化打分,按得分由高到低的顺序确定通过资格预审的申请人。

2.3.3 审查程序

上述两种资格方法的审查程序基本相同。有限数量制在资格预审文件澄清后还要进行评分。可分为以下几个步骤。

2.3.3.1 初步审查

审查委员会依据规定的标准,对资格预审申请文件进行初步审查。有一项因素不符合审查标准的,不能通过资格预审。

审查委员会可以要求申请人提交"申请人须知"和规定的有关证明及证件的原件,以便核验。

2.3.3.2 详细审查

审查委员会依据规定的标准,对通过初步审查的资格预审申请文件进行详细审查。有一项因素不符合审查标准的,不能通过资格预审。

通过资格预审的申请人除应满足规定的审查标准外,还不得存在下列任何一种情形:

(1)不按审查委员会要求澄清或说明的。

(2)有"申请人须知"中规定的任何一种情形的。

(3)在资格预审过程中弄虚作假、行贿或有其他违法违规行为的。

2.3.3.3 资格预审申请文件的澄清

在审查过程中,审查委员会可以书面形式要求申请人对所提交的资格预审申请文件中不明确的内容进行必要的澄清或说明。申请人的澄清或说明应采用书面形式,并不得改变资格预审申请文件的实质性内容。申请人的澄清和说明内容属于资格预审申请文件的组成部分。招标人和审查委员会不接受申请人主动提出的澄清或说明。

2.3.3.4 评分

通过详细审查的申请人不少于3个且没有超过规定数量的,均通过资格预审,不再进行评分。

通过详细审查的申请人数量超过规定数量的,审查委员会依据评分标准进行评分,按得分由高到低的顺序进行排序。

2.4 现场勘察与标前会议

在规定的时间组织投标人到现场进行勘察,由投标人承担考察的一切费用和风险。

在现场考察后召开标前会议,在会议上对投标人提出的问题给予澄清和答复,并将澄清与答复以书面形式通知每个投标人。

2.5 开标、评标与授予合同

2.5.1 开标

开标的时间,《招标投标法》规定,开标应当在招标文件确定的提交投标文件截止时间的统一时间公开进行。开标地点为招标文件中预先确定的地点。开标就是把所有的投标者递交的投标文件启封揭晓,并当场公开投标人的名称、报价以及确定无效的标书。一般下列情况视为无效标书。

(1)标书未密封。

(2)字迹模糊,辨认不清。

(3)未加盖法人单位公章和法人代表印签。

(4)不符合招标文件有关规定和要求。

(5)逾期送达或未送达指定地点。

2.5.2 评标

2.5.2.1 评标的原则

评标活动应遵循公平、公正、科学、择优的原则,招标人应当采取必要的措施,保证评标在严格保密的情况下进行。

2.5.2.2 评标委员会

评标委员会由招标人负责组建,负责评标活动,向招标人推荐中标候选人或者根据招标人的授权直接确定中标人。评标委员会由招标人及其委托的招标代理机构熟悉相关业务的代表,以及技术、经济等方面的专家组成,成员为5人以上单数,其中技术经济等方面的专家不得少于成员总数的2/3。

2.5.2.3 评标方法

评标方法包括经评审的最低投标价法、综合评估法或者法律法规允许的其他评标方法。2008年5月1日施行的《中华人民共和国标准施工招标文件》中给出了经评审的最低投标价法、综合评估法的评审标准和评标程序。

(1)经评审的最低投标价法。

经评审的最低投标价法是指评标委员会对满足招标文件实质要求的投标文件,根据规定的量化因素及量化标准进行价格折算,按照经评审的投标价由低到高的顺序推荐中标候选人,或根据招标人授权直接确定中标人,但投标报价低于其成本的除外。经评审的投标价相等时,投标报价低的优先;投标报价也相等的,由招标人自行确定。这种方法一般适用于具有通用技术、性能标准或者招标人对其技术、性能没有特殊要求的招标项目。

(2)综合评估法。

不宜采用经评审的最低投标价法的招标项目,一般应当采取综合评估法进行评审。

综合评估法是指评标委员会对满足招标文件实质性要求的投标文件,按照规定的评分标准对施工组织设计、项目管理机构、投标报价、其他因素等进行综合评分,按得分由高到低顺序推荐中标候选人,或根据招标人授权直接确定中标人,但投标报价低于其成本的除外。综合评分相等时,以投标报价低的优先;投标报价也相等的,由招标人自行确定。

2.5.2.4 评审程序

经评审的最低投标价法和综合评估法的评审程序基本相似。所不同的是,在详细评审时两者略有差别。采用综合评估法的程序如下:

(1)初步评审。

评标委员会可以要求投标人提交"投标人须知"中规定的有关证明和证件的原件,以便核验。评标委员会依据规定的标准对投标文件进行初步评审。有一项不符合评审标准的,作废标处理(适用于未进行资格预审的)。当投标人资格预审申请文件的内容发生重大变化时,评标委员会依据规定的标准对其更新资料进行评审(适用于已进行资格预审的)。

投标人有以下情形之一的,其投标作废标处理:

①"投标人须知"规定的任何一种情形的。

②串通投标或弄虚作假或有其他违法行为的。

③不按评标委员会要求澄清、说明或补正的。

投标报价有算术错误的,评标委员会按以下原则对投标报价进行修正,修正的价格经投标人书面确认后具有约束力。投标人不接受修正价格的,其投标作废标处理。

①投标文件中的大写金额与小写金额不一致的,以大写金额为准。

②总价金额与依据单价计算出的结果不一致的,以单价金额为准修正总价,但单价金额小数点有明显错误的除外。

(2)详细评审。

评标委员会按规定的量化因素和分值进行打分,并计算出综合评估得分。评分分值计算保留小数点后两位,小数点后第三位"四舍五入"。评标委员会发现投标人的报价明显低于其他投标报价,或者在设有标底时明显低于标底,使得其投标报价可能低于其个别成本的,应当要求该投标人作出书面说明并提供相应的证明材料。投标人不能合理说明或者不能提供相应证明材料的,由评标委员会认定该投标人以低于成本报价竞标,其投标作废标处理。

(3)投标文件的澄清和补正。

在评标过程中,评标委员会可以书面形式要求投标人对所提交投标文件中不明确的内容进行书面澄清或说明,或者对细微偏差进行补正。评标委员会不接受投标人主动提出的澄清、说明和补正。澄清、说明和补正不得改变投标文件的实质性内容(算术性错误修正的除外)。投标人的书面澄清、说明和补正属于投标文件的组成部分。评标委员会对投标人提交的澄清、说明和补正有疑问的,可以要求投标人进一步澄清、说明和补正,直至满足评标委员会的要求。

(4)评标结果。

除授权直接确定中标人外,评标委员会按照得分由高到低的顺序推荐中标候选人。评标委员会完成评标后,应当向招标人提交书面评标报告。

2.5.3 授予合同

在评标委员会推荐的中标候选人中,确定中标人;向水行政主管部门提交招标投标情况的书面总结报告;发中标通知书,并将中标结果通知所有投标人;进行合同谈判,并与中标人签署委托合同。发出中标通知书后30日内招标人与中标人签订合同,招标人无正当理由拒签合同的,招标人向中标人退还投标保证金,并按投标保证金双倍的金额补偿投标人损失。

3 工程施工招标文件编制

3.1 工程施工招标文件的构成

《标准施工招标文件》由四部分构成,具体如下:

第一卷

第1章 招标公告(或投标邀请书)

第2章 投标人须知

第3章 评标办法

第4章 合同条款及格式

第5章 工程量清单

第二卷

第6章 图纸

第三卷

第7章 技术标准和要求

第四卷

第8章 投标文件格式

3.2 工程施工招标文件的内容

施工招标文件主要包括:投标邀请书、投标须知、合同条件、技术条款、设计图纸、工程量表、投标书和投标保函格式、补充资料表、合同协议书、各类证明文件、评标方法等。现就其主要内容分述如下。

3.2.1 招标公告(或投标邀请书)

(1)招标条件。

(2)项目概况与招标范围。

(3)投标人资格要求。

(4)招标文件的获取时间、地点、售价。

(5)投标文件送交的地点、份数和截止时间。

(6)提交投标保证金的规定额度和时间。

(7)发布公告的媒介(若为投标邀请书该项为确认)。

(8)联系方式。

3.2.2 投标人须知

投标人须知是对投标人正确编制投标文件起指导作用,它主要是告知投标人投标时的有关注意事项,包括资格要求、投标文件要求、投标的语言、报价计算、货币、投标有效期、投标保证、错误的修正以及本国投标人的优惠、开标的时间和地点。一般应包括下列内容:

(1)总则:包括项目概况、资金来源和落实情况、招标范围、计划工期和质量要求、投标人的资格要求、费用承担、保密、语言文字、计量单位、踏勘现场、投标预备会、分包、偏离。

(2)招标文件的组成、澄清和修改。

(3)投标文件:投标文件的组成、投标价、投标有效期、投标保证金、资格审查资料、备选投标方案、投标文件的编制。

(4)投标:投标文件的密封和标识、投标文件的递交、投标文件的更改与撤回。

(5)开标:开标时间和地点、开标程序。

(6)评标:评标委员会、评标原则、评标。

(7)合同授予:定标方式、中标通知、履约担保、签订合同。

(8)重新招标和不再招标。

(9)纪律和监督。

(10)需要补充的其他内容。

3.2.3 合同条款及格式

合同条款也称合同条件,它主要阐明在合同执行过程中,合同双方当事人的职责范围、权利、义务及风险的履行,合同的生效、变更、解除、终止、争议的解决(参照《水利水电工程施工合同技术条款》)。

合同条款由通用条款和专用条款组成。通用条款直接引用范本的合同通用条款,专用条款则根据项目的具体技术经济特点,结合工程管理和建设目标的需要,在编制招标文件时拟定。

专用条款是针对通用条款而言的,它和通用条款一起共同形成合同条款整体。专用条款作用是将通用条款加以具体化;对通用条款进行某些修改和补充;对通用条款进行删除。

在合同的优先顺序上是,当通用条款与专用条款矛盾时,以专用条款为准。

3.2.4 技术条款

技术条款又称技术规范,它是质量检验验收、工程计量支付等的重要技术经济文件。包括对材料性能的要求、施工方法、技术标准、质量检验与验收方法、计量方式、工作内容等(参照《水利水电工程施工合同技术条款》)。

3.2.5 设计图纸

设计图纸、技术资料和设计说明是招标文件和合同的重要组成部分,是投标人在拟订施工方案,确定施工方法以至提出替代方案,计算投标报价必不可少的资料。

图纸的详细程度取决于设计的深度与合同的类型。详细的设计图纸能使投标人比较准确地计算报价。

3.2.6 工程量报价表

工程量报价表是对合同规定要求施工工程的全部项目内容,按工程部位、性质等列在一系列表内,每个表中既有工程部位需实施的各个子项目,又有每个子项目的工程量和计价要求,以及每个项目报价和总报价等要求。

3.2.7 投标文件和投标保证书

投标文件是由投标单位充分授权的代表签署的一份投标文件。投标文件是对业主和承包商双方均有约束力的合同的一个重要组成部分。

投标保证书又称投标保函,可分为银行提供的投标保函和担保公司、证券公司或保险公司提供的担保书两种格式。

3.2.8 补充资料表

补充资料表是招标文件的一个组成部分,其目的是通过投标书填写在编制招标文件时统一拟定好的各类表格,得到所需要的相当完整的信息。因而可以了解投标人的各种安排和要求,便于在评标时进行比较,又可以在工程实施过程中便于业主安排资金计划、进行价格调整等。如单价分析表、合同价款计划表、主要施工设备表、主要人员表、分工情况表、施工进度计划及附图、劳动力计划表、临时设施布置等。

3.2.9 合同协议书

合同协议书常由业主在投标文件中拟好具体的格式和内容,然后在中标人与业主谈判达成一致协议后签署。

3.2.10 履约保证和预付款

履约保证有两种形式,其一是银行保函,其二是履约担保。例如我国向世界银行贷款的项目一般规定:银行保函金额为合同总价的10%,履约担保金额则为合同总价的30%。

预付款是在工程开工前业主按合同规定向承包商支付的费用,以供承包商调遣人员、施工机械和购买主要建材及设备等,一般为合同价的10%~15%。

任务3 施工招标标底和招标控制价的编制

1 标底的概念、作用、编制原则、编制依据和编制程序

1.1 标底的概念

标底是招标人对招标工程的预期价格,是由招标人自行或委托经有关部门批准的,具有编制标底资格和能力的中介机构代理编制,并按规定报经审定的招标工程的发包价格。

1.2 标底的主要作用

《招标投标法》中没有明确规定招标工程是否必须设置标底价格,招标人可根据实际工程的情况决定是否编制标底。如设标底,则标底的编制是招标过程中必不可少的组成

部分，在确定承包商的过程中起着一种“商务标准”的作用，合理的标底是业主以合理的价格获得满意的承包商、中标人获取合法利润的基础。充分认识标底的作用，了解编制应遵循的原则和科学的方法，才能编制出与工程实际相吻合的标底，使其起到应有的作用。

(1)能够使招标人预先明确其在拟建工程上应承担的财务义务。标底的编制过程是对项目所需费用的预先自我测算过程，通过标底的编制可以促使招标人事先加强工程项目的成本调查和预测，做到对价格和有关费用心中有数。

(2)控制投资、核实建设规模的依据。按照《水利工程施工招标投标管理办法》的规定，标底必须控制在批准的概算或投资包干的限额之内(指扣除该项工程的建设单位管理费、征地拆迁费等所有不属于招标范围内各项费用的余额)。在实际工作中，如果按规定的程序和方法编制的标底超过批准的概算或投资包干的限额，应进行复核和分析，对其中不合理部分应剔除或调整；如仍超限额，应会同设计单位一起寻找原因，必要时由设计单位调整原来的概算或修正概算，并报原批准机关审核批准后，才能进行招标工作。

(3)评标的重要尺度。投标单位的报价进入以标底为基准的一定幅度范围内为有效报价，无充分理由而超出范围的报价作为废标处理，评标时不予考虑。因此，只有编制了标底，才能正确判断投标人所投报价的合理性和可靠性，否则评标就是盲目的。只有制定了准确合理的标底，才能在定标时作出正确的抉择。

(4)标底编制是招标中防止盲目报价、抑制低价抢标现象的重要手段。盲目压低标价的低价抢标者，在施工过程中则采取或偷工减料，或无理索赔等种种不正当手段以避免自己的损失，使工程质量和施工进度无法得到保障，业主的合法权益受到损害。在评标过程中，以标底为准绳，剔除低价抢标的标书是防止此现象的有效措施。

标底的性质和作用要求招标工程必须遵循一定的原则，以严肃认真的态度和科学的方法来编制标底，使之准确、合理，保证招标工作的健康开展，定标时作出正确的抉择，使工程顺利进行。2003年12月水利部制定了《水利工程建设项目施工招标标底编制指南》以指导水利工程招标投标活动中的标底编制工作。

1.3　标底的编制原则

(1)标底编制应遵守国家有关法律、法规和水利行业规章，兼顾国家、招标人和投标人的利益。

(2)标底应符合市场经济环境，反映社会平均先进工效和管理水平。

(3)标底应体现工期要求，反映承包商为提前工期而采取施工措施时增加的人员、材料和设备的投入。

(4)标底应体现招标人的质量要求，标底的编制要体现优质优价。

(5)标底应体现招标人对材料采购方式的要求，考虑材料市场价格变化因素。

(6)标底应体现工程自然地理条件和施工条件因素。

(7)标底应体现工程量大小因素。

(8)标底编制必须在初步设计批复后进行，原则上标底不应突破批准的初步设计概算或修正概算。

(9)一个招标项目只能编制一个标底。

1.4 标底的编制依据

(1)招标人提供的招标文件,包括商务条款、技术条款、图纸以及招标人对已发出的招标文件进行澄清、修改或补充的书面资料等。

(2)现场查勘资料。

(3)批准的初步设计概算或修正概算。

(4)国家及地区颁发的现行建筑、安装工程定额及取费标准(规定)。

(5)设备及材料市场价格。

(6)施工组织设计或施工规划。

(7)其他有关资料。

1.5 标底的编制程序

1.5.1 准备阶段

1.5.1.1 项目初步研究

为了编制出准确、真实、合理的标底,必须认真阅读招标文件和图纸,尤其是招标文件商务条款中的投标须知、专用合同条款、工程量清单及说明,技术条款中的施工技术要求、计量与支付及施工材料要求,招标人对已发出的招标文件进行澄清、修改或补充的书面资料等,这些内容都与标底的编制有关,必须认真分析研究。

工程量清单说明及专用合同条款规定了该招标项目编制标底的基础价格、工程单价和标底总价时必须遵照的条件。

1.5.1.2 现场勘察

通过现场勘察,了解工程布置、地形条件、施工条件、料场开采条件、场内外交通运输条件等。

1.5.1.3 编写标底编制大纲

通常标底编制大纲应包括以下内容:

(1)标底编制原则和依据。

(2)计算基础价格的基本条件和参数。

(3)计算标底工程单价所采用的定额、标准和有关取费数据。

(4)编制、校审人员安排及计划工作量。

(5)标底编制进度及最终标底的提交时间。

1.5.1.4 调查、收集基础资料

收集工程所在地的劳资、材料、税务、交通等方面资料,向有关厂家收集设备价格资料;收集工程中所应用的新技术、新工艺、新材料的有关价格计算方面的资料。

1.5.2 编制阶段

1.5.2.1 计算基础单价

基础单价包括人工预算单价,材料预算价格,施工用电、风、水单价,砂石料预算价格,施工机械台时费以及设备预算价格等。

1.5.2.2 分析取费费率、确定相关参数

取费费率和参数按相应规定取值。

1.5.2.3　计算标底工程单价

根据施工组织设计确定的施工方法，计算标底工程单价。工程单价的取费，通常包括其他直接费、间接费、利润及税金等，应参照现行水利工程建设项目设计概(估)算的编制规定，结合招标项目的工程特点，合理选定费率。税金应按现行规定计取。

1.5.2.4　计算标底的建安工程费及设备费

计算标底的建安工程费及设备费时要注意临时工程费用的计算与分摊。

临时工程费用在概算中主要由三部分组成：①单独列项部分，如导流、道路、房屋等；②含在其他临时工程中的部分，如附属企业、供水、通信等；③含在其他直接费中的临时设施费。在标底编制时，应根据工程量清单及说明要求，除单独列项的临时工程外，其余均应包括在工程单价中。

1.5.3　汇总阶段

1.5.3.1　汇总标底

按工程量清单格式逐项填入工程单价和合价，汇总分组工程标底合价和标底总价。

1.5.3.2　分析标底的合理性

明确招标范围，分析本次招标的工程项目和主要工程量，并与初步设计的工程项目和工程量进行比较，再将标底与审批的初步设计概算作比较分析，分析标底的合理性，调整不合理的单价和费用。

广义的标底应包括标底总价和标底的工程单价。标底总价和标底的工程单价所包括的内容、计算依据和表现形式，应严格按招标文件的规定和要求编制。通常标底工程单价将其他临时工程的费用摊入工程单价中，这与初设概算单价组成内容是不同的；标底总价包括的工程项目和费用也与概算不同。在进行标底与概算的比较分析时应充分考虑这些不同之处。

2　标底文件组成

标底文件一般由标底编制说明和标底编制表格组成。

2.1　标底编制说明

标底编制说明主要内容有：

(1)工程概况。

(2)主要工程项目及标底总价。

(3)编制原则、依据及编制方法。

(4)基础单价。

(5)主要设备价格。

(6)标底取费标准及税、费率。

(7)需要说明的其他问题。

2.2　标底编制表格

表1　工程施工招标分组标底汇总表

表2　分组工程标底计算表

附表1　工程单价分析表

附表2　总价承包项目分解表
附表3　人工预算单价计算表
附表4　主要材料(设备)预算价格汇总表
附表5　施工机械台时费汇总表
附表6　混凝土、砂浆材料单价计算表
附表7　施工用水、电价格计算表
附表8　应摊销临时设施费计算表
附表9　主要材料用量汇总表
其他表格

考虑招标人的特殊要求,根据具体情况确定需增加的表格。根据需要可增列概算与标底工程量对比表、工程单价对比表等。

3　工程标底的编制方法

水利工程建设项目招标标底的编制方法应采用以定额法为主、实物量法和其他方法为辅、多种方法并用的综合分析方法。标底编制应充分发挥各方法的优点和长处,以达到提高标底编制质量的目的。

编制工程标底的主要工作是编制基础价格和工程单价,现把基础价格和工程单价的编制方法作如下介绍。

3.1　基础价格

3.1.1　人工预算单价

人工预算单价可参照项目4介绍的方法进行计算。如果招标文件有特别规定,则按招标文件的规定计算。

3.1.2　材料预算价格

一般材料的供应方式有两种,一种是由承包商自行采购运输;另一种是由业主采购运输材料到指定的地点,发包方按规定的价格供应给承包商,再提供运输到用料地点。因此,在编制标底时应严格按照招标条件计算材料价格。承包商采运方式、材料价格的计算按照项目4介绍的方法,发包供应方式应以招标文件规定的供货价为原价,加上供货地至用料点的运输费,并适当考虑采保费。

3.1.3　施工用电、风、水预算价格

(1)施工用电价格。一般招标文件都明确规定了承包商的接线起点和计量电表的位置,并提供基本电价。因此,编制标底时应按照招标文件的规定确定损耗的范围,据以确定损耗率和供电设施维修摊销费,计算出电网供电电价或直接采用电网供电价格。

根据电网供电的可靠程度及本工程的具体情况确定是否需自备柴油机发电。如需要则自备柴油机发电,发电电价的计算方法同项目4,最后按供电比例计算综合电价。

(2)施工用水价格。水利工程施工用水一般是业主指定水源点,由承包商自行提取使用,其计算方法同项目4。

(3)施工用风价格。一般由承包商自行生产、使用,故风价可按项目4的计算方法进行计算。

3.1.4 砂石料单价

一般砂石料的供应方法有两种:一种是业主指定料场,由承包商自选生产、运输和使用;另一种是业主指定地点,按规定价格向承包商供货。前者砂石料单价应根据料源情况、开采方法(由施工组织设计确定)、开采条件、机械设备类型和生产工艺流程进行计算。

在小型的水利工程中多采用后一种供料方式,应按招标文件中提供的供应单价加计自供料点到工地拌和站堆料场的运杂费用和有关损耗。

3.1.5 施工机械台时费

施工机械台时费的计算方法可参照项目4的有关内容。

3.2 工程单价计算

工程单价由直接费、间接费、利润和税金组成。直接费的计算方法主要有定额法和直接填入法。

3.2.1 定额法

定额法是根据招标文件所确定的施工方法、施工机械种类查现行水利部定额相应子目得出完成单位工程的人工、材料、机械的消耗量和相应的基础单价来计算直接费。

3.2.2 直接填入法

一项水利工程招标文件的工程量报价单中包含许多工程项目,但是少数一些项目的总价却构成了合同总价的绝大部分。专业人员应把主要的精力和时间用于这些主要项目的计算,而对总价影响不大的项目可采用一种比较简单的、不进行详细费用计算的方法来估算项目单价,这种方法称为直接填入法。

间接费可参照设计概算编制方法计算,但费率不能生搬硬套,应根据招标文件中材料供应、付款等有关条款作调整。利润和税金按照水利部对施工招标投标的有关规定进行计算,不应压低施工企业的利润、降低标底从而引导承包商降低投标报价。

3.3 临时工程费用

有些业主在招标文件中,把其他施工临时工程单独在工程量报价表中列项,标底应计算这些项目的工程量和单价,招标文件中没有单独开列的其他施工临时工程应按施工组织设计确定的项目和数量来计算其费用,并摊入各有关项目内。

3.4 编制标底文件

在工程单价计算完毕后,应按照招标文件所要求的表格格式填写有关表格、计算汇总有关数据、编写编制说明、提出分析报表,从而形成全套工程标底文件。

对于小型工程或某标段工程,如果本地区已修建过类似的项目,可对其造价进行统计分析,得出综合单价的统计指标,以这种统计指标作为编制标底的依据,再考虑材料价格涨落、人工工资及各种津贴等费用的变动,加以调整后得出标底。

码8-2 水利工程工程量清单计价规范

4 工程量清单计价及招标控制价

4.1 工程量清单编制

为规范水利工程工程量清单计价行为,统一水利工程工程量清单的编制和计价方法,水利部制定了《水利工程工程量清单计价规范》(GB 50501—2007)。所谓工程量清单,是指招标工程的建筑工程项目、安装工程项目、措施项目、其他项目的名称和相应数量的明细清单。

工程量清单由具有编制招标文件能力的招标人,或受其委托具有相应资质的中介机构进行编制,作为招标文件的组成部分。工程量清单由分类分项工程量清单、措施项目清单、其他项目清单和零星工作项目清单组成。

4.1.1 分类分项工程量清单

分类分项工程量清单包括序号、项目编码、项目名称、计量单位、工程数量、主要技术条款编码和备注。项目编码由12位组成,1~9位统一编码,其中,1、2位为水利工程顺序码,编码为50;3、4位为专业工程顺序码,建筑工程为5001,安装工程为5002;5、6位为分类工程顺序码,如石方开挖工程为500102;7~9位为分项工程顺序码,如一般石方开挖500102001;10~12位应根据招标工程的工程量清单项目名称由编制人设置,水利建筑工程工程量清单项目自001起顺序编码,水利安装工程工程量清单项目自000起顺序编码。

4.1.2 措施项目清单

措施项目清单是为保证工程建设质量、工期、进度、环保、安全和社会和谐必须采取的措施并独立成章设置的项目。应根据招标工程的具体情况,参照环境保护、文明施工、安全防护措施、小型临时工程、施工企业进退厂费、大型施工设备安拆费等编制。措施项目均以"项"为单位,相应数量为"1"。凡有具体工程数量并按单价结算的措施项目,应列入分类分项工程量清单项目。

4.1.3 其他项目清单

其他项目清单,暂列预留金一项,根据招标工程具体情况,编制人可作补充。

4.1.4 零星工作项目清单

零星工作项目清单,编制人应根据招标工程具体情况,对工程实施过程中可能发生的变更或新增加的零星项目,列出人工(按工种)、材料(按名称和型号规格)、机械(按名称和型号规格)的计量单位,并随工程量清单发至投标人。

工程量清单格式组成内容:封面,总说明,分类分项工程量清单,措施项目清单,其他项目清单,零星工作项目清单,其他辅助表格(招标人供应材料价格表,招标人提供施工设备表,招标人提供施工设施表)。

工程量清单作为确认工程造价基础的工程实物量,要保证工程造价的合理有效控制,其准确性与否十分重要。工程量清单中项目应具有高度的概括性,条目要简明,同时又不能出现漏项和错项,以保证计价项目的正确性。

编制工程量清单应遵循客观、公正、科学、合理的原则,编制人员应具有职业资格和良好的职业道德,严格依据设计图纸和有关资料、现行的定额和有关文件及工程技术规程与规范进行编制。

4.2 工程量清单的计价类型

工程量清单按分部分项工程单价组成可划分为以下类型。

4.2.1 直接费单价

直接费单价即工程量清单的单价,由人工费、材料费和机械费组成,按现行预算定额的工、料、机消耗标准及预算价格确定直接费。其他直接费、间接费、利润、材料差价、税金等按现行的计算方法记录在其他相应价格计算表中。这是我国目前绝大部分地区采用的预算编制方法。

其编制要点如下：

(1)工程量清单应与投标人须知、合同条件、合同协议条款、技术规范和图纸一起使用。

(2)工程量清单所列的工程量是招标单位暂估的,作为投标报价的共同基础。付款以实际完成的符合合同要求的工程量为依据,工程量通过承包商测量、监理工程师计量来确认。

(3)工程量清单中所填入的单价和合价,应按照现行预算定额的工、料、机消耗标准及预算价格确定,作为直接费的基础。其他直接费、间接费、利润、有关文件规定的调价、材料差价、设备差价、现场因素费用、施工技术措施费,以及采用固定价格的工程所测算的风险金、税金等按现行的计算方法计取,计入其他相应的报价表中。

(4)工程量清单中不再重复或概括工程及材料的一般说明,在编制和填写工程量清单的每一项的单价和合价时应参考投标人须知和合同文件的有关条款。

工程量清单报价表的内容包括"报价汇总表""工程量清单报价汇总及取费表""工程量清单报价表""材料清单及材料差价报价表""设备清单及报价表""现场因素施工技术措施及赶工措施费用报价表"等。

4.2.2　综合单价

综合单价对应图纸内工程量清单即分部分项工程实物量计价表,综合了直接费、管理费及利润。工程计价实行统一的工程项目划分、统一的工程量计算规则、统一的计算单位和耗量标准。

总报价是综合费用、工程实物量计价与税金三项内容的总和。

工程实物量计价指施工图纸内分部分项工程量和相应各子目的工程成本、费用及利润的总和。单位实物工程量的总和价格属于固定价,结算时不予调整。如有下列情况可以调整：招标文件提供的实物量与招标图纸实际工程量不符,其工程量差应给予调整,单价以工程投标中标后确认的单价为准；因设计修改而引起的实物量变化,应予以调整,其单价以修改时的综合价格为准。

综合费用项目是指为完成施工设计图纸的工程项目,在施工前、施工期间及施工后必须或可能发生的费用。它包括施工组织措施费、履约担保手续费、工程担保费、保险费等,此部分费用的编制应依据工程的实际情况和自己的竞争实力报价。一经报价即应为固定价,结算时除因经批准的重大变更及其引起施工方法的重大改变,或招标文件与承包合同另有说明外,不因分部分项的项目、工程量的变化及其他原因而调整。

4.2.3　全费用单价

全费用单价由直接费、竞争性费用组成。工程量清单项目分为一般项目、暂定金额和计日工三种。一般项目是指工程量清单中除暂定金额和计日工以外的全部项目；暂定金额是指包括在合同中,供工程任何部分的施工或提供货物、材料、设备或服务,或提供不可预料事件所需费用的一项金额。全费用单价合同是典型、完善的单价合同,工程量清单按能形成一个独立的构件为子目来分部分项编制。同时对该子目的工作内容和范围必须加以说明界定。

4.3 招标控制价编制

工程量清单计价模式下,对于国有资金投资的项目,招标工程如设标底,标底应根据招标文件中的工程量清单和有关要求、施工现场情况、合理的施工方案、工程单价组成内容、社会平均生产力水平,按市场价格进行编制。如不设标底,则招标人应编制招标控制价。招标控制价超过批准的概算时,招标人应报原概算审批部门审核。投标人的投标报价高于招标控制价的,其投标应予拒绝。招标控制价应在招标文件中公布,不应上调或下浮,同时将招标控制价的明细表报工程所在地工程造价管理机构备查。

4.3.1 招标控制价的编制依据

(1)《水利工程工程量清单计价规范》(GB 50501—2007)。

(2)《水利水电工程施工组织设计规范》(SL 303—2017)。

(3)国家或省级、行业主管部门颁发的计价定额和相关规定。

(4)招标人对招标项目的预期价格。

(5)工程设计文件及相关资料。

(6)拟定的招标文件及招标工程量清单及其补充通知、答疑纪要。

(7)与水利工程相关的标准、规范、技术资料。

(8)施工现场情况、地勘水文资料、工程特点及常规施工方案。

(9)工程造价管理机构发布的工程造价信息或市场价格信息。

(10)其他相关资料等。

4.3.2 招标控制价的编制程序

(1)了解编制要求及范围;熟悉工程图纸及有关设计文件。

(2)熟悉与工程项目有关的标准、规范、技术资料。

(3)熟悉拟定的招标文件及其补充通知、答疑纪要等。

(4)了解施工现场情况、工程特点;熟悉工程量清单。

(5)掌握工程量清单涉及计价要素的信息价格和市场价格,最终确定其价格。

(6)编制分类分项工程量清单费用;论证并拟订常规的施工组织设计或施工方案。

(7)编制措施项目清单、其他项目清单、零星工作项目清单费用。

(8)招标控制价汇总、审核。汇总分类分项工程量清单费用、措施项目清单费用、其他项目清单费用、零星工作项目清单费用,得到总费用。

(9)编制招标控制价总说明,形成招标控制价成果文件。

4.3.3 编制招标控制价注意问题

(1)招标控制价编制的表格格式等应执行《水利工程工程量清单计价规范》(GB 50501—2007)规定。

(2)所采用的材料价格应是工程造价管理机构通过工程造价信息发布的材料单价,工程造价信息未发布的材料单价,其材料价格通过市场调查确定,并在招标文件或补充答疑文件中予以说明。

(3)施工机械设备的选型直接关系到基价综合单价水平,应根据工程项目特点和施工条件,本着经济实用、先进高效的原则确定。

(4)应该正确使用行业和地方的计价定额以及相关文件。

(5)不可竞争的措施项目费、安全文明、税金等费用的计算均属于强制性条款,编制招标控制价时应按国家有关规定计算。

由于各地区、各行业工程造价的管理体制具体规定不同,对于招标标底的确定方法、计算方法各不相同,还产生了以企业自主定额作为计算依据的标底形式。不同的标底计算方法有不同的应用条件,要结合项目的具体情况来实施。

不论用哪种方式编制,标底必须适应目标工期的要求,必须适应招标方的质量要求,必须适应建筑资源的供应可能与价格变动的可能,充分考虑各种风险因素;必须充分考虑项目所在地域的自然环境与现场条件,将地下隐蔽工程和“三通一平”等招标工程范围内的费用正确计入标底价格。

任务 4　招标实例

1　×××水库除险加固工程简介

1.1　自然概况

×××水库地处日照市莒县东北部,桑元乡石家沟村南,沭河支流袁公河上游,控制流域面积 3 km²。流域内坡度较陡,地势西北高、东南低,属低山丘陵地区。流域内来水主要是降雨时山岭产流。

该流域属暖温带湿润季风区域大陆性气候,冬天严寒,夏天酷暑。多年平均气温 11.5 ℃,最大冻土深 40 cm,相对湿度 67%。多年平均降水量 771 mm,降水量年际年内变化大,实测最大年降水量是最小年降水量的 2.8 倍,多年平均汛期降水量占全年总降水量的 70%以上。降水是地表水和地下水的主要补给来源,因此径流时空分布也不均匀,年际年内变化大,形成了春旱、夏涝、秋冬又旱的规律。

1.2　工程现状

水库总库容 109 万 m³,校核洪水位 243.4 m;兴利库容 85 万 m³,兴利水位 240.7 m;死库容 5.5 万 m³,死水位 228.7 m。水库枢纽工程主要由大坝、开敞式溢洪道、放水洞三部分组成。大坝为黏土心墙砂壳坝,坝长 130 m,坝顶宽 2.7 m,最大坝高 23 m,坝顶高程 245 m。溢洪道位于大坝右端外侧,为开敞式宽顶堰,堰顶高程 240.7 m,堰宽 15 m,最大泄量 160 m³/s。放水洞位于大坝左坝端 0+030 桩号处,为浆砌石马蹄形引水廊道,断面为 0.7 m×0.85 m,进口底高程 228.7 m,设计泄量 0.8 m³/s,进水口为斜拉式闸门,位于坝上游岸坡处。

1.3 工程存在的问题

1.3.1 大坝工程

(1)大坝填筑质量差,碾压质量达不到规范要求。大坝采用黏土心墙材料,清基不彻底,坝脚多处渗水,坝右端坝坡面多处已形成明流,有冲沟。

(2)大坝迎水坡干砌乱石,未护至坝顶,仅超溢洪道底半米,且大小不一,重量较轻,块径、厚度不满足要求,砌筑质量较差,风化破碎严重,基本无反滤层;大坝护坡石整体沉陷达 0.5 m,水位变动区淘刷严重,坝壳裸露。

(3)大坝坝顶宽 2.7 m,坝顶不平整,向两侧倾斜,不满足规范要求。背水坡采用草皮护坡,但杂草丛生,局部缺土严重,无排水设施。

(4)溢洪道进口左侧,大坝无裹头,行洪时严重影响大坝安危。

(5)1998 年大坝在背水坡发生过滑坡,未彻底处理,无排水体。

1.3.2 溢洪道工程

(1)溢洪道渠底及左堤未护砌,凸凹不平,下游段左堤高度不足,行洪时洪水易漫过堤顶,冲刷坝脚。

(2)溢洪道进口大坝无裹头,行洪时严重危及大坝安危。

(3)溢洪道进口无生产桥,溢洪时阻断交通,妨碍群众的生产、生活。

1.3.3 放水洞工程

(1)闸门、钢丝绳等金属设备锈蚀老化,且启闭困难,给大坝运行管理带来极大不方便。

(2)放水洞洞壁渗漏溶蚀严重,进口止水不严,出口长年有明水流淌,直接影响到水库的安全运用和正常蓄水。

1.4 工程主要特性指标

(略)

1.5 工程等级

本水库为小(1)型水库,依据《水利水电工程等级划分及洪水标准》(SL 252—2017)规定,确定水库枢纽工程等别为Ⅳ等,主要建筑物 4 级,次要建筑物 5 级。

1.6 工程施工条件

根据招标要求编制招标文件。

2 工程招标文件(节选)

下面以某河道综合治理工程(2023 年度)施工招标文件(节选)为例进行讲解。

×××河道综合治理工程(2023年度)工程施工标

招 标 文 件

合同名称:×××河道综合治理工程(2023年度)工程施工标

合同编号:×××

招 标 人:×××水利工程服务中心

招标代理:×××

日　　期:××××年××月

目 录

(略)

第一章 招标公告

×××河道综合治理工程(2023年度)施工标招标公告

1 招标条件

×××河道综合治理工程(2023年度)已经×××发展和改革局以“×××号”批准建设,项目法人和招标人为×××水利工程服务中心,建设资金已经落实,项目已具备招标条件。现委托×××有限公司对该项目施工标进行国内公开招标。

2 招标内容和招标范围

本次招标共分为1个标段,施工标1个标段。

本次×××河道综合治理工程(2023年度)主要建设内容:按照“山东省美丽幸福河湖建设达标基准”,对毕垓河、薛公岔等6条县级河道与尚庙沟、焦顺屯水沟等12条镇级河道共18条河道进行综合治理,包括河槽清淤疏通、岸坡修复、水工建筑物维修加固等。

本次招标为1个标段。

工程施工标:施工标

标段内容:×××

施工标:×××河道综合治理工程(2023年度)施工标

资格审查项:

(1)资质证书;(2)营业执照;(3)企业安全生产许可证;(4)法人代表授权委托书;(5)拟任项目经理近一个月社保缴纳证明材料(退休返聘人员的人身意外险);(6)授权代表是否为固定投标人员;(7)项目经理的注册建造师注册证;(8)水行政主管部门颁发的项目经理的“项目负责人安全生产考核合格证书(B证)”;(9)专职安全生产管理人员的“安全生产考核合格证书”(C证);(10)固定投标人近一个月社保缴纳证明材料;(11)承诺落实农民工工资保证金、实名制管理、工资专用账户、分包企业委托施工总承包企业通过银行代发农民工工资等制度(施工合同额300万以上且工期超过3个月、累计使用农民工人数达到30人的,需承诺将本项目纳入山东省农民工工资支付监管平台管理),按月足额发放农民工工资,落实欠薪清偿责任;(12)投标保证金交纳证明;(13)投标人基本存款账户开户许可证或加盖投标人公章的基本存款账户信息;(14)技术负责人职称证。

3 规模

小(1)型。

4 资金来源

财政投资。

5 投标人资格要求

5.1 具有独立企业法人资格和独立承担民事责任的能力,具有有效的营业执照。

5.2 施工标:投标人须具有水利水电工程施工总承包三级(含)及以上资质,并在人员、设备、资金等方面具有相应的施工能力;拟派项目经理须具有水利水电工程专业二级(含)以上建造师注册证书并持有水行政主管部门颁发的安全生产考核合格证书(B证)。拟派项目经理已承担一个及以上在建工程施工项目的以及发生变更6个月内的,均不能参加本项目投标。拟派技术负责人须具有中级(含)及以上职称资格证书(水利工程相关专业);拟派专职安全生产管理人员须持有水利行业行政主管部门颁发的安全生产考核合格证书(C证)。拟投入本项目的技术负责人、专职安全管理人员均不得在其他在建工程中任职。

5.3 与招标人存在利害关系可能影响招标公正性的法人、其他组织或者个人,不得参加投标。单位负责人为同一人或者存在控股、管理关系的不同单位,不得参加同一标段投标或者未划分标段的同一招标项目投标。

5.4 未经山东省水利建设市场监管服务平台(信用信息平台)公布信用信息的市场主体,不得参加本项目投标。凡由水利部或工程所在地省级行政主管部门在其信用信息平台公布禁止进入水利建设市场或列入黑名单的,或被有关部门实行联合惩戒的,不得参加本项目投标。

5.5 本次招标采用资格后审方式。

5.6 投标人及参与本次招标的相关人员不得为失信被执行人。

本项目不接受联合体投标。

6 其他要求或说明

6.1 不统一组织现场勘察。

6.2 本项目中社保缴纳证明材料为近一个月缴纳的可经核验的社保五险信息(退休人员提供由单位缴纳的有效期内的人身意外险)证明材料(注:部分地区生育保险和职工基本医疗保险合并实施的,提供四险)。

7 发布公告的媒介

本次招标公告同时在山东省水利工程招标投标公共服务平台、全国公共资源交易平台(山东省)山东省公共资源交易网上发布。

8 获取招标文件时间、地点

8.1 凡有意参加投标者,应当在“山东省水利建设市场信用信息平台”上公开企业信用信息。

8.2 参与电子标的投标者,请于2023年5月7日08:30~2023年5月12日17:00(北京时间),通过互联网使用CA数字证书登录“山东省公共资源交易水利项目交易系统”,明确所投标段,下载招标文件。未按规定从“山东省公共资源交易水利项目交易系统”下载招标文件的,其投标将被否决。

8.3 其他说明:/。

9 联系方式

招标人:×××水利工程服务中心
联系人:×××
联系电话:×××
电子邮箱:×××
地址:×××
招标代理机构:×××有限公司
联系人:×××
联系电话:×××
电子邮箱:×××
地址:×××

第二章　投标人须知

投标人须知前附表

<table>
<tr><th>条款号</th><th>条款名称</th><th colspan="2">编列内容</th></tr>
<tr><td>1.1.2</td><td>招标人</td><td colspan="2">名　称:×××水利工程服务中心
联系人:×××
电　话:×××</td></tr>
<tr><td>1.1.3</td><td>招标代理机构</td><td colspan="2">名　称:×××有限公司
地　址:×××
联系人:×××
电　话:×××</td></tr>
<tr><td>1.1.4</td><td>项目名称</td><td colspan="2">×××河道综合治理工程(2023 年度)</td></tr>
<tr><td>1.1.5</td><td>建设地点</td><td colspan="2">×××</td></tr>
<tr><td>1.2.1</td><td>资金来源</td><td colspan="2">财政投资</td></tr>
<tr><td>1.2.2</td><td>出资比例%</td><td colspan="2">××</td></tr>
<tr><td>1.2.3</td><td>资金落实情况</td><td colspan="2">已落实</td></tr>
<tr><td>1.3.1</td><td>招标范围</td><td colspan="2">本次×××河道综合治理工程(2023 年度)主要建设内容:按照“山东省美丽幸福河湖建设达标基准”,对毕垓河、薛公岔等 6 条县级河道与尚庙沟、焦顺屯水沟等 12 条镇级河道共 18 条河道进行综合治理,包括河槽清淤疏通、岸坡修复、水工建筑物维修加固等</td></tr>
<tr><td>1.3.2</td><td>计划工期说明</td><td colspan="2">150 日历天</td></tr>
<tr><td>1.3.3</td><td>质量要求</td><td colspan="2">合格工程</td></tr>
<tr><td rowspan="3">1.4.1</td><td rowspan="3">投标人资质条件、能力和信誉</td><td>资质条件</td><td>(1)具有独立企业法人资格和独立承担民事责任的能力,具有有效的营业执照。
(2)投标人须具有水利水电工程施工总承包三级(含)及以上资质,并在人员、设备、资金等方面具有相应的施工能力</td></tr>
<tr><td>项目经理条件</td><td>拟派项目经理须具有水利水电工程专业二级(含)以上建造师注册证书并持有水行政主管部门颁发的安全生产考核合格证书(B 证)。拟派项目经理已承担一个及以上在建工程施工项目的以及发生变更 6 个月内的,均不能参加本项目投标。项目经理信息以在山东省水利建设市场信用信息平台公布的信息为准</td></tr>
<tr><td>技术负责人资格</td><td>拟派技术负责人具有(水利工程相关专业)中级(含)及以上职称资格证书。技术负责人信息以在山东省水利建设市场信用信息平台公布的信息为准</td></tr>
</table>

续表

条款号	条款名称	编列内容	
1.4.1	投标人资质条件、能力和信誉	其他要求	(1)与招标人存在利害关系可能影响招标公正性的法人、其他组织或者个人,不得参加投标。单位负责人为同一人或者存在控股、管理关系的不同单位,不得参加同一标段投标或者未划分标段的同一招标项目投标。 (2)专职安全生产管理人员必须持有水行政主管部门颁发的安全生产考核合格证书(C证)。 (3)拟投入本项目部主要人员:项目经理、技术负责人、专职安全管理人员必须是本单位固定人员,不得在其他在建工程中任职;以上人员一经投标确认,不得更换。 (4)法定代表人委托的代理人须为投标固定人员(其他要求在山东省水利建设市场信用信息平台上备案)。 (5)未经山东省水利建设市场监管服务平台(信用信息平台)公布信用信息的市场主体,不得参加本项目投标。凡由水利部或工程所在地省级行政主管部门在其信用信息平台公布禁止进入水利建设市场或列入黑名单的,或被有关部门实行联合惩戒的,不得参加本项目投标。 (6)投标人及参与本次招标的相关人员不得为失信被执行人。 (7)本项目不接受联合体投标。 (8)根据《山东省水利建设市场主体信用信息管理办法》相关规定,不得借用资质进行投标。该工程按照《山东省水利工程标准化工地建设指南》进行管理,实行质量终身制,中标企业在工程建设过程中应严格遵守《山东省水利工程标准化工地建设指南》管理规定
1.4.2	是否接受联合体投标	否	
1.9.1	踏勘现场	不统一组织现场踏勘,潜在投标人可根据具体情况自行查勘,费用及责任自理。踏勘内容包括并不限于工程量清单所含内容,投标人于答疑时未提出工程量清单中应列而未列的漏项,由投标企业自行承担费用风险。投标时间截止时视为投标企业充分熟悉施工现场,建设单位不再承担任何责任	
1.10.1	投标预备会说明	不召开	
1.11	分包	不允许	
1.12	偏离	不允许	

续表

<table>
<tr><th>条款号</th><th>条款名称</th><th colspan="4">编列内容</th></tr>
<tr><td>2.2.1</td><td>投标人要求澄清招标文件的截止时间</td><td colspan="4">如有问题或对招标文件有异议,×××年××月××日 17:00 前,在交易平台中提出,并电话通知招标公告所列的联系人。超出时间的异议不予回复(确需澄清的实质性内容除外)</td></tr>
<tr><td>2.2.2</td><td>招标文件澄清的时间</td><td colspan="4">招标人的澄清(如有)将于××××年××月××日在交易平台中通知所有领取招标文件的投标人</td></tr>
<tr><td>2.2.3</td><td>投标人确认收到招标文件澄清的时间</td><td colspan="4">收到招标文件澄清内容后,将收到的修改文件确认函加盖单位公章上传至交易平台中</td></tr>
<tr><td>2.2.4</td><td>投标截止时间</td><td colspan="4">××××年××月××日 09:30 前完成投标文件的递交——确认投标——解密的过程,否则后果自负。注:请务必于投标截止时间(即开标时间)前完成</td></tr>
<tr><td>2.3.2</td><td>投标人确认收到招标文件修改的时间</td><td colspan="4">收到招标文件修改后的一日内,将收到确认函盖单位公章后,发电子版扫描件至邮箱×××</td></tr>
<tr><td>3.1.1</td><td>构成投标文件的其他材料</td><td colspan="4">投标人的书面澄清、说明和补正(但不得改变投标文件的实质性内容)</td></tr>
<tr><td>3.2.3</td><td>最高投标限价</td><td colspan="4">本次招标设定最高投标限价为 11 662 759.00 元,超出该限值范围的报价无效</td></tr>
<tr><td>3.3.1</td><td>投标有效期</td><td colspan="4">60 日历天</td></tr>
<tr><td rowspan="4">3.4.1</td><td rowspan="4">投标保证金</td><td>投标保证金的形式</td><td>发包人只接受银行电汇,银行保函、保险保函或融资性担保公司担保</td><td>投标保证金的金额</td><td>75 000.00 元</td></tr>
<tr><td colspan="4">收取投标保证金的账号</td></tr>
<tr><td>开户名</td><td>×××</td><td>开户银行</td><td>×××</td></tr>
<tr><td>账号</td><td>×××</td><td>联系电话</td><td>×××</td></tr>
</table>

续表

条款号	条款名称	编列内容
3.4.1	投标保证金	补充 注:根据鲁发改重点〔2023〕202号文,关于印发《完善招标投标交易担保制度进一步降低招标投标交易成本重点任务落实方案》的通知,鼓励招标人接受担保机构的保函、保险机构的保单等其他非现金交易担保方式缴纳投标保证金。 (1)投标保证金采用电汇方式的,必须保证在××××年××月××日17:00前将投标保证金汇入×××有限公司账户(以实际到账时间为准)。注:投标保证金必须从投标人的基本账户转出,应当在电汇凭证备注中注明:2023河道治理保证金,投标人需将基本账户开户许可证、电汇或转账凭证复印件附在投标文件中以供核验)。 (2)投标人采用银行保函、保险保函或融资性担保公司担保交纳投标保证金的,须于交纳时间前办理完相应手续。并于××××年××月××日17:00前将保函原件邮寄至山东省×××市×××区×××综合楼×××号楼×××层,联系电话×××,并注明"项目名称、标段名称、投标单位名称及投标人联系方式,以方便查询真伪",未按上述时间和要求提交的,按自动放弃投标权处理。投标人还须在"山东省水利工程电子招标投标交易平台"保证金管理模块上传并提交保函扫描件。 (3)保函办理要求:投标人投标时提供有效期内的针对本项目开具的银行保函、保险保函或融资性担保公司担保。未按规定提交投标保证金的,投标人投标文件视为无效标。投标人交纳投标保证金后,须在"山东省水利工程电子招标投标交易平台"保证金管理模块上传并提交保证金交纳凭证进行登记。根据《关于创新水利工程建设项目招标投标流程持续优化水利建设市场营商环境的通知》(鲁水建函字51号)第四条、推动信用评价在招标投标领域的应用要求,投标企业若有在有效期内水利部备案登记的信用评价机构出具的全国水利行业信用评价等级,AAA级企业减免投标保证金至50%,AA级企业减免投标保证金至70%,A级企业减免投标保证金至80%。(保函金额不变)
3.5.2	近年财务状况的年份要求	近三年经审计的财务会计报表(近三年指2020~2022年,如投标人成立不足三年的,可提供自成立以来的财务会计报表)
3.5.3	近年完成的类似项目的年份要求	2018年1月1日以来(以合同完工验收或竣工验收时间为准)

续表

条款号	条款名称	编列内容
3.6.1	是否允许递交备选投标方案	不允许
3.6.3	签字或盖章要求	投标文件在规定位置须加盖投标人单位电子公章,并由投标人的法定代表人或其委托代理人签名
3.6.4	投标文件份数	上传电子版一份
3.6.5	装订要求	纸质版装订应统一在标书左侧胶装,并按顺序编写页码,外形尺寸为国标 A4 纸型;采用双面印刷,简装本,不能采用活页装订。中标后中标单位提供。 纸质版投标文件应与上传至山东省水利工程招标投标公共服务平台电子投标文件完全一致;不一致时,以上传至山东省水利工程招标投标公共服务平台的电子版投标文件为准。招标文件“投标文件格式”与山东省水利工程招标投标公共服务平台的电子版投标文件不一致时以山东省水利工程招标投标公共服务平台的电子版投标文件为准
4.1.2	封套上应载明的信息	/
4.2.2	递交投标文件地点、方式	电子投标文件递交:山东省水利工程电子招标投标交易平台
4.2.3	是否退还投标文件	否
5.1	开标时间和地点	开标时间:×××年×××月×××日 09:30 开标地点:×××公共资源交易中心 注:不需要法定代表人或授权委托人出席开标会议
5.2	开标程序	密封情况检查:不进行密封情况检查开标顺序:按递交投标文件顺序。请各投标人将电子投标文件在投标截止时间 2 小时前递交完毕。开标时间前 2 小时内,投标人进入开标大厅,对递交的投标文件进行“确认投标”并进行“解密”。到达开标截止时间后,投标人将无法操作确认投标和解密。投标人在开标时间开始后 10 分钟内确认投标价格,超时未确认的视为投标人撤销投标文件,投标保证金不予退回

续表

条款号	条款名称	编列内容
6.1.1	评标委员会的组建	评标委员会构成:7人,其中招标人代表2人、评标专家5人; 评标专家确定方式:在山东省公共资源评标专家库水利工程专业中随机抽取
7.1	是否授权评标委员会确定中标人	否,推荐的中标候选人数:3名
7.2	中标候选人公示媒介	山东省水利工程招标投标公共服务平台、全国公共资源交易平台(山东省)山东省公共资源交易网
7.3	中标通知	在投标文件有效期内或在延长后的投标文件有效期内,招标人将委托招标代理机构以书面形式向中标人发出中标通知,确认接受其投标。中标通知书为合同的组成部分
7.4	履约担保	形式:采用银行保函或保险保函或现金,具体采用的形式签订合同前需经发包人同意。履约担保金额:采用银行保函或保险保函或现金,担保金额为签约合同价格的10%;履约担保的有效期至本合同工程竣工验收证书颁发之日止。发包人将在竣工验收合格后28天内退还给中标人
10	需要补充的其他内容	
10.1	类似项目	指近五年(2018年1月1日以来)承揽的水利工程施工项目。 ★须同时提供以下证明材料: (1)已完工工程业绩证明材料须同时提供合同扫描件,竣工(完工)验收证明、单项工程完工证明或相关交接书扫描件,时间以竣工(完工)或系统试运行验收报告或相关交接书验收证明为准。 (2)在建工程业绩证明材料须提供合同扫描件,时间以合同签订时间为准。(合同扫描件提供关键页:首页、签署页、或业主出具的有关工程规模及范围的证明文件)。 上述符合要求的材料的电子扫描件上传至电子投标文件中,未按要求上传的业绩得分项不得分。(投标业绩信息与山东省水利建设市场监管服务平台公开信息不一致的不得分)。投标人业绩、项目经理业绩、技术负责人业绩不重复计分

续表

条款号	条款名称	编列内容
10.2	已标价工程量清单电子版	提供已标价工程量清单电子版一套(光盘或闪存形式,excel 格式,封面注明投标人名称,工程名称)。中标后中标单位提供
10.3	原件	因电子招标,无需提交原件供审核。但是电子版投标文件中需附以下证件的扫描件。未附的视为资格审查未通过。 1. 资质证书; 2. 营业执照; 3. 企业安全生产许可证; 4. 法人代表授权委托书; 5. 拟任项目经理社保缴纳证明材料(退休返聘人员的人身意外险); 6. 授权代表是否为固定投标人员; 7. 项目经理的注册建造师注册证; 8. 水行政主管部门颁发的项目经理的项目负责人安全生产考核合格证书(B 证)"; 9. 专职安全生产管理人员的"安全生产考核合格证书"(C 证); 10. 固定投标人社保缴纳证明材料; 11. 承诺落实农民工工资保证金、实名制管理、工资专用账户、分包企业委托施工总承包企业通过银行代发农民工工资等制度(施工合同额 300 万以上且工期超过 3 个月、累计使用农民工人数达到 30 人的,需承诺将本项目纳入山东省农民工工资支付监管平台管理),按月足额发放农民工工资,落实欠薪清偿责任; 12. 投标保证金交纳证明; 13. 投标人基本存款账户开户许可证或加盖投标人公章的基本存款账户信息; 14. 技术负责人职称证
10.4	中标后提交的投标文件	中标结果公示结束后,中标人须向招标代理机构提供书面的投标文件六份及电子文档一份(书面投标文件正本一份,副本五份)

续表

<table>
<tr><th>条款号</th><th>条款名称</th><th>编列内容</th></tr>
<tr><td>10.5</td><td>农民工工资保证金及农民工工资支付</td><td>承包人负责落实鲁水建函字〔2022〕26号山东省水利厅关于贯彻落实《山东省工程建设领域农民工工资专用账户管理实施细则》和《山东省工程建设领域农民工工资保证金管理实施办法》的通知有关要求,负责落实农民工工资保证金、农民工工资专用账户、实名制管理、委托开户银行代发工资等各项制度,办理农民工工资保证金和开设农民工工资专用账户并办理工伤保险等。承包人应当自签订施工合同之日起20个工作日内,持营业执照副本、与建设单位签订的工程施工合同在经办银行开立农民工工资保证金专门账户存储农民工工资保证金,并于存储之日起5日内将存储凭证上传至监管平台。农民工工资保证金专门账户名称为承包人单位名称加工程建设项目名称后加“工资保证金专门账户”。在不存在歧义的前提下,工程建设项目名称可采用简称。承包人开立农民工工资保证金专门账户时,应当在开户银行预留与农民工工资保证金专门账户名称一致的印鉴。
采用银行保函替代现金存储农民工工资保证金的,承包人应当在第一款规定期限内向属地人力资源社会保障行政部门提交银行保函正本,并同时将银行保函上传至监管平台。银行保函担保金额不得低于按现金方式存储农民工工资保证金的数额。银行保函正本由属地人力资源社会保障行政部门保存。银行保函应当以属地人力资源社会保障行政部门为受益人,其性质为不可撤销见索即付保函。
农民工工资保证金的缴纳额度按照鲁人社发〔2022〕11号《山东省工程建设领域农民工工资保证金管理实施办法》第十三条约定执行。
农民工工资支付:
(1)农民工工资比例约定。本合同项目人工费占比为合同额的15%。
(2)计量支付约定。按月支付,发包人每月10日前将人工费拨入工资专户,每月拨付金额=合同额/合同工期(月)*人工费占比,累计支付合同额的15%止。发包人拨付的人工费不足以支付上个月工资时,工资发放前,不足部分由发包人补足,补足部分在后期工程款拨付中抵扣。
有关农民工工资等管理要求严格执行鲁水建函字〔2022〕26号山东省水利厅关于贯彻落实《山东省工程建设领域农民工工资专用账户管理实施细则》和《山东省建设工程建设领域农民工工资保证金管理实施办法》</td></tr>
<tr><td>10.6</td><td colspan="2">本招标文件中的社保缴纳证明是指近一个月缴纳的可经核验的社保五险信息(退休人员提供由单位缴纳的有效期内的人身意外险)证明材料(注:部分地区生育保险和职工基本医疗保险合并实施的,提供四险),要求体现单位及个人姓名。投标人社保由上级主管部门统一缴纳的,须提供上级主管部门出具的社保缴纳证明文件。(以水利建设市场信用信息平台信息为准)
注:
1. 投标人可上传投标人注册地人力资源和社会保障网站社会养老保险证明网上打印页加盖投标人公章的扫描件。
2. 投标人可上传体现投标人单位名称和个人姓名同时加盖注册地社会劳动保险机构章和投标人公章的社会保险缴费证明扫描件。
3. 以上两种方式投标人自行选择其中一种上传至山东省水利建设市场信用信息平台。社保缴纳证明未按上述要求上传的,上传不清晰的,其投标文件将按无效标处理</td></tr>
</table>

续表

条款号	条款名称	编列内容
10.7	代理服务费按国家计委计价格〔2002〕1980 号文工程类计取向中标人收取，由中标人在领取中标通知书前缴纳	
10.8	中标企业不得更换项目经理、技术负责人及资料员，且驻工地现场审计每月不得少于 26 天。若其他管理人员更换，必须经过项目法人的同意	
10.9	投标人启用电子证书的，可提供电子证书扫描件	
10.10	确认开标结果：开标后，投标人须在 10 分钟内对所报价格进行确认，超时未确认的视为投标人撤销投标文件	
10.11	1. 严格执行《山东省水利工程标准化工地建设指南》的通知要求。 2. 拟投入本项目的注册建造师（项目经理）应承诺未担任其他在建项目的任何职务，若发现投标人的以上人员中的任何一人有其他在建项目的，将取消其中标资格。 3. 工程实施期间，招标人将严格按照国家有关基建管理规定、招投标法、项目合同及其他相关职能部门的要求对参建单位进行管理（特别是人员管理，其中项目经理必须驻工地管理施工），发现问题将按规定要求严格处理。 4. 若中标人的项目经理不能参与工程建设即视为中标单位出借资质，对尚未签订施工合同的，招标人有权拒签合同，对已签订合同的，招标人有权解除合同并追究其责任，由此造成的一切损失由中标人自行承担；对出借资质、转包工程行为的投标人，一经发现将没收其投标保证金及履约保证金，并上报上级行政主管部门列入投标企业黑名单，并予以通报至中标单位所在地行业资质主管部门。 5. 地方关系协调由中标单位自行协调解决。 6. 扬尘治理：中标人要严格按照省水利厅《关于加强水利工程建设工地环境保护工作的通知》（鲁水建函〔2017〕82 号）积极采取措施，有效控制施工现场粉尘、废气、废水、固体废弃物以及噪声、振动等，减少对环境的污染和危害	
10.12	1. 协会指合法登记、在中国社会组织公共服务平台（https://chinanpo.mca.gov.cn）公布且状态正常的社会组织。 2. 获得奖励的年限从投标截止日往前推算，以获奖证书或称号发出日期为准。 3. 投标人的资质、业绩、获奖、信用评价，相关人员的职称、资格证书等市场信用信息由投标人登录山东省水利建设市场信用信息平台自行填报、调取，须保证资料真实完整。市场主体提交的材料信息与信用信息平台公布信息不符的均不予认定	

1　总则

1.1　项目概况

1.1.1　根据《中华人民共和国招标投标法》等有关法律、法规和规章的规定,本招标项目已具备招标条件,现对本项目施工进行招标。

1.1.2　本招标项目招标人:见投标人须知前附表。

1.1.3　本项目招标代理机构:见投标人须知前附表。

1.1.4　本招标项目名称:见投标人须知前附表。

1.1.5　本项目建设地点:见投标人须知前附表。

1.2　资金来源和落实情况

1.2.1　本招标项目的资金来源:见投标人须知前附表。

1.2.2　本招标项目的出资比例:见投标人须知前附表。

1.2.3　本招标项目的资金落实情况:见投标人须知前附表。

1.3　招标范围、计划工期和质量要求

1.3.1　本次招标范围:见投标人须知前附表。

1.3.2　本项目的计划工期:见投标人须知前附表。

1.3.3　本项目的质量要求:见投标人须知前附表。

1.4　投标人资格要求

1.4.1　投标人应具备承担本项目施工的资质条件、能力和信誉。

(1)资质条件:见投标人须知前附表;

(2)财务要求:见投标人须知前附表;

(3)项目经理条件:见投标人须知前附表;

(4)技术负责人资格条件:见投标人须知前附表;

(5)其他要求:见投标人须知前附表。

1.4.2　投标人须知前附表规定接受联合体投标的,除应符合本章第1.4.1项和投标人须知前附表的要求外,还应遵守以下规定:

(1)联合体各方应按招标文件提供的格式签订联合体协议书,明确联合体牵头人和各方权利义务;

(2)由同一专业的单位组成的联合体,按照资质等级较低的单位确定资质等级;

(3)联合体各方不得再以自己名义单独或参加其他联合体在同一项目中投标。

1.4.3　投标人不得存在下列情况之一:

(1)为招标人不具有独立法人资格的附属机构(单位);

(2)为本项目前期准备提供设计或咨询服务的,但设计施工总承包的除外;

(3)为本项目的监理人;

(4)为本项目的代建人;

(5)为本项目提供招标代理服务的;

(6)与本项目的监理人或代建人或招标代理机构同为一个法定代表人的;

(7)与本项目的监理人或代建人或招标代理机构相互控股或参股的;

(8)与本项目的监理人或代建人或招标代理机构相互任职或工作的;

(9)被责令停业的;

(10)被暂停或取消投标资格的;

(11)财产被接管或冻结的;

(12)在最近三年内有骗取中标或严重违约或重大工程质量问题的。

1.4.4 有下列情形之一的,属于投标人相互串通投标:

(1)投标人协商投标报价等投标文件的实质性内容;

(2)投标人之间约定中标人;

(3)投标人之间约定部分投标人放弃投标或中标;

(4)属于同一集团、协会、商会等组织成员的投标人按照该组织要求协同投标;

(5)投标人之间为谋取中标或者排斥特定投标人而采取的其他联合行动。

1.4.5 有下列情形之一的,视为投标人相互串通投标:

(1)不同投标人的投标文件由同一单位或者个人编制;

(2)不同投标人委托同一单位或者个人办理投标事宜;

(3)不同投标人的投标文件载明的项目管理成员为同一人;

(4)不同投标人的投标文件异常一致或者投标报价呈规律性差异;

(5)不同投标人的投标文件相互混装;

(6)不同投标人的投标保证金从同一单位或者个人的账户转出。

1.5 费用承担

投标人准备和参加投标活动发生的费用自理。

1.6 保密

参与招标投标活动的各方应对招标文件和投标文件中的商业和技术等秘密保密,违者应对由此造成的后果承担法律责任。

1.7 语言文字

除专用术语外,与招标投标有关的语言均使用中文。必要时专用术语应附有中文注释。

1.8 计量单位

所有计量均采用中华人民共和国法定计量单位。

1.9 踏勘现场

1.9.1 投标人须知前附表规定组织踏勘现场的,招标人按投标人须知前附表规定的时间、地点组织投标人踏勘项目现场。

1.9.2 投标人踏勘现场发生的费用自理。

1.9.3 除招标人的原因外,投标人自行负责在踏勘现场中所发生的人员伤亡和财产损失。

1.9.4 招标人在踏勘现场中介绍的工程场地和相关的周边环境情况,供投标人在编制投标文件时参考,招标人不对投标人据此作出的判断和决策负责。

1.10 投标预备会

1.10.1 投标人须知前附表规定召开投标预备会的,招标人按投标人须知前附表规定的时间和地点召开投标预备会,澄清投标人提出的问题。

1.10.2　投标人应在投标人须知前附表规定的时间前,以书面形式将提出的问题送达招标人,以便招标人在会议期间澄清。

1.10.3　投标预备会后,招标人在投标人须知前附表规定的时间内,将对投标人所提问题的澄清,以书面方式通知所有购买招标文件的投标人。该澄清内容为招标文件的组成部分。

1.11　分包

投标人须知前附表规定允许分包的,分包的内容、分包金额、接受分包的第三人资质要求见投标人须知前附表。投标人应在投标文件中明确是否在中标后将中标项目的部分非主体、非关键性工作进行分包。投标人拟分包时,分包人应具备与分包工程的标准和规模相适应的资质和业绩,在人力、设备、资金等方面具有承担分包工程施工的能力。投标人应在投标文件中提供分包协议、分包人的资质证书及营业执照复印件、人员、设备和业绩资料表、分包的工程项目和工程量。

1.12　偏离

投标人须知前附表允许投标文件偏离招标文件某些要求的,偏离应当符合招标文件规定的偏离范围和幅度。

2　招标文件

2.1　招标文件的组成 (略)

2.2　招标文件的澄清

2.2.1　投标人应仔细阅读和检查招标文件的全部内容,若发现缺页或附件不全,应及时向×××有限公司提出,以便补全。如有疑问,应在投标截止时间 15 日前以书面形式提出澄清申请,要求招标人对招标文件予以澄清。

2.2.2　招标文件的澄清将在投标人须知前附表规定的投标截止时间 15 天前以书面形式发给所有购买招标文件的投标人,但不指明澄清问题的来源。如果澄发出的时间距投标截止时间不足 15 天,相应延长投标截止时间。

2.2.3　投标人在收到澄清后,应在投标人须知前附表规定的时间内以书面形式通知招标人(招标代理机构),确认已收到该澄清。未按要求确认的按放弃投标权处理。

2.3　招标文件的修改

2.3.1　在投标截止日期 15 天前,招标人可以书面形式修改招标文件,并通知所有已购买招标文件的投标人。如果修改招标文件的时间距投标截止时间不足 15 天,相应延长投标截止时间。

2.3.2　投标人收到修改内容后,应在投标人须知前附表规定的时间内以书面形式通知招标人(招标代理机构),确认已收到该修改。答疑、澄清、补充通知和修改文件在山东省水利工程电子招标投标交易平台上发布,投标人自行确认、下载、打印,未确认的视为已收到并确认。

3　投标文件的编制

3.1　投标文件的组成(略)

3.2　投标报价

3.2.1　投标人应按第五章《工程量清单》中的要求填写相应表格。

3.2.2 投标人在投标截止时间前修改投标函中的投标总报价，应同时修改第五章“工程量清单”中的相应报价及单价分析表。

3.2.3 最高投标限价：详见投标人须知前附表。

3.3 投标有效期

3.3.1 在投标人须知前附表规定的投标有效期内，投标人不得要求撤销或修改其投标文件。

3.3.2 出现特殊情况需要延长投标有效期的，招标人以书面形式通知所有投标人延长投标有效期。投标人同意延长的，应相应延长其投标保证金的有效期，但不得要求或被允许修改或撤销其投标文件；投标人拒绝延长的，其投标失效，但投标人有权收回其投标保证金。

3.4 投标保证金

3.4.1 投标人须知前附表规定递交投标保证金的，投标人在递交投标文件的同时，应按投标人须知前附表规定的金额、担保形式和第七章“投标文件格式”规定或者事先经过招标人认可的投标保证金格式递交投标保证金，并在山东省水利工程电子招标投标交易平台保证金管理模块上传并提交保证金交纳凭证。

3.4.2 投标人不按本章第 3.4.1 项要求提交投标保证金的，其投标文件作无效标处理。

3.4.3 招标人与中标人签订合同后 5 个工作日内，向未中标的投标人和中标人退还投标保证金。

3.4.4 有下列情形之一的，投标保证金将不予退还：

(1)投标人在规定的投标有效期内撤销或修改其投标文件。

(2)开标截止时间 2 小时内确认投标后，未进行投标文件解密的。

(3)中标人在收到中标通知书后，无正当理由拒签合同协议书或未按招标文件规定提交履约担保。

3.5 资格审查资料

3.5.1 “投标人基本情况表”应附投标人营业执照副本、资质证书副本和安全生产许可证等材料扫描件。

3.5.2 “近年财务状况表”应附经会计师事务所或审计机构审计的财务会计报表扫描件，包括资产负债表、现金流量表、利润表和财务情况说明书，具体年份要求见投标人须知前附表。

3.5.3 “近年完成的类似项目情况表”应附业绩证明材料的扫描件，具体要求见投标人须知前附表。

3.5.4 “正在施工和新承接的项目情况表”应附中标通知书和(或)合同协议书的扫描件。每张表格只填写一个项目，并标明序号。

3.5.5 投标人须知前附表规定接受联合体投标的，本章第 3.5.1 项至第 3.5.5 项规定的表格和资料应包括联合体各方相关情况。

3.5.6 上述内容应由投标人登录山东省水利建设市场信用信息平台，根据配置自动生成，不得随意撤换、修改，不足部分可进行补充。

本项第3.5.2、3.5.3、3.5.4、3.5.5款非资格审查必备项,不作为资格审查条件,但作为评审时参考依据。

3.6 投标文件的编制

3.6.1 投标文件应按第七章"投标文件格式"进行编写,如有必要,可以增加附页,作为投标文件的组成部分。其中,投标函附录在满足招标文件实质性要求的基础上,可以提出比招标文件要求更有利于招标人的承诺。

3.6.2 投标文件应当对招标文件有关工期、投标有效期、质量要求、技术标准和要求、招标范围等实质性内容作出响应。

3.6.3 投标文件应按电子招标平台的格式制作,并由投标人的法定代表人或其委托代理人签名并加盖单位电子公章。委托代理人签名的,投标文件应附法定代表人签署的授权委托书。签名、盖章的具体要求见投标人须知。

3.6.4 除投标人须知前附表另有规定外,投标文件正本1份,副本4份数。正本和副本的封面上应清楚地标记"正本"或"副本"的字样。当副本和正本不一致时,以正本为准。

3.6.5 除投标人须知前附表另有规定外,投标文件的正本与副本应采用A4纸印刷(图表页可例外),分别装订成册,编制目录和页码,并不得采用活页装订。

3.7 备选投标方案(本项目不考虑备选方案)

除投标人须知前附表另有规定外,投标人不得递交备选投标方案。允许投标人递交备选投标方案的,只有中标人所递交的备选投标方案方可予以考虑。评标委员会认为中标人的备选投标方案优于其按照招标文件要求编制的投标方案的,招标人可以接受该备选投标方案。

4 投标

4.1 投标文件的递交

4.1.1 投标人应在本章投标人须知第2.2.2项规定的投标截止时间前递交投标文件。在招标文件中规定的投标文件递交截止时间点系统停止接受投标文件。

4.1.2 投标人递交投标文件的地点:见投标人须知。

4.1.3 除投标人须知另有规定外,投标人所递交的投标文件不予退还。

4.1.4 逾期送达的投标文件,招标人不予受理。

4.2 投标文件的修改与撤回

4.2.1 在本章投标人须知第2.2.2项规定的投标截止时间前,投标人可以修改或撤回已递交的投标文件,但应以书面形式通知招标人。

4.2.2 投标人修改或撤回已递交投标文件的书面通知应按照本章投标人须知第3.6.3项的要求执行(签名、盖章的具体要求见投标人须知)。招标人收到书面通知后,向投标人出具签收凭证。

4.2.3 修改的内容为投标文件的组成部分。修改的投标文件应按照投标人须知及招标文件的要求进行编制、密封、标记和递交,并标明"修改"字样。

4 2.4 投标文件解密。

开标时间前2小时内,投标人进入开标大厅,对递交的投标文件进行"确认投标"并进行“解密”。到达开标截止时间后,投标人将无法操作确认投标和解密。

5 开标

5.1 开标时间和地点

招标人在投标人须知前附表规定的开标时间和开标地点公开开标。投标文件需通过山东省水利工程电子招标投标交易平台由法定代表人或项目指定的固定投标人来递交。投标截止时间以后送达的投标文件,系统自动拒收,视为放弃投标。本次招标不邀请投标人的法定代表人或其委托代理人参加现场开标会议。

5.2 开标程序

在招标文件中规定的开标时间点,系统停止接受投标人的投标确认和投标文件解密。主持人按下列程序进行开标。主持人按下列程序进行开标:

(1)宣布开标纪律;

(2)对项目的投标确认情况、投标文件解密情况进行检查;

(3)对投标确认并成功解密的投标人数量不足三家的标段进行流标处理;

(4)对符合要求的投标文件进行开标,对撤回和撤销的投标文件不予开标;

(5)投标人法定代表人或授权代表人对开标结果进行确认;

(6)开标结束。

5.3 投标文件的澄清

5.3.1 评标过程中评标委员会可以要求投标人对其投标文件中含义不明确的内容或与招标文件的偏差作必要的澄清或说明。

5.3.2 投标人通过山东省水利工程电子招标投标交易平台对需澄清的问题进行答复,并作为投标文件的组成部分。

5.3.3 除按照本招标文件有关规定的算术性修正外,投标人的澄清不得修改投标报价或投标文件中的其他实质性内容。

6 评标(略)

7 合同授予(略)

8 重新招标和不再招标

9 纪律和监督(略)

10 需要补充的其他内容

10.1 类似项目

类似项目的要求见投标人须知。

10.2 已标价工程量清单电子版(包含在电子投标文件里)投标人递交投标文件时,应同时提交已标价工程量清单电子版,份数及格式见投标人须知。

10.3 原件

不需要提交证件原件,本次招标不邀请投标人的法定代表人或其委托代理人参加。

10.4 签订合同前提交的投标文件副本中标人须在签订合同前向招标人另行提交投标人须知规定份数的投标文件副本。

10.5 农民工工资支付担保详见投标人须知。

其余内容(略)。

小　结

工程招标与投标是市场经济的产物,对控制工期、保证工程质量、降低工程造价、提高经济效益、健全建筑市场竞争机制起到了重要的作用。招标的方式主要有公开招标和邀请招标。2008年5月1日施行的《中华人民共和国标准资格预审文件》和《中华人民共和国标准施工招标文件》为施工招标提供了标准的示范文件,在实际工程中编制招标文件时可以参考。目前资格预审有两种方式:合格制和有限数量制,鼓励采用合格制。评标的方法主要有经评审的最低价法和综合评估法。在实际工程中,应结合工程的具体特点,采用合适的评标方法。

标底是招标人对招标工程的预期价格,合理的标底是业主以合理的价格获得满意的承包商、中标人获取合法利润的基础。标底能够使招标人预先明确其在拟建工程上应承担的财务义务;是控制投资、核实建设规模的依据;是评标的重要尺度;是招标中防止盲目报价、抑制低价抢标现象的重要手段。因此,以严肃认真的态度和科学的方法来编制标底,使之准确、合理,保证招标工作的健康开展,定标时作出正确的抉择,使工程顺利进行。标底的编制方法与概预算的编制方法基本相似,所不同的是临时工程费用的处理方法,如招标文件中没有单独开列的其他施工临时工程应按施工组织设计确定的项目和数量来计算其费用,并摊入各有关项目内。

现行对国有资金投资的工程应实行工程量清单招标,招标人应编制招标控制价,在招标文件中公布。要正确编制工程量清单,工程量清单由分类分项工程量清单、措施项目清单、其他项目清单和零星工作项目清单组成,具体编制时参考现行《工程量清单计价规范》的规定。

职业能力训练8

一、单项选择题

1. 建设项目的招标工作由(　　)负责,任何单位和个人不得以任何方式非法干涉招标投标活动。

A. 招标人　　B. 投资人　　C. 监理单位　　D. 项目法人

2. 工程量清单格式的组成内容不包括(　　)。

A. 工程项目总价表　　B. 分类分项工程量清单

C. 措施项目清单　　D. 封面

3.《水利工程工程量清单计价规范》中规定水利建筑工程项目编码的第1、2位水利工程顺序码为(　　)。

A. 01　　B. 02　　C. 03　　D. 50

4. 项目编码采用(　　)位阿拉伯数字,1~9位为统一编码,其中1、2位为水利工程顺序码。

A. 14　　B. 12　　C. 10　　D. 11

5. 下列说法中,符合标底编制依据的是(　　)。

A. 标底价格应由成本、税金组成,不包括利润部分

B. 一个工程可根据投标企业的不同,由编制单位自主选择编制方法

C. 标底的计价依据可由编制单位自主选择

D. 标底应根据招标文件中的工程量清单和有关要求,施工现场情况,合理的施工方案,工程单价组成内容,社会平均生产力水平,按市场价格进行编制

二、多项选择题

1. 在中华人民共和国境内进行下列(　　)工程建设项目的勘察、设计、施工、监理以及与工程建设有关的重要设备、材料等的采购,必须进行招标。

A. 大型基础设施、公用事业等关系社会公共利益、公众安全的项目

B. 所有大、中、小型水利项目

C. 全部或者部分使用国有资金投资或者国家融资的项目

D. 所有征地移民、环境治理等项目

E. 使用国际组织或者外国政府贷款、援助资金的项目

2. 分类分项工程量清单应包括(　　)等。

A. 项目编码　　B. 项目名称

C. 主要技术条款编码　　D. 计量单位

E. 工程数量

3. 下列说法中,符合工程量清单报价表的填写规定是(　　)。

A. 投标人不得随意增加、删除或涂改招标人提供的工程量清单单项中的任何内容

B. 工程量清单报价表的内容应由投标人填写

C. 工程量清单报价表中所有要求盖章、签字的地方,必须由规定的单位和人员盖章、签字

D. 投标总价应按工程项目总价表合计金额填写

E. 分类分项工程量清单计价表中列明的所有需要填写的单价和合价,投标人均应填写

4. 招标方式分为(　　)。

A. 公开招标　　B. 两阶段招标　　C. 邀请招标

D. 代理招标　　E. 议标

5. 招标投标活动应当遵循(　　)的原则。

A. 公开　　B. 公平　　C. 公正　　D. 独立　　E. 诚实信用

三、判断题

1. 工程量清单是由招标人自行编制的。(　　)

2. 工程量清单中需附有补充项目的名称、项目特征、计量单位、工程量计算规则、工程内容。(　　)

3. 两个或两个以上单位联合投标的,应当按资质等级较低的单位确定联合体资质等级。(　　)

4. 根据现行水利工程计价规范规定,工程量清单是指招标工程的分类分项工程项目、措施项目、其他项目的名称和相应数量的明细清单。(　　)

5. 我国现行的《水利工程工程量清单计价规范》(GB 50501—2007)规定,分类分项工程量清单计价应采用工程单价计价。(　　)

四、论述题

1. 试述工程招标的程序。

2. 工程招标文件包括哪些内容?

五、案例分析

某国家大型水利工程,由于工艺先进,技术难度大,对施工单位的施工设备和同类工程施工经验要求高,而且对工期的要求也比较紧迫。基于本工程的实际情况,业主决定仅邀请3家国有一级施工企业参加投标。

招标工作内容确定为:成立招标工作小组;发出投标邀请书;编制招标文件;编制标底;发放招标文件;招标答疑;组织现场踏勘;接收投标文件;开标;确定中标单位;评标;签订承发包合同;发出中标通知书。

问题:

(1)如果将上述招标工作内容的顺序作为招标工作先后顺序是否妥当?如果不妥,请确定合理的顺序。

(2)工程建设项目施工招标文件一般包括哪些内容?

项目 9　水利水电工程投标

【学习目标】

了解施工投标的程序；掌握投标文件的内容；能够分析招标文件，能够组织投标，懂得投标技巧，会编制投标文件。遵纪守法、诚实守信，清清白白做人、干干净净做事。

【学习任务】

(1)水利水电工程施工投标程序；

(2)投标报价编制；

(3)投标策略与技巧；

(4)投标实例。

【任务分析】

投标是目前获取工程项目的重要途径，正确编制报价是关系到能否中标的重要依据，要掌握一定的技巧，正确编制投标文件。

任务 1　水利水电工程施工投标程序

工程投标是建设工程招标投标活动中投标人的一项重要活动，也是施工单位获得工程任务的主要途径，施工投标的一般程序如图 9-1 所示。

1　投标准备工作

投标准备工作主要包括获取招标信息、筹建投标小组和前期投标决策三项内容。

1.1　获取招标信息

为使投标工作取得预期的效果，投标人必须做好获得投标信息的准备工作。目前投标人获得招标信息的渠道很多，最普遍的是通过大众媒体所发布的招标公告获取招标信息。投标人必须认真分析验证所获信息的真实可靠性，并证实其招标项目确实已立项批准和资金已经落实等。投标人还应提前了解和跟踪一些大型或复杂项目的新建、扩建和改建项目的计划，提前做好信息、资料的积累整理工作，并注意收集同行业其他投标人对工程建设项目的意向。

1.2　前期投标决策

投标人在证实招标信息真实可靠后，同时还要对招标人的信誉、实力等方面进行了解，根据了解到的情况，正确作出投标决策，以减少工程实施过程中承包方的风险。是否投标，还应注意竞争对手的实力优势及投标环境的优劣情况，对此，要具体分析判断，采取相应对策。

1.3　筹建投标小组

在确定参加投标活动后，为了确保在投标竞争中获得胜利，投标人在投标前应建立专

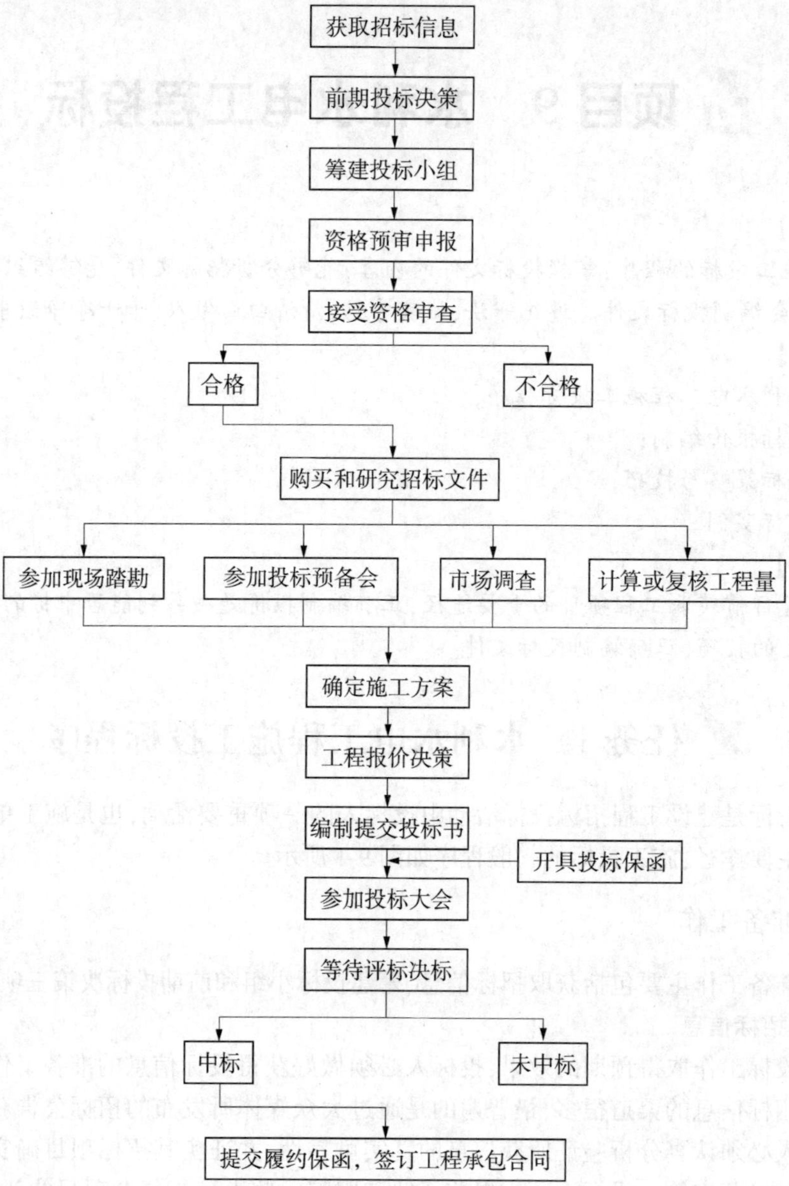

图 9-1 施工投标的一般程序

门的投标小组，负责投标事宜。投标小组中的人员应包括施工管理、技术、经济、财务、法律法规等方面的人员。投标小组中的人员业务上应精干、富有经验，且受过良好培训，有娴熟的投标技巧，并能合理运用投标策略；素质上应工作认真，对企业忠诚，对报价保密。

2 参加资格预审

为确保能挑选出理想的承包商，在正式招标之前，需要先进行资格预审，以便淘汰一些在技术上和能力上都不合格的投标人。资格预审是投标人投标过程中首先要通过的第一关，资格预审一般按招标人所编制的资格预审文件内容进行审查。一般要求被审查的投标人提供如下资料：

(1)资格预审申请函。

(2)法定代表人身份证明。

(3)授权委托书。

(4)联合体协议书。

(5)申请人一般情况表。

(6)近年财务状况表。

(7)近年完成的类似项目情况表。

(8)正在施工的和新承接的项目情况表。

(9)近年发生的诉讼及仲裁情况。

(10)其他资料。

投标人应根据资格预审文件,积极准备和提供有关材料,并随时注意信息跟踪工作,发现不足部分,应及时补送,争取通过资格预审。

3 购买和研究招标文件

(1)投标人在通过资格预审后,就可以在规定的时间内向招标人购买招标文件。购买招标文件时,投标人应按招标文件的要求提供投标保证金、图纸押金等。

(2)购买到招标文件之后,投标人应认真阅读招标文件中的所有条款。注意招标过程中各项活动的时间安排,明确招标文件中对投标报价、工期、质量等的要求。同时,对招标文件中的合同条款、无效标书的条件等主要内容应认真进行分析,理解招标文件隐含的含义。通过详细的研究招标文件,如果发现其中表达不清、相互矛盾之处以及明显错误,可以在踏勘现场时进行调查。对仍存在的疑问,可以在标前会议上或投标前规定的时间内以书面形式向招标人提出质疑。

4 收集资料、准备投标

招标文件购买后,投标人就应进行具体的投标准备工作。投标准备工作包括参加现场踏勘,计算和复核招标文件中提供的工程量,参加投标预备会,询问了解市场情况等内容。

4.1 参加现场踏勘

投标人在领到招标文件后,除对招标文件进行认真研读分析外,还应按照招标文件规定的时间,对拟施工的现场进行踏勘,尤其是我国逐渐实行工程量清单报价模式后,投标人所投报的单价一般被认为是在经过现场踏勘的基础上编制而成的。报价单报出后,投标者就无权因为现场踏勘不周、情况了解不细或因素考虑不全而提出修改标价或提出索赔等要求。现场踏勘应由招标人组织,投标人自费自愿参加。现场踏勘时应从以下五个方面详细了解工程的有关情况,为投标工作提供第一手资料。

(1)工程的性质及该工程与其他工程之间的关系。

(2)投标人投标的那一部分工程与其他承包商之间的关系。

(3)工地地理、地貌、地质、气候、交通、电力、水源、有无障碍物等情况。

(4)工地附近有无住宿条件、料场开采条件、其他加工条件、设备维修条件等。

(5)工程所在地有关健康、安全、环保、治安等情况。

4.2 参加投标预备会

投标预备会又称答疑会或标前会议,一般在现场踏勘之后的1~2天内举行。其目的是解答投标人对招标文件及现场踏勘中所提出的问题,并对图纸进行交底和解释。投标人在对招标文件进行认真分析和对现场进行踏勘之后,应尽可能多地将投标过程中可能遇到的问题向招标人提出疑问,争取得到招标人的解答,为下一步投标工作的顺利进行打下基础。

4.3 计算或复核工程量

现阶段我国进行工程施工投标时,工程量有两种情况:一种是招标文件编制时,招标人给出具体的工程量清单,供投标人报价时使用。这种情况下,投标人在进行投标时,应根据图纸等资料对给定工程量的准确性进行复核,为投标报价提供依据。在工程量复核过程中,如果发现某些工程量有较大的出入或遗漏,应向招标人提出,要求招标人更正或补充。如果招标人不作更正或补充,投标人投标时应注意调整单价以减少实际实施过程中由于工程量调整带来的风险。另一种情况是,招标人不给出具体的工程量清单,只给出相应工程的施工图。这时,投标报价应根据给定的施工图,结合工程量计算规则自行计算工程量。自行计算工程量时,应严格按照工程量计算规则的规定进行,不能漏项,不能少算或多算。

4.4 市场调查

投标文件编制时,投标报价是一个很重要的环节。为了能够准确确定投标报价,投标时应认真调查了解工程所在地的人工工资标准、材料来源、价格、运输方式、机械设备租赁价格等和报价有关的市场信息,为准确报价提供依据。

4.5 确定施工方案

施工方案也是投标内容中很重要的部分,是招标人了解投标人的施工技术、管理水平、机械装备的途径。编制施工方案的主要内容有:

(1)选择和确定施工方法。

(2)对大型复杂工程则要考虑几种方案,进行综合对比。

(3)选择施工设备和施工设施。

(4)编制施工进度计划等。

4.6 工程报价决策

工程报价决策是投标活动中最关键的环节,直接关系到能否中标。工程报价决策是在预算的基础上,由施工的难易程度、竞争对手的水平、工程风险、企业目前经营状况等多方面因素决定的。

5 投标文件编制和提交

经过前期的准备工作之后,投标人开始进行投标文件的编制工作。投标人编制投标文件时,应按照招标文件的内容、格式和顺序要求进行。投标文件编写完成后,应按招标文件中规定的时间和地点提交投标文件。

在投标文件编制之前,要明确以下内容。

5.1 投标文件的要求

(1)必须明确向招标人表示愿以招标文件的内容订立合同的意思。

(2)必须按招标文件提出的实质性要求和条件作出响应(包括技术要求、投标报价要求,评价标准等)。

5.2 投标文件的组成

投标文件是由一系列有关投标方面的书面资料组成的。一般来说,投标文件由以下几个部分组成(具体表格见本项目任务4投标案例中内容)。

(1)投标函及投标函附录。

(2)法定代表人身份证明。

(3)授权委托书。

(4)联合体协议书。

(5)投标保证金。

(6)已标价的工程量清单与报价表。这部分资料随合同类型而异。单价合同中,一般将各项单价开列在工程量表上。有时业主要求报单价分析表,则需按招标文件规定在主要的或全部单价中附上单价分析表。

(7)施工组织设计。列出各种施工方案(包括建议的新方案)及其施工进度计划表,有时还要求列出人力安排计划的直方图。

(8)项目管理机构。

(9)拟分包项目情况表。

(10)资格审查资料。

(11)其他资料。

投标人必须使用招标文件提供的投标文件表格格式,但表格可以按同样格式扩展。

5.3 编制投标文件的步骤

投标人在领取招标文件以后,就要进行投标文件的编制工作。编制投标文件的一般步骤是:

(1)编制投标文件的准备工作。其内容包括:熟悉招标文件、图纸、资料,对图纸、资料有不清楚、不理解的地方,可以用书面形式向招标人询问、澄清;参加招标人组织的施工现场踏勘和答疑会;调查当地材料供应和价格情况;了解交通运输条件和有关事项。

(2)实质性响应条款的编制。其内容包括对合同主要条款的响应,对提供资质证明的响应,对采用的技术规范的响应等。

(3)复核、计算工程量。

(4)编制施工组织设计,确定施工方案。

(5)计算投标报价,投标决策确定最终报价。

(6)编制投标书,装订成册。

5.4 投标文件的提交

投标人应在招标文件规定的投标截止日期内将投标文件提交给招标人。投标人可以在提交投标文件以后,在规定的投标截止时间之前,采用书面形式向招标人递交补充、修改或撤回其投标文件的通知。投标人的补充、修改或撤回通知,应按招标文件中投标人须知的规定,编制、密封、加写标志,补充、修改的内容为投标文件的组成部分。在投标截止日期以后,不能更改投标文件。根据招标文件的规定,在投标截止时间与招标文件中规定的投标有效期终止日之间的这段时间内,投标人不能撤回投标文件,否则其投标保证金将不予退还。在投标截止日期以后送达的投标文件,招标人将拒收。

5.5 编制投标文件的注意事项

(1)投标人编制投标文件时,必须使用招标文件提供的投标文件表格格式。填写表格时,凡要求填写的空格都必须填写。否则,即被视为放弃该项要求。重要的项目或数字(如工期、质量等级、价格等)未填写的,将被作为无效或作废的投标文件处理。

(2)编制的投标文件“正本”仅一份,“副本”则按招标文件中要求的份数提供,同时要明确标明“投标文件正本”和“投标文件副本”字样。投标文件正本和副本如有不一致之处,以正本为准。

(3)投标文件正本与副本均应使用不能擦去的墨水打印或书写。投标文件的书写要字迹清晰、整洁、美观。

(4)所有投标文件均由投标人的法定代表人签署、加盖印鉴,并加盖法人单位公章。

(5)填报的投标文件应反复校核,保证分项和汇总计算均无错误。全套投标文件均应无涂改,除非这些删改是根据招标人的要求进行的,或者是投标人造成的必须修改的错误。修改处应由投标文件签字人签字证明并加盖印鉴。

(6)如招标文件规定投标保证金为合同总价的某百分比,开具投标保函不要太早,以防泄露报价。但有的投标人提前开出并故意加大保函金额,以麻痹竞争对手的情况也是存在的。

(7)投标文件应严格按照招标文件的要求进行密封,避免由于密封不合格造成废标。

(8)认真对待招标文件中关于废标的条件,以免被判为无效标而前功尽弃。

6 出席开标会议

投标人在编制和提交完投标文件后,应按时参加开标会议。开标会议由投标人的法定代表人或其授权代理人参加。如果是法定代表人参加,一般应持有法定代表人资格证明书;如果是委托代理人参加,一般应持有授权委托书。许多地方规定,不参加开标会议的投标人,其投标文件将不予启封。

7 接受中标通知书,提供履约担保,签订工程承包合同

经过评标,投标人被确定为中标人后,应接受招标人发出的中标通知书。中标人在收到中标通知书后,应在规定的时间和地点与招标人签订合同。我国规定招标人和中标人应当自中标通知书发出之日起30日内订立书面合同,合同内容应依据招标文件、投标文件的要求和中标的条件签订。招标文件要求中标人提交履约保证金的,中标人应按招标人的要求提供。合同正式签订之后,应按要求将合同副本分送有关主管部门备案。

任务 2　投标报价编制

投标报价是潜在投标人投标时确定的承包工程的价格。招标人常把投标人的报价作为选择中标人的主要依据。因此,报价的准确与否不仅关系到投标单位能否中标,更关系到中标后承包单位能否赢利及赢利的多少。

1　报价编制原则

1.1　报价要合理

在对招标文件进行充分、完整、准确理解的基础上,编制出的报价是投标人施工措施、能力和水平的综合反映,应是合理的较低报价。当标底计算依据比较充分、准确时,适当的报价不应与标底相差太大。当报价高出标底许多时,往往不被招标人考虑;若报价低于标底较多,则会使投标人赢利减少,风险加大,且易造成招标人对投标人的不信任。因此,合理的报价应与投标人本身具备的技术水平和工程条件相适应,接近标底,低而适度,尽可能为招标人理解和接受。

1.2　单价合理可靠

各项目单价的分析、计算方法应合理可行,施工方法及所采用的设备应与投标书中施工组织设计相一致,以提高单价的可信度与合理性。

1.3　较高的响应性和完整性

投标单位在编制报价时应按招标文件规定的工作内容、价格组成与计算填写方式编制投标报价文件,从形式到实质对招标文件给予充分响应。

投标文件应完整,否则招标人可能拒绝这种投标。

2　工程量清单计价格式

水利计价规范提供的工程量清单计价格式为统一格式,原则上不得变更和修改。同时,除招标人在招标文件规定的时间内通过书面补充通知的方式对工程量清单进行修改补充外,投标人不得随意增加、删除或涂改招标人提供的工程量清单中的任何内容。工程量清单报价表由封面,投标总价,工程项目总价表,分类分项工程量清单计价表,措施项目清单计价表,其他项目清单计价表,零星工作项目计价表,工程单价汇总表,工程单价费(税)率汇总表,投标人生产电、风、水、砂石基础单价汇总表,投标人生产混凝土配合比材料费表,招标人供应材料价格汇总表,投标人自行采购主要材料预算价格汇总表,招标人提供施工机械台时(班)费汇总表,投标人自备施工机械台时(班)费汇总表,总价项目分类分项工程分解表,工程单价计算表等。

3　投标报价的依据

(1)招标人提供的招标文件、设计图纸、工程量清单及有关的技术说明书等。

(2)施工组织设计。

(3)施工规范。

(4)现行国家、部门、地方或企业定额。

(5)国家、部门或地方颁发的与现行定额相配套的各种费用标准。

(6)工程材料、设备的价格及运费。

(7)当地生活物资价格水平。

(8)其他与报价计算有关的各项政策、规定及调整系数等。

4 投标报价的编制步骤及计算规定

4.1 投标报价的编制步骤

工程量清单计价是一种国际惯例计算报价模式,每一项单价中已综合了各种费用,即综合单价。执行现行《水利工程工程量清单计价规范》(GB 50501—2007)的工程项目,在计算投标报价时,投标人填入工程量清单中的单价应包括直接费(人工费、材料费、机械使用费和季节、夜间、高原、风沙等原因增加的直接费)、施工管理费、企业利润和税金,并考虑风险因素等的全部费用。

其编制步骤为:①将综合单价分别填入相对应的分类分项工程量清单计价表中;②将已审定的分类分项工程量乘以综合单价,累计后即得该拟建工程分类分项工程造价;③分别按已确定的措施项目清单计价表、其他项目清单计价表和零星工作计价表中的项目内容,计算拟建工程的措施项目费用、其他项目费用和零星工作费用;④汇总后就得该拟建工程总造价,即投标总报价。

4.2 工程量清单计价计算规定

(1)工程量清单计价应包括按招标文件规定完成工程量清单所列项目的全部费用,包括分类分项工程费、措施项目费和其他项目费。

(2)分类分项工程量清单计价应采用工程单价计价(完成工程量清单中一个质量合格的规定计量单位项目所需的直接费、施工管理费、企业利润和税金,并考虑风险因素)。

对有效工程量以外的超挖、超填工程量,施工附加量,加工、运输损耗量等所消耗的人工、材料和机械费用,均应摊入相应有效工程量的工程单价之内。

(3)措施项目清单的金额,应根据招标文件的要求以及工程的施工方案或施工组织设计,以每一项措施项目为单位,按项计价。其他项目清单由招标人按估算金额确定。零星工作项目清单的单价由投标人确定。

(4)按照招标文件的规定,根据招标项目涵盖的内容,投标人一般应编制以下基础单价,作为编制分类分项工程单价的依据。①人工费单价;②主要材料预算价格;③电、风、水单价;④砂石料单价;⑤块石、料石单价;⑥混凝土配合比材料费;⑦施工机械台时(班)费。

(5)投标报价应根据招标文件中的工程量清单和有关要求,施工现场情况,以及拟订的施工方案,依据企业定额,按市场价格进行编制。

任务3 投标策略与技巧

投标策略与技巧的研究目的是使投标人的报价既让业主可以接受,而且中标后又能获得更多的利润。投标策略作为投标取胜的方式、手段和艺术,贯穿于投标竞争的始终,常用的投标策略主要有以下几种。

1　投标总价原则

报价高低的确定可参考表9-1。

表9-1　报价高低确定原则

序号	报价高	报价低
1	施工条件较差的工程(如地处闹市、场地狭窄的工程)	施工条件好,干扰少的工程
2	专业要求较高的技术密集型工程,而投标人在这方面又有专长,声望也较高	工作简单、工程量大的工程,如土方工程、一般房建工程等
3	总价低的小工程以及自己不愿做、又不方便不投标的工程	附近有工程而本项目可以利用该项目的设备、劳务或短期内突击完成的工程
4	投标对手少的工程	竞争激烈,投标对手多的工程
5	特殊工程,如港口码头、地下开挖工程等工期要求急的工程	非急需工程
6	支付条件不理想的工程等	支付条件好,如现金支付
7	公司经营任务多,并不急于寻找新项目,只对支付好、预期利润高的项目有兴趣投标	本公司急于打入某一地区,或在某地区面临工程结束,机械设备等无工地转移等情况

2　不平衡报价法

不平衡报价法是一个工程项目总报价基本确定后,通过调整内部各个项目的报价,以期既不提高总报价、不影响中标,又能在结算时得到更理想的经济效益。总的来讲,要保证两个原则,即“早收钱”和“多收钱”。一般可以考虑在以下几方面采用不平衡报价法。

(1)“早收钱”就是作为有经验的承包商,工程一开工,除预付款外,完成每一个单项工程都要争取提前拿钱。这个技巧就是在报价时把工程量清单里先完成的工作内容的单价调高(如开办费、临时设施、土石方工程、基础和结构部分等),后完成的工作内容的单价调低(如道路面层、交通指示牌、屋顶装修、清理施工现场和零散附属工程等)。尽管后边的单价可能会赔钱,但由于先期早已收回了成本,资金周转的问题已经得到妥善解决,财务应变能力得到提高,还有适量利息收入,因此只要能够保证整个项目最终赢利即可。这个收支曲线在海外被称为“头重脚轻”配置法,其核心就是力争内部管理的资金负占用。

(2)“多收钱”可以这样理解:招标方提供的工程量清单与最终实际施工的工程量之间都会存在差异,有的时候因为招标方计算的失误会有不小的差距,而清单综合单价计价表中的单价一项是空白的。如果投标方判断出工程量清单提供的工程明显错误或不合理,这就是可能赢利的机会。例如:某个清单项目的工程量为10 000 m,单价确定为1 000元/m,而经过投标方计算后,有绝对的把握认为工程量应该为12 000 m,那么就可以适当提高此清单项目的单价,如调整到1 200元/m。原来报价是按1 200×10 000元写入合同金额中,那么最后结算的时候按实际发生的工程量计算,为1 200 ×12 000元,就可比原来的报价赚取更多的利润。

(3)预计今后工程量会通过变更增加的项目,工程量单价适当提高,这样在最终结算时可多赚钱;将工程量可能通过变更减少的项目单价降低,工程结算时损失不大。

上述三种情况要统筹考虑,即对于工程量有错误的早期工程,如果实际工程量可能小于工程量表中的数量,则不能盲目抬高单价,要具体分析后再定。

(4)设计图纸不明确,估计修改后工程量要增加的,可以提高单价;而工程内容解说不清楚的,则可适当降低一些单价,待澄清后可再要求提价。

(5)暂定项目,又叫任意项目或选择项目,对这类项目要具体分析。因为这类项目要在开工后再由业主研究决定是否实施以及由哪家承包商实施。如果工程不分标,不会由另一家承包商施工,则其中肯定要做的单价可高些,不一定做的则应低些。如果工程分标,该暂定项目也可能由其他承包商施工时,则不宜报高价,以免抬高总报价。

采用不平衡报价一定要建立在对工程量清单中工程量仔细核对分析的基础上,报单价的项目。单价的不平衡要注意尺度,不应该成倍或几倍的偏离正常的价格,否则可能会被判为废标,甚至列入以后禁止投标的黑名单中,就得不偿失了。一般情况下,多出15%~30%的幅度,业主都是可以接受的,投标人可以解释为临时设施的搭建备订货等预先支出的费用。

3 计日工单价法

计日工单价报价时可稍高,因为计日工不属于承包总价的范围,发生时可根据现场签证的实际工日、材料或机械台班实报实销。但如果招标文件中已经假定了计日工的"名义工程量",并计入总价,则需要具体分析是否提高总报价。

4 多方案报价法

多方案报价法是利用工程说明书或合同条款不够明确之处,以争取达到修改工程说明和合同为目的的一种报价方法。当工程说明书或合同条款有些不够明确之处时,往往使投标人承担较大风险。为了减少风险就必须扩大工程单价,增加"不可预见费",但这样做又会因报价过高而增加被淘汰的可能性。多方案报价法就是为对付这种两难局面而出现的。其具体做法是在标书上报两种价目单价,一是按原工程说明书合同条款报一个价,二是加以注解,"如工程说明书或合同条款可作某些改变时",则可降低多少的费用,使报价成为最低,以吸引业主修改说明书和合同条款。

5 增加建议方案

有时招标文件中规定,可以提出建议方案,即可以修改原设计方案,提出投标人的方案。投标人这时应组织一批有经验的设计和施工工程师,对原招标文件的设计和施工方案仔细研究,提出更合理的方案以吸引业主,促成自己的方案中标。这种新的建议方案可以降低总造价或提前竣工或使工程运用更合理。但要注意的是,对原招标方案一定要标价,以供业主比较。增加建议方案时,不要将方案写得太具体,保留方案的技术关键,防止业主将此方案交给其他承包商,同时要强调的是,建议方案一定要比较成熟,或过去有这方面的实践经验。因为投标时间不长,如果仅为中标而匆忙提出一些没有把握的建议方案,可能会引起很多后患。

6 突然降价法

报价是一件保密性很强的工作,但是对手往往会通过各种渠道、手段来刺探情况,因此在报价时可以采取迷惑对方的手法。即先按一般情况报价或表现出自己对该工程兴趣不大,到投标快截止时,再突然降价。如某水电站引水系统工程在投标日截止前突然降低8.4%,取得最低标,为以后中标打下了基础。采用这种方法时,一定要在准备投标报价的过程中考虑好降价的幅度,在临近投标截止日期前,根据情报信息及分析判断,再作最后决策。

在实际操作中,投标商可以报价修正函的形式密封递交给招标人。对于报价修正函有三种类型:①只需递交报价修正函;②需递交报价修正函和标价的工程量清单;③需递交报价修正函、标价的工程量清单和单价分析表。

第三种方式非常烦琐,因为单价分析表内容很多,投标者如果不预留出充足的时间,则无法提供完整的降价函。

7 先亏后盈法

有的承包商为了打进某一地区,依靠国家、某财团和自身的雄厚资本实力,会采取一种不惜代价,只求中标的低价报价方案。应用这种手段的承包商必须有较好的资信条件,并且提出的施工方案也先进可行,同时要加强对公司情况的宣传,否则即使标价低,业主也不一定会选中。如果其他承包商遇到这种情况,尽量不要和这类承包商硬拼。

8 联营法

联营法比较常用,即两三家公司,其主营业务类似或相近,单独投标会出现经验、业绩不足或互相竞争压低报价,经两家或更多家商议后,组成联营体共同投标,可以做到优势互补、规避劣势、利益共享、风险共担,又可避免互相竞争压低报价。

投标策略和报价技巧的使用关系到承包商能否中标,中标以后能否按技术规范要求按期完工和取得一定的经济效益。所以,承包商必须对招标文件充分地研究,完整、准确地理解、掌握正确的投标策略,以便合理使用不平衡报价争取企业利益的最大化。

投标报价专业人员除应掌握以上一些投标报价的决策方法与技巧外,还要注重提高自身素质。因为企业的决策主要依据报价人员提供的基础数据及有关建议,故在目前激烈的市场竞争中,每一个水利水电施工单位均应拥有一支优秀的投标报价队伍,企业应为报价人员创造更多的学习机会,使其更系统全面地学习相关知识,投标报价人员不仅懂施工技术,还应懂经营,向综合性、复合型方向发展,这也是社会发展的需要。

任务4 投标实例

以下是某水利建筑安装有限公司对某标段进行投标的投标文件的格式及部分内容，以供参考。

×××高标准农田建设项目

投 标 文 件

(合同编号:×××)

投标单位:×××水利建筑安装有限公司(盖章)

法定代表人:×××(签字)

××××年××月××日

目　录

1 投标函及其附录

投 标 函

×××(招标人名称):

1. 我方已仔细研究了×××高标准农田建设项目(新建)施工八标段招标文件的全部内容,愿意以人民币(大写)叁佰零捌万肆仟玖佰叁拾元叁角伍分(¥3 084 930.35 元)的投标总报价,按合同约定实施和完成承包工程,修补工程中的任何缺陷。

2. 工期:自接到甲方开工通知之日起至××××年××月底竣工并通过县级验收。

3. 工程质量保证达到国家现行及行业规定合格标准。质量保修期:自通过×××市级验收合格之日起1年。

4. 我方承诺在招标文件规定的投标有效期内不修改、撤销投标文件。

5. 随同本投标函提交投标保险保函一份,金额为人民币(大写)叁万零捌佰(¥30 800)元。

6. 如我方中标:

(1)我方承诺在收到中标通知书后,在中标通知书规定的期限内与你方签订合同。

(2)随同本投标函递交的投标函附录属于合同文件的组成部分。

(3)我方承诺按照招标文件规定向你方递交履约担保。

(4)我方承诺在合同约定的期限内完成并移交全部合同工程。

7. 我方在此声明,所递交的投标文件及有关资料内容完整、真实和准确,且不存在第二章"投标人须知"第1.4.2项和第1.4.3项规定的任何一种情形。

8. 无(其他补充说明)。

投标人:×××水利建筑安装有限公司(盖单位章)
法定代表人或其委托代理人:____(签字或盖章)
地址:
网址:
电话:
传真:
邮政编码:
日期:××××年××月××日

投标函附录

序号	条款名称	约定内容	备注
1	项目经理	姓名:××× 手机:××× 注册证编号:××× 身份证号:×××	
2	技术负责人	姓名:××× 手机:××× 身份证号:×××	
3	工期	天数:××日历天	
4	质量保修期	自通过×××市级验收合格之日起 1 年	
5	承包人履约担保金额	无	
6	分包	无	
7	质量标准	达到国家现行及行业规定合格标准	

注:投标人在响应招标文件中规定的实质性要求和条件的基础上,可做出其他有利于招标人的承诺。此类承诺可在本表中予以补充填写。

2　投标保证金

投标保证金

致:×××(招标人名称)

根据招标文件要求,我公司的投标保证金采用转账支票形式,保证金金额为伍万元整,原件随投标文件单独提交。

附:投标保证金转账支票扫描件(略)

基本账户开户许可证明(略)

3　法定代表人身份证明及授权委托书

法定代表人身份证明

投 标 人:×××水利建筑安装有限公司

单位性质:全民所有制

地　　址:×××

成立时间:××××年××月××日

经营期限:长期

姓　　名:×××　　性　　别:男

年　　龄:×××　　职　　务:总经理

系×××水利建筑安装有限公司的法定代表人。

特此证明

身份证复印件(略)

投标人:×××水利建筑安装有限公司(盖单位公章)

××××年××月××日

授权委托书

致:×××(投标人名称)

本人×××(姓名)系×××水利建筑安装有限公司(投标人名称)的法定代表人,现委托×××(姓名)为我方代理人。代理人根据授权,以我方名义签署、澄清、说明、补正、递交、撤回、修改2023年×××市×××镇1.45万亩高标准农田建设项目(新建)施工八标段(项目名称)投标文件、签订合同和处理有关事宜,其法律后果由我方承担。

委托期限:与投标有效期相同。

代理人无转委托权。

附:授权人身份证扫描件。

身份证扫描件(略)

投标人:×××水利建筑安装有限公司(盖单位章)

法定代表人:＿＿＿＿＿＿(签名)

授权委托人:＿＿＿＿＿＿(签名)

××××年××月××日

4　投标报价书

4.1　投标报价编制说明

投标报价编制说明

一、本报价以施工招标文件、招标图纸、招标答疑文件、施工组织设计和现场实际察勘为依据进行编制。本报价包括为完成本工程整个施工过程及维护所需的全部费用,包括直接费、间接费、摊入费、维护费、利润、税金、保险以及应承担的一切风险、义务和责任。

二、报价编制参照各相关专业定额,并考虑本企业的实际施工水平。

三、工、料、机等价格的确定:

1. 人工单价:122 元/工日。

2. 材料单价:×××工程造价信息及市场价。

3. 施工机械台班单价:参照水利工程施工机械台时费定额、×××建设工程预算定额机械台班单价。

四、其他有关说明。

1. 其他施工临时工程:分类分项工程费(不包括设备费、其他施工临时工程、施工专项工程、安全生产措施费)之和的 0.5%计取。

2. 施工专项工程:分类分项工程费(不包括设备费、施工专项工程、安全生产措施费)之和的 1.0%计取。

3. 安全生产措施费:分类分项工程费(不包括设备费、安全生产措施费)之和的 2.5%计取。

投标人:　　×××　　(盖单位章)

法定代表人(或委托代理人):　×××　(签名)

××××年××月××日

4.2　投标报价汇总表

投标报价汇总表

合同编号:×××

合同名称:2023 年×××市×××镇 1.45 万亩高标准农田建设项目(新建)第八标段

序号	工程项目名称	报价金额(元)
1	分类分项工程量清单	3 085 675.50
1.1	砂石路+沟渠清淤	2 965 780.13
1.2	其他临时工程、施工专项工程、安全生产措施费	119 895.37
2	措施项目	0
3	其他项目	0
4	投标总价	3 085 675.50

投标人:(盖单位章)

法定代表人(或委托代理人):(签名)

××××年××月××日

4.3 已标价工程量清单

分类分项工程量清单计价表

合同编号:×××

合同名称:2023年×××市×××镇1.45万亩高标准农田建设项目(新建)第八标段

序号	项目编码	项目名称	计量单位	项目特征	工程数量	单价(元)	合价(元)
一		砂石路+沟渠清淤					2 965 780. 13
1		砂石路					2 603 673. 94
1. 1	AB649	砂石路	m^2	1. 名称:砂石路; 2. 面层:3 cm厚瓜子石磨耗层; 3. 12 cm厚泥结碎石; 4. 路基素土整平夯实压实度≥0. 95,路肩回填夯实压实度≥0. 95; 5. 已综合考虑挖填外运土方、整平等所有工作内容; 8. 其他详见图纸设计及规范要求	39 040	66. 69	2 603 673. 94
2		沟渠清淤					362 106. 19
2. 1	500101003002	沟渠清淤(渠道土方开挖外运)	m^3	1. 土类分级:按现场实际情况; 2. 开挖厚度:根据现场情况综合考虑; 3. 运距:综合考虑; 4. 清淤沟渠应保证坡面及沟底杂草清理干净,其他详见图纸设计及规范要求	35 483	10. 21	362 106. 19
二		其他临时工程、施工专项工程、安全生产措施费					119 895. 37

续表

序号	项目编码	项目名称	计量单位	项目特征	工程数量	单价(元)	合价(元)
1		其他临时工程					14 828.90
1.1	AB648	其他临时工程	%		0.5	2 965 780.13	14 828.90
2		施工专项工程					
2.1	AB227	施工现场标准化建设工程	%		1	2 980 609.20	29 806.09
3		安全生产措施费					
3.1	AB005	安全生产措施费	%		2.5	3 010 415.12	75 260.38
合计							3 085 675.50

投标人:(盖单位章)

法定代表人(或委托代理人):(签名)

××××年××月××日

其余内容略。

小 结

水利水电工程投标是招标投标活动中投标人的一项重要活动,也是施工单位获得工程任务的主要途径,施工投标的一般程序包括:①投标准备;②参加资格预审;③购买和研究招标文件;④收集资料,准备投标;⑤投标文件的编制和提交;⑥出席开标会议;⑦接受中标通知书,提供履约担保,签订工程承包合同等7个步骤。

在进行投标文件编制过程中,工程报价编制是投标活动中最关键的环节,直接关系到能否中标。工程报价是在预算的基础上,由施工的难易程度、竞争对手的水平、工程风险、企业目前经营状况等多方面因素决定的。在对招标文件进行充分、完整、准确理解的基础上,编制出的报价是投标人施工措施、能力和水平的综合反映,应是合理的较低报价。

工程量清单计价是一种国际惯例计算报价模式,每一项单价中已综合了各种费用,即综合单价。其编制步骤为:①将综合单价分别填入相对应的分类分项工程量清单计价表中;②将已审定的分类分项工程量乘以综合单价,累计后即得该拟建工程分类分项工程造价;③分别按已确定的措施项目清单计价表、其他项目清单计价表和零星工作计价表中的项目内容,计算拟建工程的措施项目费用、其他项目费用和零星工作费用;④汇总后就得该拟建工程总造价,即投标总报价。

在投标过程中,还要研究投标策略与技巧,其目的是使投标者的报价既让业主可以接受,而且中标后又能获得更多的利润。投标策略作为投标取胜的方式、手段和艺术,贯穿于投标竞争的始终。除要了解报价高低的总原则外,常用的方法有不平衡报价法、多方案报价法、先亏后盈法等。

职业能力训练 9

一、单项选择题

1. 依照《中华人民共和国招标投标法》规定,依法必须招标的项目,投标人少于(　　)个的,招标人应当重新招标。

A. 6　　B. 4　　C. 5　　D. 3

2. (　　)可以组成一个联合体以一个投标人的身份共同投标。

A. 两个以上自然人或者其他组织

B. 两个以上法人或者其他组织

C. 两个以上法人、公民或者其他组织

D. 一个法人和一个自然人

3.《招标投标法》规定,投标人不得以低于成本的报价竞标,这里"成本"指(　　)。

A. 社会平均成本　　B. 投标企业的投标报价

C. 招标人编制的标底　　D. 投标企业的个别成本

4. 下列不属于投标文件内容的是(　　)。

A. 投标函　　B. 资格预审合格通知书

C. 施工组织设计或者施工方案　　D. 投标报价

5. 水利工程建设项目评标委员会专家组成员人数为(　　)以上单数,其中专家(不含招标人代表人数)不得少于成员总数的三分之二。

A. 3 人　　B. 5 人　　C. 7 人　　D. 9 人

二、多项选择题

1. 投标技巧中,适合高报价的项目有(　　)。

A. 工程量不大,但技术复杂或地处边远,施工现场条件差的项目

B. 工程量大的项目

C. 竞争对手较少或技术上优势明显的项目

D. 交通便利的项目

E. 能发挥企业自身专有技术或优势的项目

2. 中标人的投标应当符合下列(　　)条件之一。

A. 能够最大限度地满足招标文件中规定的各项综合评价标准

B. 能够最大限度地满足招标公告中规定的各项综合评标标准

C. 能够满足招标文件的实质性要求,并且经评审的投标价格最低;但是投标价格

低于成本的除外

D. 能够满足招标文件的要求,并且经评审的投标价格最低

E. 能够最大限度地满足投标文件中规定的各项综合评价标准

3. 公开开标体现了招标活动的公平、公开、公正和诚实信用原则,开标后,任何投标人不得(　　)。

A. 再增加优惠条件

B. 对投标书内容进行书面澄清

C. 对投标书内容作任何解释

D. 更改投标书的报价

E. 撤销投标书

4. 根据《水利工程建设项目招标投标管理规定》,水利工程建设项目评标方法可采用(　　)。

A. 综合评分法　　B. 合理最低投标价法　　C. 综合评议法

D. 综合最低评标价法　　E. 两阶段评标法

5. 水利工程建设项目招标投标过程中,下列(　　)说法是正确的。

A. 投标人必须具备水利工程建设项目所需的资质(资格)

B. 水利工程建设项目施工招标的评标标底可采用全部或部分投标人报价的平均值作为标底

C. 投标人应当对递交的资质(资格)预审文件及投标文件中有关资料的真实性负责

D. 投标人在递交投标文件之前,应当递交投标保证金

E. 投标人应当按照招标文件的要求编写投标文件,并在招标文件规定的投标截止时间之前密封送达招标人

三、判断题

1. 我国规定招标人和投标人应当自中标通知书发出之日起30日内订立书面合同,合同内容应依据招标文件、投标文件的要求和中标的条件签订。(　　)

2. 工程量清单应包括按招标文件规定完成工程量清单所列项目的全部费用。(　　)

3. 投标人在编制和提交完投标文件后,应按时参加开标会议,且开标会议由投标人的法定代表人参加,否则,其投标文件将不予启封。(　　)

4. 投标人可以在提交投标文件以后,采用书面形式向招标人递交补充、修改或撤回其投标文件的通知。(　　)

5. 在进行投标文件编制过程中,工程报价编制是投标活动中最关键的环节,直接关系到能否中标。(　　)

四、论述题

1. 投标程序是什么?

2. 投标时决策的依据是什么?

3. 投标文件由哪些内容构成?

4. 常用的投标技巧有哪几种?

5. 投标报价的文件由哪些内容构成?

6. 简述水利水电工程投标文件编制时应注意的事项。

五、综合实训

1. 目的:体验工程投标程序,熟悉工程投标文件的制作与要求。

2. 能力标准及要求:

(1)熟悉工程投标程序。

(2)掌握工程投标文件的主要内容,掌握投标报价组成及计算。

(3)了解投标文件的要求。

(4)在教师指导下以组为单位作为投标小组,充分发挥学生的主动性和创造性,按规定时间完成投标文件的编制与提交。

(5)采用国家统一规定的标准及规格,采用标准的专业术语。

3. 实训准备:

(1)工程有关批准文件。

(2)工程施工图。

(3)工程概算或施工图预算。

(4)模拟施工现场。

(5)模拟工程投标现场。

4. 步骤:

(1)划分小组,成立投标单位。

(2)颁发工程招标文件、工程施工图。研究和领会招标文件,读懂工程施工图。

(3)进行投标工作的准备工作。

(4)进行工程现场踏勘与答疑会。

(5)进行投标文件的编制。

(6)进行投标文件的密封与提交。

项目10 水利水电工程造价电算化

【学习目标】

了解水利工程造价电算化的意义、造价软件的特点；掌握造价软件的操作方法，能够熟练运用造价软件编制造价文件。具备创新思维和意识；具有使用信息化技术的能力。

【学习任务】

(1)造价软件的特点；

(2)软件的使用。

【任务分析】

党的二十大明确指出："加快建设制造强国、质量强国、航天强国、交通强国、网络强国、数字中国"。工程造价数字化是造价管理的必由之路。利用造价软件编制造价文件具有快速、准确的优点，要熟练掌握其操作方法。

任务1 概 述

1 水利水电工程造价电算化的概念

工程造价电算化是将计算机技术运用到水利水电工程概预算编制与报价工作中的软件系统，是通过对造价所需要的各种数据进行存储、分析、处理和维护，从而实现快速准确地编制工程概预算与报价的计算机管理信息系统。

随着信息化水平的不断提高，自动化办公软件在各行各业中发挥着越来越重要的作用。在水利水电行业，由于工程造价管理改革的深入，处理的数据越来越复杂，因而工程造价软件的使用越显得重要。造价软件进行工程造价管理有如下两个方面的优势。

1.1 计算准确、快速

由于是采用程序化的计算，在编写了正确的程序后，计算就是十分准确的，这样就可以减少因人工计算或人工书写过程中所产生的错误。软件的应用可以大大的减少计算的时间，可以提高工作效率。此外，考虑到造价的复杂多变，在对一些数据进行修正以后，软件可以很快重新进行计算，因此可以对数据进行全局性的动态修正更新。

1.2 便于数据处理

可以根据需要，选择不同类型的数据进行统计，可以避免人工统计数据中的遗漏、错误。此外，运用造价软件可以方便地导出、打印相关的数据，为经济技术分析提供了可靠的数据，同时由于软件生成的报表是按照国家或地方规范要求的格式制作的，因此导出的报表可以直接用于相关的文件。

此外，造价软件还有无纸化办公、便于办公协作、便于形成数据库等优点。

2 青山.net大禹水利水电工程造价软件介绍

2.1 简介

"青山.net大禹水利水电工程造价软件"由四川青山软件公司根据中华人民共和国水利部颁布的《水利建筑工程概算定额》《水利建筑工程预算定额》《水利水电设备安装工程预算定额》《水利水电设备安装概算定额》《水利工程施工机械台班时费定额》和2002年、2014年颁布的《水利工程设计概(估)算编制规定》《水利工程营业税改征增值税计价依据调整办法》以及2019年颁布的《关于调整水利工程计价依据增值税计算标准的通知》(办财务函〔2019〕448号)和2023年颁布的《关于调整水利工程计价依据安全生产措施费计算标准的通知》(办水总函〔2023〕38号)等为依据并联合全国数十家水利设计院,使用当前最流行的数据库开发工具Power Builder研发出的一套水利工程造价计算软件。

2.2 功能特点

2.2.1 自动实时计算

在"青山.net大禹水利工程造价软件"中,无论修改材料单价或者修改费率系数,从局部的清单到总概算表,都自动实时计算,并能让用户立即看到变化的结果。

2.2.2 高度集成的人机界面

系统使用了工程管理器和标签页面的界面表现方式,实现了高度的界面集成,用户在同一界面下操纵清单、定额和定额下面的材料。

2.2.3 工程清单输入方便

工程量清单可以通过"导入项目划分"功能来批量输入,在清单编辑界面中可以随意选择清单层次。所录入清单也可导入导出,减少重复录入工作。

2.2.4 套用定额方便

套用定额可直接输入定额号,也可用鼠标选择输入;可以借用地方的建筑和市政定额。可以将所选的多个定额及其调整信息复制并粘贴到指定地方,避免了大量的重复录入工作,提高工作效率。

2.2.5 工料机分析

工料机分析可以对工程消耗量一目了然,工料机分析可将工程中所有的人工材料筛选出来,并列出各工料的消耗量,输入材料单价可以批量自动重新计算。

2.2.6 报表齐全,导出方便

它涵盖部颁标准的所有表格及大量的标书专用报表和原始数据表,并且报表可灵活设置,能方便地导出为Excel,满足业主的招标要求。

此软件可以通过青山软件官方网站下载安装,在未注册前,将自动按照学习版模式运行,学习版的限制是:不能打印,不能导出为Excel,其余没有限制。

任务2 软件应用

码10-1 软件基础操作视频

本任务将依据水利部颁布的水利水电定额和青山软件的界面特点,对青山软件在水利水电造价管理方面的基本应用进行讲解。由于操作上的共性,以下以工程预算的操作为例进行讲解。

1　新建文件

在打开青山软件之后，界面的左上角如图 10-1 所示。若将鼠标指到工具栏的图标上，可以显示出图标所代表的操作。

图 10-1　界面外观

要新建文件，可以单击“文件”，在下拉菜单中选择“新建”，弹出的对话框如图 10-2 所示。

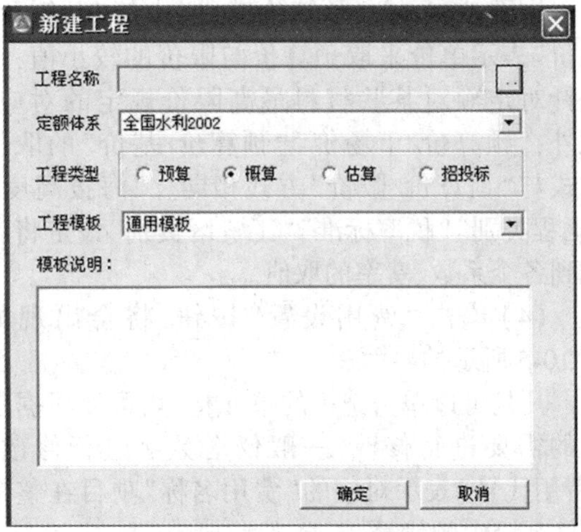

图 10-2　新建工程

(1)单击“工程名称”所在行最末的按钮。在弹出的对话框中，选择相应文件夹保存将建文件，而后在“文件名”栏中输入文件名称，单击“保存”即可。

(2)单击“定额体系”所在行最末的下拉按钮，选择相应的定额体系。

(3)单击“工程类型”所在行的种类，确定工程类型。

(4)单击“工程模板”所在行的下拉按钮，确定采用的模板。

(5)可以根据需要在“模板说明”的空白处输入相应的文字。

(6)单击“确定”按钮。

当然也可以通过图 10-1 中的鼠标所指的工具栏第一个图标新建文件。

2　工程部分投资编制

2.1　基本信息资料编制

基本信息编制包括工程信息、编制说明、海拔高度、工程类别、税率标准、工资区类别、各费用之间的关系及费率等。这里的设置是属于全局性的设置，设置好各项后，将会影响到后续计费的取值。

在新建/打开文件后，出现界面如图 10-3 所示，其界面分为如下三个部分：

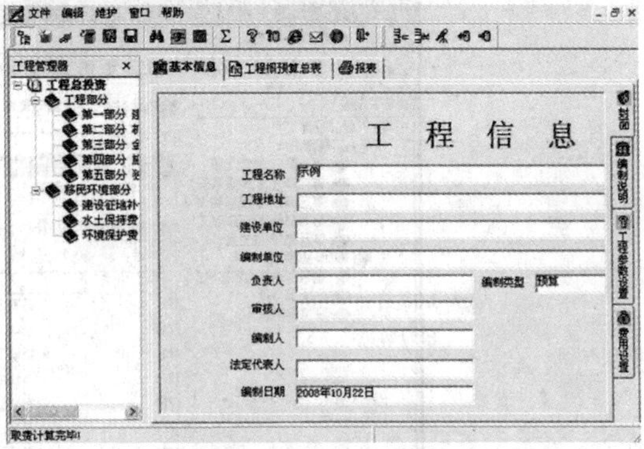

图 10-3　打开界面

(1)菜单和工具条区域：包括一些基本的功能。

(2)工程管理器区域：在左边，通过一种资源管理器的方式列出了枢纽工程或引水河道工程。显示左侧的“工程管理器”可以通过“文件”菜单或“显示工程管理器”按钮实现。

(3)右边是主工作区域，使用了标签页的方式来组织。

先单击“工程管理器”中的“工程部分”，然后单击“工程管理器”旁的“基本信息”。接着对右侧一列的按钮依次进行如下操作：

①单击“封面”按钮,在相应空白处输入适当文字。

②单击“编制说明”按钮,在相应空白处输入适当文字。

③单击“工程参数设置”按钮,将会出现如下界面,如图10-4所示。

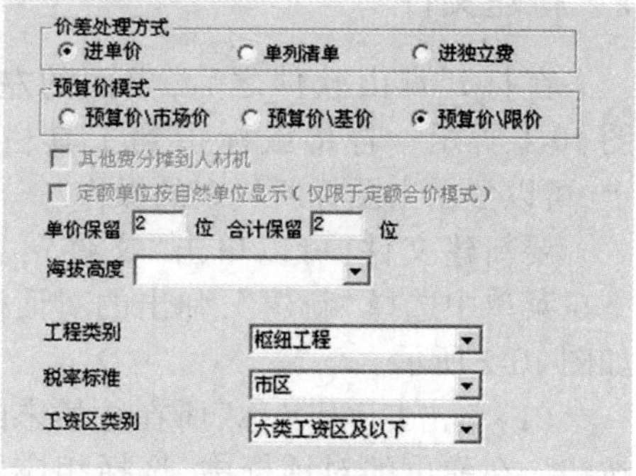

图10-4 工程参数设置

在图10-4中,“预算价模式”中的“预算价/限价”表示单价采取预算价与限价的较小值,这是针对定额对某些材料最高限价规定的对应。此外,“预算价/市场价”“预算价/基价”的取值方式与“预算价/限价”方式相同。“海拔高度”“工程类别”“税率标准”“工资区类别”设定将影响到各个系数、费率的取值。

(4)单击“费用设置”按钮,将会出现如图10-5所示的界面。

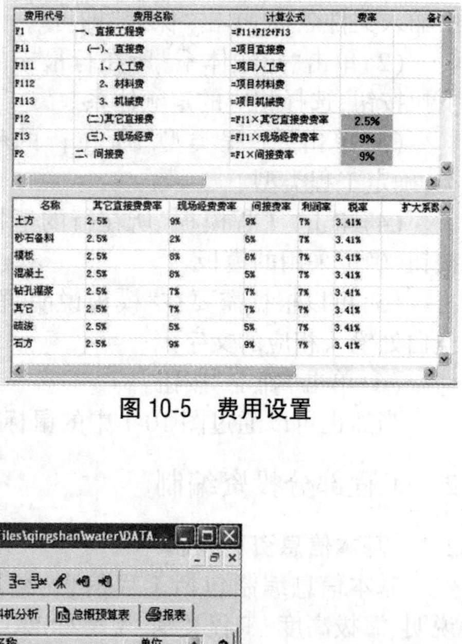

图10-5 费用设置

凡是可以单击选中的单元格,均可以根据自己的需要进行修改,一般仅对数字进行修改。“费用代号”表示对应的“费用名称”项目在整个软件系统中的代号。

2.2 基础资料编制

基础资料编制包括人工单价、材料单价、水价、电价、风价、骨料系统、配合比、机械台班费等。依次单击:左侧工程管理器处的“工程部分”→“基础资料”,即可出现基础资料编制界面,如图10-6所示。

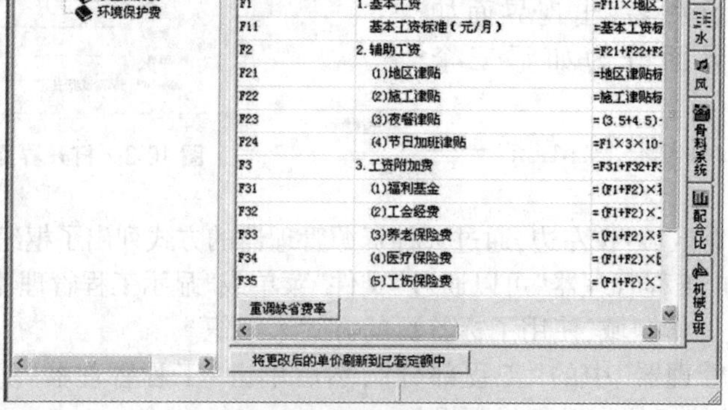

图10-6 基础资料编制

分别单击图 10-6 最右侧“人工”“材料”“电”“水”“风”“骨料系统”“配合比”等按钮,则出现相应的单价设置对话框,即可根据相应的提示计算出基础单价。

2.3 总概预算表编制

单击图 10-7 中的“总概预算表”进行分年度投资的设置。

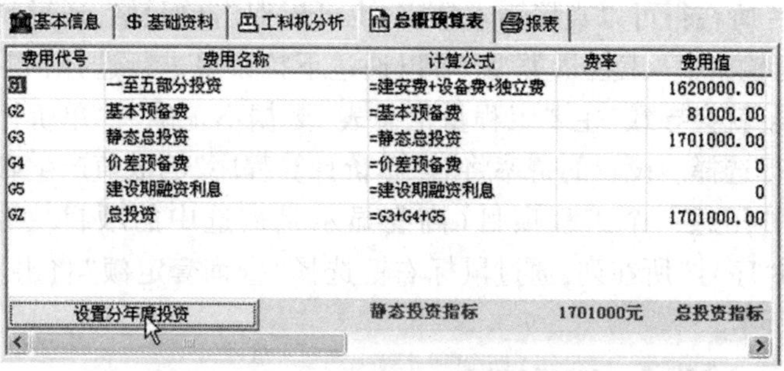

图 10-7 总概预算表设备

单击图 10-7 中箭头所指的“设置分年度投资”按钮,在弹出的对话框中输入相应的数据,当在对整个工程部分(一至五部分)输入完毕数据后,即可显示出总概预算表。

3 各部分费用的编制

3.1 一至四部分费用的编制

由于第一部分(建筑工程)、第二部分(机电设备及安装工程)、第三部分(金属结构设备及安装工程)、第四部分(施工临时工程)这几部分在编制上的共性,以下仅以第一部分为例进行说明。单击图 10-6 左侧“工程管理器”中的“第一部分 建筑工程”进入建筑工程的设置,如图 10-8 所示。

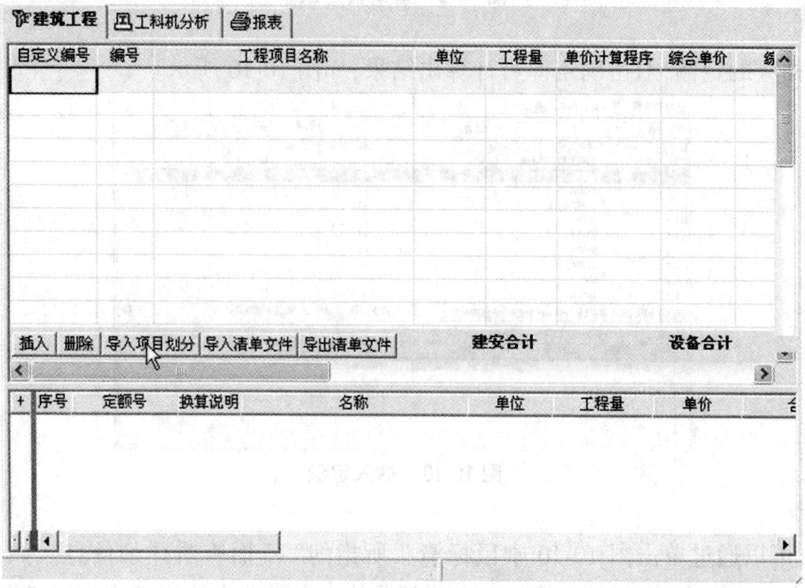

图 10-8 建筑工程设置

(1)单击“导入项目划分”按钮,在弹出的窗口中,先选择相应的模板,然后单击选择各项目最后确定,当然也可以通过“导入清单文件”导入具有特定格式的数据。在导入项目后,还可以对“自定义编号”“编号”“工程项目名称”所在列的单元格的内容进行相应的修改。此外,也可以根据自己的需要在相应单元格自行输入。

(2)“工程量”所在行可以直接输入数字,也可以双击单元格,通过弹出的“工程量计算式”对话框进行输入。“工程量类型”可以通过下拉菜单进行选择,如果在这里没有输入,或者输入有误,就会导致“主要工程量汇总表”数据不正确。“单价计算程序”也可以通过下拉菜单进行选择。设置的费率将对“单价计算程序”的取值产生影响。

(3)单击选中任意一个工程项目(高亮显示是被选中的项目),然后用鼠标单击图 10-8 下部分的“序号”所在列,通过鼠标右键选择“查询套定额”将出现“查询套定额”界面,如图 10-9 所示。

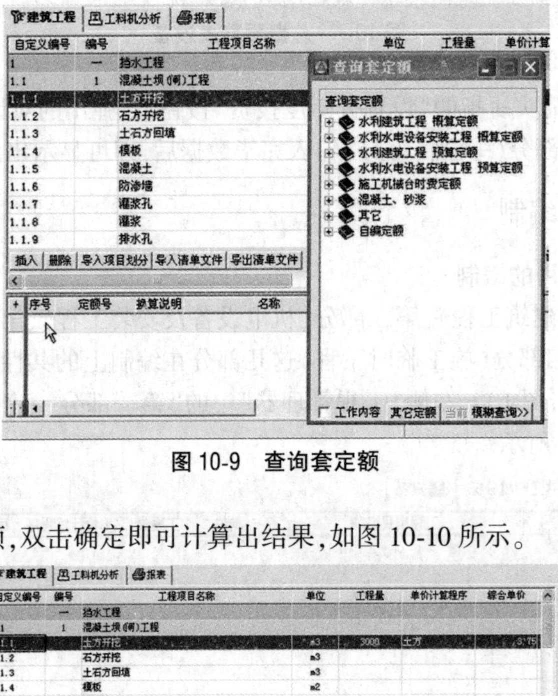

图 10-9　查询套定额

选择相应的定额,双击确定即可计算出结果,如图 10-10 所示。

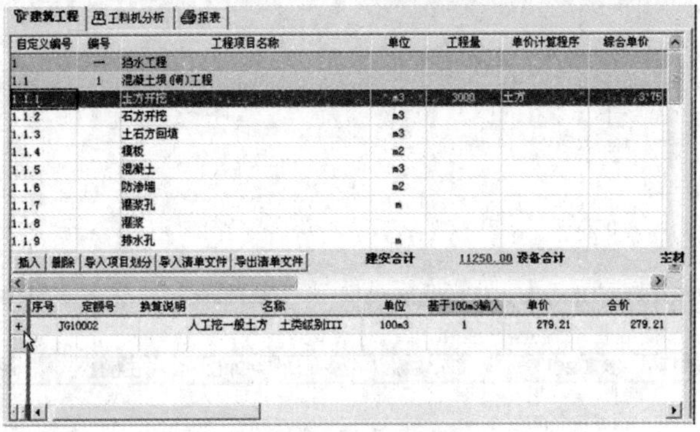

图 10-10　输入定额

此外,可以通过单击图 10-10 中鼠标箭头所指的“+”而查看详细信息。如果某工程项目的工序不止一个,则可以在图 10-10 下部分的空白行单击确定相应的定额即可。

在所有的数据均输入完毕之后,可以单击图 10-8 中的“工料机分析”按钮进行相应数据的分析、查看。

3.2　第五部分费用的编制

进入独立费用后(见图 10-11),在该界面中只需要单击工具条上的求和按钮即可计算出独立费用和总投资。

独立费用中的各项费用的计算公式和费率都是根据编制说明来设置的。可以根据工程的实际情况,对费用项目进行调整,也就是增加或减少费用项目,调整费用计算公式以及费率等。对数据调整后,需要重新单击求和按钮进行计算。当然也可以单击标题栏的“维护”→“系统色绘制”→“费用表”→选中“修改费率后自动计算”,则系统就会在数据修改后,自动进行计算。对于公式的修改可以双击图 10-11 中的“计算公式”所在列的相应单元格在弹出的窗口中修改。

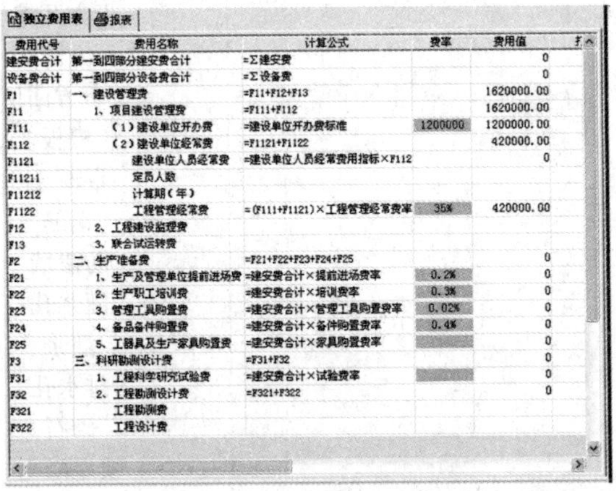

独立费用表　报表

费用代号	费用名称	计算公式	费率	费用值
建安费合计	第一到四部分建安费合计	=Σ建安费		0
设备费合计	第一到四部分设备费合计	=Σ设备费		0
F1	一、建设管理费	=F11+F12+F13		1620000.00
F11	1、项目建设管理费	=F111+F112		1620000.00
F111	(1)建设单位开办费	=建设单位开办费标准	1200000	1200000.00
F112	(2)建设单位经常费	=F1121+F1122		420000.00
F1121	建设单位人员经常费	=建设单位人员经常费用指标×F112		0
F11211	定员人数			
F11212	计算期(年)			
F1122	工程管理经常费	=(F111+F1121)×工程管理经常费率	35%	420000.00
F12	2、工程建设监理费			
F13	3、联合试运转费			
F2	二、生产准备费	=F21+F22+F23+F24+F25		0
F21	1、生产及管理单位提前进场费	=建安费合计×提前进场费率	0.2%	0
F22	2、生产职工培训费	=建安费合计×培训费率	0.3%	0
F23	3、管理工具购置费	=建安费合计×管理工具购置费率	0.02%	0
F24	4、备品备件购置费	=建安费合计×备件购置费率	0.4%	0
F25	5、工器具及生产家具购置费	=建安费合计×家具购置费率		0
F3	三、科研勘测设计费	=F31+F32		0
F31	1、工程科学研究试验费	=建安费合计×试验费率		0
F32	2、工程勘测设计费	=F321+F322		0
F321	工程勘测费			
F322	工程设计费			

图 10-11　独立费设置

至此,青山. net 大禹水利工程造价软件在工程概预算中的基本使用方法就介绍完毕了。为了提高实际的操作能力,还需要结合具体的工程实例进行系统的操作。

利用计算机软件编制工程造价的关键是要保证工程初始数据输入的正确无误。而要做到这一点的核心是工程造价人员必须对程序的使用、工程初始数据的输入和注意事项有详尽的了解与掌握。

小　结

在任务 1 中首先讲解了水利水电工程电算化。人脑灵活但是怕繁杂,电脑则需要程序化但是不惧复杂的计算,基于此,水利水电工程造价软件的出现使人们从复杂而又烦琐的计算中解脱了出来。接着对青山大禹水利水电工程造价软件进行了简单的介绍。

在任务 2 中,主要是针对青山软件界面上的特点进行了操作方面的讲解。总结起来,就是由全局性参数的设置到分项参数的设置。总局性的设置主要有:封面、编制说明、工程参数、费用设置、基础资料等。分项参数设置主要指工程部分和移民环境部分的设置。

当然,对于软件的学习可以查阅软件自带的帮助文件。此外,只有结合实际的工程项目对软件进行操作才可以很好地学习软件。

附录1 水利水电工程项目划分

第一部分 建筑工程

序号	一级项目	二级项目	三级项目	技术经济指标
I	枢纽工程			
一	挡水工程			
1		混凝土坝(闸)工程		
			土方开挖	元/m^3
			石方开挖	元/m^3
			土石方回填	元/m^3
			模板	元/m^2
			混凝土	元/m^3
			钢筋	元/t
			防渗墙	元/m^2
			灌浆孔	元/m
			灌浆	元/m(m^2)
			排水孔	元/m
			砌石	元/m^3
			喷混凝土	元/m^3
			锚杆(索)	元/根(束)
			启闭机室	元/m^2
			温控措施	元/m^3
			细部结构工程	元/m^3
2		土(石)坝工程		
			土方开挖	元/m^3
			石方开挖	元/m^3
			土料填筑	元/m^3
			砂砾料填筑	元/m^3
			斜(心)墙土料填筑	元/m^3
			反滤料、过渡料填筑	元/m^3
			坝体堆石填筑	元/m^3
			铺盖填筑	元/m^3
			土工膜(布)	元/m^2
			沥青混凝土	元/m^3
			模板	元/m^2
			混凝土	元/m^3
			砌石	元/m^3
			铺盖填筑	元/m^3
			防渗墙	元/m^2

第一部分续表

序号	一级项目	二级项目	三级项目	技术经济指标
2		土(石)坝工程		
			灌浆孔	元/m
			灌浆	元/m(m^2)
			排水孔	元/m
			钢筋	元/t
			锚杆(索)	元/根(束)
			面(趾)板止水	元/m
			细部结构工程	元/m^3
二	泄洪工程			
1		溢洪道工程		
			土方开挖	元/m^3
			石方开挖	元/m^3
			土石方回填	元/m^3
			模板	元/m^2
			混凝土	元/m^3
			灌浆孔	元/m
			灌浆	元/m(m^2)
			排水孔	元/m
			砌石	元/m^3
			钢筋	元/t
			锚杆(索)	元/根(束)
			启闭机室	元/m^2
			温控措施	元/m^3
			细部结构工程	元/m^3
2		泄洪洞工程		
			土方开挖	元/m^3
			石方开挖	元/m^3
			模板	元/m^2
			混凝土	元/m^3
			灌浆孔	元/m
			灌浆	元/m(m^2)
			排水孔	元/m
			砌石	元/m^3
			喷混凝土	元/m^3
			锚杆(索)	元/根(束)
			钢筋网	元/t
			钢拱架、钢格栅	元/t
			细部结构工程	元/m^3
3		冲砂洞(孔)工程		
4		放空洞工程		
5		泄洪洞工程		

第一部分续表

序号	一级项目	二级项目	三级项目	技术经济指标
三	引水工程			
1		引水明渠工程		
			土方开挖	元/m^3
			石方开挖	元/m^3
			模板	元/m^2
			混凝土	元/m^3
			钢筋	元/t
			锚杆(索)	元/根(束)
			细部结构工程	元/m^3
2		进(取)水口工程		
			土方开挖	元/m^3
			石方开挖	元/m^3
			模板	元/m^2
			混凝土	元/m^3
			钢筋	元/t
			砌石	元/m^3
			锚杆(索)	元/根(束)
			细部结构工程	元/m^3
3		引水隧洞工程		
			土方开挖	元/m^3
			石方开挖	元/m^3
			模板	元/m^2
			混凝土	元/m^3
			钢筋	元/t
			灌浆孔	元/m
			灌浆	元/m(m^2)
			排水孔	元/m
			砌石	元/m^3
			喷混凝土	元/m^3
			锚杆(索)	元/根(束)
			钢筋网	元/t
			钢拱架、钢格栅	元/t
			细部结构工程	元/m^3
4		调压井工程		
			土方开挖	元/m^3
			石方开挖	元/m^3
			模板	元/m^2
			混凝土	元/m^3
			钢筋	元/t
			灌浆孔	元/m
			灌浆	元/m(m^2)
			砌石	元/m^3
			锚索(杆)	元/束(根)
			细部结构工程	元/m^3

第一部分续表

序号	一级项目	二级项目	三级项目	技术经济指标
5		高压管道工程		
			土方开挖	元/m^3
			石方开挖	元/m^3
			模板	元/m^2
			混凝土	元/m^3
			钢筋	元/t
			灌浆孔	元/m
			灌浆	元/m(m^2)
			砌石	元/m^3
			锚杆(索)	元/根(束)
			钢筋网	元/t
			钢拱架、钢格栅	元/t
			细部结构工程	元/m^3
四	发电厂(泵站)工程			
1		地面厂房工程		
			土方开挖	元/m^3
			石方开挖	元/m^3
			土石方回填	元/m^3
			模板	元/m^2
			混凝土	元/m^3
			钢筋	元/t
			灌浆孔	元/m
			灌浆	元/m(m^2)
			砌石	元/m^3
			锚杆(索)	元/根(束)
			温控措施	元/m^3
			厂房建筑	元/m^2
			细部结构工程	元/m^3
2		地下厂房工程		
			石方开挖	元/m^3
			模板	元/m^2
			混凝土	元/m^3
			钢筋	元/t
			灌浆孔	元/m
			灌浆	元/m(m^2)
			排水孔	元/m
			喷混凝土	元/m^3
			锚杆(索)	元/根(束)
			钢筋网	元/t
			钢拱架、钢格栅	元/t
			温控措施	元/m^3
			厂房装修	元/m^2
			细部结构工程	元/m^3

第一部分续表

序号	一级项目	二级项目	三级项目	技术经济指标
3		交通洞工程		
			土方开挖	元/m^3
			石方开挖	元/m^3
			模板	元/m^2
			混凝土	元/m^3
			钢筋	元/t
			灌浆孔	元/m
			灌浆	元/m(m^2)
			喷混凝土	元/m^3
			锚杆(索)	元/根(束)
			钢筋网	元/t
			钢拱架、钢格栅	元/t
			细部结构工程	元/m^3
4		出线洞(井)工程		
5		通风洞(井)工程		
6		尾水洞工程		
7		尾水调压井工程		
8		尾水渠工程		
			土方开挖	元/m^3
			石方开挖	元/m^3
			土石方回填	元/m^3
			模板	元/m^2
			混凝土	元/m^3
			钢筋	元/t
			砌石	元/m^3
			锚杆(索)	元/根(束)
			细部结构工程	元/m^3
五	升压变电站工程			
1		变电站工程		
			土方开挖	元/m^3
			石方开挖	元/m^3
			土石方回填	元/m^3
			模板	元/m^2
			混凝土	元/m^3
			钢筋	元/t
			砌石	元/m^3
			钢材	元/t
			细部结构工程	元/m^3
2		开关站工程		
			土方开挖	元/m^3
			石方开挖	元/m^3

第一部分续表

序号	一级项目	二级项目	三级项目	技术经济指标
2		开关站工程		
			土石方回填	元/m^3
			模板	元/m^2
			混凝土	元/m^3
			砌石	元/m^3
			钢材	元/t
			细部结构工程	元/m^3
六	航运工程			
1		上游引航道工程		
			土方开挖	元/m^3
			石方开挖	元/m^3
			土石方回填	元/m^3
			模板	元/m^2
			混凝土	元/m^3
			钢筋	元/t
			砌石	元/m^3
			锚杆(索)	元/根(束)
			细部结构工程	元/m^3
2		船闸(升船机)工程		
			土方开挖	元/m^3
			石方开挖	元/m^3
			土石方回填	元/m^3
			模板	元/m^2
			混凝土	元/m^3
			钢筋	元/t
			灌浆孔	元/m
			灌浆	元/m(m^2)
			防渗墙	元/m^2
			钢筋	元/t
			锚杆(索)	元/根(束)
			控制室	元/m^2
			温控措施	元/m^3
			细部结构工程	元/m^3
3		下游引航道工程		
七	鱼道工程			
八	交通工程			
1		公路工程		元/km
2		铁路工程		元/km
3		桥梁工程		元/延米
4		码头工程		
九	房屋建筑工程			
1		辅助生产厂房		元/m^2

第一部分续表

序号	一级项目	二级项目	三级项目	技术经济指标
2		仓库		元/m^2
3		办公用房		元/m^2
4		值班宿舍及文化福利建筑		
5		室外工程		
十	供电设施工程			
十一	其他建筑工程			
1		安全监测设施工程		
2		照明线路工程		元/km
3		通信线路工程		元/km
4		厂坝(闸、泵站)区供水、供热、排水等公用设施		
5		劳动安全与工业卫生设施		
6		水文、泥沙监测设施工程		
7		水情自动测报系统工程		
8		其他		
Ⅱ		引水工程		
一	渠(管)道工程(堤防工程、疏浚工程)			
1		××—××段干渠(管)工程		
			土方开挖	元/m^3
			石方开挖	元/m^3
			土石方回填	元/m^3
			模板	元/m^2
			混凝土	元/m^3
			钢筋	元/t
			输水管道	元/m
			管道附件及阀门	
			管道防腐	元/m
			砌石	元/m^3
			垫层	元/m^3
			土工布	元/m^2
			草皮护坡	元/m^2
			细部结构工程	元/m^3
2		××—××段支渠(管)工程		
二	建筑物工程			
1		泵站工程(扬水站、排灌站)		
			土方开挖	元/m^3
			石方开挖	元/m^3
			土石方回填	元/m^3

第一部分续表

序号	一级项目	二级项目	三级项目	技术经济指标
1		泵站工程(扬水站、排灌站)		
			模板	元/m^2
			混凝土	元/m^3
			钢筋	元/t
			砌石	元/m^3
			厂房建筑	元/m^2
			细部结构工程	元/m^3
2		水闸工程		
			土方开挖	元/m^3
			石方开挖	元/m^3
			土石方回填	元/m^3
			模板	元/m^2
			混凝土	元/m^3
			防渗墙	元/m^2
			灌浆孔	元/m
			灌浆	元/m(m^2)
			砌石	元/m^3
			钢筋	元/t
			启闭机室	元/m^2
			细部结构工程	元/m^3
3		渡槽工程		
			土方开挖	元/m^3
			石方开挖	元/m^3
			土石方回填	元/m^3
			模板	元/m^2
			混凝土	元/m^3
			钢筋	元/t
			预应力锚索(筋)	元/束
			渡槽支撑	
			砌石	元/m^3
			细部结构工程	元/m^3
4		隧洞工程		
			土方开挖	元/m^3
			石方开挖	元/m^3
			土石方回填	元/m^3
			模板	元/m^2
			混凝土	元/m^3
			钢筋	元/t
			灌浆孔	元/m
			灌浆	元/m(m^2)
			砌石	元/m^3
			喷混凝土	元/m^3

第一部分续表

序号	一级项目	二级项目	三级项目	技术经济指标
4		隧洞工程		
			锚杆(索)	元/根(束)
			钢筋网	元/t
			钢拱架、钢格栅	元/t
			细部结构工程	元/m^3
5		倒虹吸工程		
6		箱涵(暗渠)工程		
7		跌水工程		
8		动能回收电站工程		
9		调蓄水库工程		
10		排水涵(渡槽)		
11		公路交叉(穿越)建筑物		
12		铁路交叉(穿越)建筑物		
13		其他建筑物工程		
三	交通工程			
1		对外公路		
2		运行管理维护道路		
四	房屋建筑工程			
1		辅助生产厂房		元/m^2
2		仓库		元/m^2
3		办公用房		元/m^2
4		值班宿舍及文化福利建筑		
5		室外工程		
五	供电设施工程			
六	其他建筑工程			
1		安全监测设施工程		
2		照明线路工程		元/km
3		通信线路工程		元/km
4		厂坝(闸、泵站)区及生活区供水、供热、排水等公用设施		
5		劳动安全与工业卫生设施		
6		水文、泥沙监测设施工程		
7		水情自动测报系统工程		
8		其他		
Ⅲ	河道工程			
一	河湖整治与堤防工程			
1		××—××段堤防工程		
			土方开挖	元/m^3
			土方填筑	元/m^3
			模板	元/m^2
			混凝土	元/m^3

第一部分续表

序号	一级项目	二级项目	三级项目	技术经济指标
1		××—××段堤防工程	砌石	元/m^3
			土工布	元/m^2
			防渗墙	元/m^2
			灌浆	元/m(m^2)
			草皮护坡	元/m^2
			细部结构工程	元/m^3
2		××—××段河道(湖泊)整治工程		
3		××—××段河道疏浚工程		
二	灌溉工程			
1		××—××段渠(管)道工程		
			土方开挖	元/m^3
			土方填筑	元/m^3
			模板	元/m^2
			混凝土	元/m^3
			砌石	元/m^3
			土工布	元/m^2
			输水管道	元/m
			细部结构工程	元/m^3
三	田间工程			
1		××—××段渠(管)道工程		
2		田间土地平整		
四	建筑物工程			
1		水闸工程		
2		泵站工程(扬水站、排灌站)		
3		其他建筑物		
五	交通工程			
六	房屋建筑工程			
1		辅助生产厂房		
2		仓库		
3		办公用房		
4		值班宿舍及文化福利建筑		
5		室外工程		
七	供电设施工程			
八	其他建筑工程			
1		安全监测设施工程		
2		照明线路工程		元/km
3		通信线路工程		元/km
4		厂坝(闸、泵站)区及生活区供水、供热、排水等公用设施		
5		劳动安全与工业卫生设施		
6		水文、泥沙监测设施工程		
7		其他		

第二部分　机电设备及安装工程

序号	一级项目	二级项目	三级项目	技术经济指标
Ⅰ	枢纽工程			
一	发电设备及安装工程			
1		水轮机设备及安装工程		
			水轮机	元/台
			调速器	元/台
			油压装置	元/台套
			过速限制器	元/台套
			自动化元件	元/台套
			透平油	元/t
2		发电机设备及安装工程		
			发电机	元/台
			励磁装置	元/台套
			自动化元件	元/台套
3		主阀设备及安装工程		
			蝴蝶阀(球阀、锥形阀)	元/台
			油压装置	元/台
4		起重设备及安装工程		
			桥式起重机	元/t(台)
			转子吊具	元/t(具)
			平衡梁	元/t(副)
			轨道	元/双 10 m
			滑触线	元/三相 10 m
5		水力机械辅助设备及安装工程		
			油系统	
			压气系统	
			水系统	
			水力量测系统	
			管路(管子、附件、阀门)	
6		电气设备及安装工程		
			发电电压装置	
			控制保护系统	
			直流系统	
			厂用电系统	
			电工试验	
			35 kV 及以下动力电缆	
			控制和保护电缆	
			母线	
			电缆架	
			其他	

第二部分续表

序号	一级项目	二级项目	三级项目	技术经济指标
二	升压变电设备及安装工程			
1		主变压器设备及安装工程		
			变压器	元/台
			轨道	元/双 10 m
2		高压电气设备及安装工程		
			高压断路器	
			电流互感器	
			电压互感器	
			隔离开关	
			110 kV 及以上高压电缆	
3		一次拉线及其他安装工程		
三	公用设备及安装工程			
1		通信设备及安装工程		
			卫星通信	
			光缆通信	
			微波通信	
			载波通信	
			生产调度通信	
			行政管理通信	
2		通风采暖设备及安装工程		
			通风机	
			空调机	
			管路系统	
3		机修设备及安装工程		
			车床	
			刨床	
			钻床	
4		计算机监控系统		
5		工业电视系统		
6		管理自动化系统		
7		全厂接地及保护网		
8		电梯设备及安装工程		
			大坝电梯	
			厂房电梯	
9		坝区馈电设备及安装工程		
			变压器	
			配电装置	

第二部分续表

序号	一级项目	二级项目	三级项目	技术经济指标
10		厂坝区供水、排水、供热设备及安装工程		
11		水文、泥沙监测设备及安装工程		
12		水情自动测报系统设备及安装工程		
13		视频安防监控设备及安装工程		
14		安全监测设备及安装工程		
15		消防设备		
16		劳动安全与工业卫生设备及安装工程		
17		交通设备		
Ⅱ	引水工程及河道工程			
一	泵站设备及安装工程			
1		水泵设备及安装工程		
2		电动机设备及安装工程		
3		主阀设备及安装工程		
4		起重设备及安装工程		
			桥式起重机	元/t(台)
			平衡梁	元/t(副)
			轨道	元/双 10 m
			滑触线	元/三相 10 m
5		水力机械辅助设备及安装工程		
			油系统	
			压气系统	
			水系统	
			水力量测系统	
			管路(管子、附件、阀门)	
6		电气设备及安装工程		
			控制保护系统	
			盘柜	
			电缆	
			母线	
二	水闸设备及安装工程			
1		电气一次设备及安装工程		
2		电气二次设备及安装工程		

第二部分续表

序号	一级项目	二级项目	三级项目	技术经济指标
三	电站设备及安装工程			
四	供电设备及安装工程			
1		变电站设备及安装		
五	公用设备及安装工程			
1		通信设备及安装工程		
			卫星通信	
			光缆通信	
			微波通信	
			载波通信	
			生产调度通信	
			行政管理通信	
2		通风采暖设备及安装工程		
			通风机	
			空调机	
			管路系统	
3		机修设备及安装工程		
			车床	
			刨床	
			钻床	
4		计算机监控系统		
5		管理自动化系统		
6		全厂接地及保护网		
7		厂坝区供水、排水、供热设备及安装工程		
8		水文、泥沙监测设备及安装工程		
9		水情自动测报系统设备及安装工程		
10		视频安防监控设备及安装工程		
11		安全监测设备及安装工程		
12		消防设备		
13		劳动安全与工业卫生设备及安装工程		
14		交通设备		

第三部分　金属结构设备及安装工程

序号	一级项目	二级项目	三级项目	技术经济指标
Ⅰ	枢纽工程			
一	挡水工程			
1		闸门设备及安装工程		
			平板门	元/t
			弧形门	元/t
			埋件	元/t
			闸门防腐	
2		启闭设备及安装工程		
			卷扬式启闭机	元/t(台)
			门式启闭机	元/t(台)
			油压启闭机	元/t(台)
			轨道	元/双 10 m
3		拦污设备及安装工程		
			拦污栅	元/t
			清污机	元/t(台)
二	泄洪工程			
1		闸门设备及安装工程		
2		启闭设备及安装工程		
3		拦污设备及安装工程		
三	引水工程			
1		闸门设备及安装工程		
2		启闭设备及安装工程		
3		拦污设备及安装工程		
4		钢管制作及安装工程		
四	发电厂工程			
1		闸门设备及安装工程		
2		启闭设备及安装工程		
五	航运工程			
1		闸门设备及安装工程		
2		启闭设备及安装工程		
3		升船机设备及安装工程		
六	鱼道工程			
Ⅱ	引水及河道工程			
一	泵站工程			
1		闸门设备及安装工程		
2		启闭设备及安装工程		
3		拦污设备及安装工程		
二	水闸(涵)工程			
1		闸门设备及安装工程		
2		启闭设备及安装工程		
3		拦污设备及安装工程		

第三部分续表

序号	一级项目	二级项目	三级项目	技术经济指标
三	小水电站工程			
1		闸门设备及安装工程		
2		启闭设备及安装工程		
3		拦污设备及安装工程		
4		钢管制作及安装工程		
四	调蓄水库工程			
五	其他建筑物工程			

第四部分 施工临时工程

序号	一级项目	二级项目	三级项目	技术经济指标
一	导流工程			
1		导流明渠工程		
			土方开挖	元/m^3
			石方开挖	元/m^3
			模板	元/m^2
			混凝土	元/m^3
			钢筋	元/t
			锚杆	元/根
2		导流洞工程		
			土方开挖	元/m^3
			石方开挖	元/m^3
			模板	元/m^2
			混凝土	元/m^3
			钢筋	元/t
			喷混凝土	元/m^3
			锚杆(索)	元/根(束)
3		土石围堰工程		
			土方开挖	元/m^3
			石方开挖	元/m^3
			堰体填筑	元/m^3
			砌石	元/m^3
			防渗	元/m^3(m^2)
			堰体拆除	元/m^3
			其他	
4		混凝土围堰工程		
			土方开挖	元/m^3
			石方开挖	元/m^3
			模板	元/m^2

第四部分续表

序号	一级项目	二级项目	三级项目	技术经济指标
4		混凝土围堰工程		
			混凝土	元/m^3
			防渗	元/m^3(m^2)
			堰体拆除	元/m^3
			其他	
5		蓄水期下游断流补偿设施工程		
6		金属结构设备及安装工程		
二	施工交通工程			
1		公路工程		元/km
2		铁路工程		元/km
3		桥梁工程		元/延米
4		施工支洞工程		
5		码头工程		
6		转运站工程		
三	施工供电工程			
1		220 kV 供电线路		元/km
2		110 kV 供电线路		元/km
3		35 kV 供电线路		元/km
4		10 kV 供电线路(引水及河道)		元/km
5		变配电设施(场内除外)		元/座
四	房屋建筑工程			
1		施工仓库		
2		办公、生活及文化福利建筑		
五	其他施工临时工程			

注:凡永久与临时相结合的项目列入相应永久工程项目内。

第五部分　独立费用

序号	一级项目	二级项目	三级项目	技术经济指标
一	建设管理费			
二	工程建设监理费			
三	联合试运转费			
四	生产准备费			
1		生产及管理单位提前进场费		
2		生产职工培训费		
3		管理用具购置费		

第五部分续表

序号	一级项目	二级项目	三级项目	技术经济指标
4		备品备件购置费		
5		工器具及生产家具购置费		
五	科研勘测设计费			
1		工程科学研究试验费		
2		工程勘测设计费		
六	其他			
1		工程保险费		
2		其他税费		

附录2 设计概算表格

1 工程概算总表

附表1 工程概算总表

(单位:万元)

序号	工程或费用名称	建安工程费	设备购置费	独立费用	合计
Ⅰ	工程部分投资				
	第一部分 建筑工程				
	…				
	第二部分 机电设备及安装工程				
	…				
	第三部分 金属结构设备及安装工程				
	…				
	第四部分 施工临时工程				
	…				
	第五部分 独立费用				
	…				
	一至五部分合计				
	基本预备费				
	静态投资				
Ⅱ	建设征地移民补偿投资				
一	农村部分补偿费				
二	城(集)镇部分补偿费				
三	工业企业补偿费				
四	专业项目补偿费				
五	防护工程费				
六	库底清理费				
七	其他费用				
	一至七项小计				
	基本预备费				
	有关税费				
	静态投资				
Ⅲ	环境保护工程投资静态投资				
Ⅳ	水土保持工程投资静态投资				
Ⅴ	工程投资总计(Ⅰ~Ⅳ合计)				
	静态总投资				
	价差预备费				
	建设期融资利息				
	总投资				

2 工程部分概算表

附表 2 工程部分总概算表 (单位:万元)

序号	工程或费用名称	建安工程费	设备购置费	独立费用	合计	占一至五部分投资(%)
	各部分投资					
	一至五部分投资合计					
	基本预备费					
	静态投资					

注:表中各部分投资按项目划分的五部分填表并列至一级项目。

附表 3 建筑工程概算表

序号	工程或费用名称	单位	数量	单价(元)	合计(元)

注:1. 按项目划分列至三级项目。
2. 本表适用于编制建筑工程概算、施工临时工程概算和独立费用概算。

附表 4 设备及安装工程概算表

序号	名称及规格	单位	数量	单价(元)		合计(元)	
				设备费	安装费	设备费	安装费

注:1. 按项目划分列至三级项目。
2. 本表适用于编制机电和金属结构设备及安装工程概算。

附表 5 分年度投资表 (单位:万元)

序号	项目	合计	建设工期(年)							
			一	二	三	四	五	六	七	…
I	工程部分投资									
一	建筑工程									
1	建筑工程									
	×××工程(一级项目)									
2	施工临时工程									
	×××工程(一级项目)									
二	安装工程									
1	机电设备安装工程									
	×××工程(一级项目)									
2	金属结构设备安装工程									

续附表5

序号	项目	合计	建设工期(年)							
			一	二	三	四	五	六	七	…
	×××工程(一级项目)									
三	设备工程									
1	机电设备									
	×××设备									
2	金属结构设备									
	×××设备									
四	独立费用									
1	建设管理费									
2	工程建设监理费									
3	联合试运转费									
4	生产准备费									
5	科研勘测设计费									
6	其他									
	一至四项合计									
	基本预备费									
	静态投资									
Ⅱ	建设征地移民补偿投资									
	…									
	静态投资									
Ⅲ	环境保护工程投资									
	…									
	静态投资									
Ⅳ	水土保持工程投资									
	…									
	静态投资									
Ⅴ	工程投资总计(Ⅰ~Ⅳ合计)									
	静态总投资									
	价差预备费									
	建设期融资利息									
	总投资									

注:可视不同情况按项目划分列至一级项目或二级项目。

附表 6 资金流量表 (单位:万元)

序号	项目	合计	建设工期(年)							
			一	二	三	四	五	六	七	…
Ⅰ	工程部分投资									
一	建筑工程									
(一)	建筑工程									
	×××工程(一级项目)									
(二)	施工临时工程									
	×××工程(一级项目)									
二	安装工程									
(一)	机电设备及安装工程									
	×××工程(一级项目)									
(二)	金属结构设备及安装工程									
	×××工程(一级项目)									
三	设备购置费									
	…									
四	独立费用									
	…									
	一至四项合计									
	基本预备费									
	静态投资									
Ⅱ	建设征地移民补偿投资									
	…									
	静态投资									
Ⅲ	环境保护工程投资									
	…									
	静态投资									
Ⅳ	水土保持工程投资									
	…									
	静态投资									
Ⅴ	工程投资总计(Ⅰ~Ⅳ合计)									
	静态总投资									
	价差预备费									
	建设期融资利息									
	总投资									

注:可视不同情况按项目划分列至一级项目或二级项目。

3 工程部分概算附表

附表7 建筑工程单价汇总表

(单位:元)

单价编号	名称	单位	单价	其中							
				人工费	材料费	机械使用费	其他直接费	间接费	利润	材料补差	税金

附表8 安装工程单价汇总表

(单位:元)

单价编号	名称	单位	单价	其中								
				人工费	材料费	机械使用费	其他直接费	间接费	利润	材料补差	未计价装置性材料费	税金

附表9 主要材料预算价格汇总表

(单位:元)

序号	名称及规格	单位	预算价格	其中			
				原价	运杂费	运输保险费	采购及保管费

附表10 次要材料预算价格汇总表

(单位:元)

序号	名称及规格	单位	原价	运杂费	合计

附表11 施工机械台数汇总表

(单位:元)

序号	名称及规格	台时费	其中				
			折旧费	修理及替换设备费	安拆费	人工费	动力燃料费

附表12 主要工程量汇总表

序号	项目	土石方明挖(m^3)	石方洞挖(m^3)	土石方填筑(m^3)	混凝土(m^3)	模板(m^2)	钢筋(t)	帷幕灌浆(m^3)	固结灌浆(m^3)

附表 13 主要材料量汇总表

序号	项目	水泥(t)	钢筋(t)	钢材(t)	木材(m^3)	炸药(t)	沥青(t)	粉煤灰(t)	汽油(t)	柴油(t)

附表 14 工时数量汇总表

序号	项目	工时数量	备注

附表 15 建设及施工场地征用数量汇总表

序号	项目	占地面积(亩)	备注

4 工程部分概算附件附表

附表 16 人工预算单价计算表

艰苦边远地区类别		定额人工等级	
序号	项目	计算式	单价(元)
1	人工工时预算单价		
2	人工工日预算单价		

附表 17 主要材料运输费用计算表

编号	1	2	3	材料名称			材料编号		
交货条件				运输方式	火车	汽车	船运	火车	
交货地点				货物等级				整车	零担
交货比例(%)				装载系数					

编号	运输费用项目	运输起讫地点		运输距离(km)	计算公式	合计(元)
1	铁路运杂费					
	公路运杂费					
	水路运杂费					
	场内运杂费					
	综合运杂费					

续附表 17

编号	运输费用项目	运输起讫地点	运输距离(km)	计算公式	合计(元)
2	铁路运杂费				
	公路运杂费				
	水路运杂费				
	场内运杂费				
	综合运杂费				
3	铁路运杂费				
	公路运杂费				
	水路运杂费				
	场内运杂费				
	综合运杂费				
每吨运杂费					

附表 18　主要材料预算价格计算表

编号	名称及规格	单位	原价依据	单位毛重(t)	每吨运费(元)	价格(元)				
						原价	运杂费	采购及保管费	运输保险费	预算价格

附表 19　混凝土材料单价计算表　　　　（单位：m^3）

编号	名称及规格	单位	预算量	调整系数	单价(元)	合价(元)

注：1.“名称及规格”栏要求标明混凝土强度等级及级配、水泥强度等级等。

2.“调整系数”为卵石换碎石、粗砂换中砂及其他调整配合比材料用量系数。

附表 20　建筑工程单价表

单价编号		项目名称	
定额编号		定额单位	
施工方法	（填写施工方法、土或岩石类别、运距等）		

编号	名称及规格	单位	数量	单价(元)	合计(元)

附表 21 安装工程单价表

单价编号			项目名称		
定额编号			定额单位		
型号及规格					
编号	名称及规格	单位	数量	单价(元)	合计(元)

附表 22 资金流量计算表 (单位:万元)

序号	项目	合计	建设工期(年)							
			一	二	三	四	五	六	七	…
Ⅰ	工程部分投资									
一	建筑工程									
(一)	×××工程									
1	分年度完成工作量									
2	预付款									
3	扣回预付款									
4	保留金									
5	偿还保留金									
(二)	×××工程									
	…									
二	安装工程									
	…									
三	设备购置费									
	…									
四	独立费用									
	…									
五	一至四项合计									
1	分年费用									
2	预付款									
3	回预付款									
4	保留金									
5	偿还保留金									
	基本预备费									
	静态投资									
Ⅱ	建设征地移民补偿投资									
	…									
	静态投资									

续附表 22

序号	项目	合计	建设工期(年)							
			一	二	三	四	五	六	七	…
Ⅲ	环境保护工程投资									
	…									
	静态投资									
Ⅳ	水土保持工程投资									
	…									
	静态投资									
Ⅴ	工程投资总计(Ⅰ~Ⅳ合计)									
	静态总投资									
	价差预备费									
	建设期融资利息									
	总投资									

5 投资对比分析报告附表

附表 23 总投资对比表

序号	工程或费用名称	可研阶段投资	初步设计阶段投资	增减额度	增减幅度(%)	备注
(1)	(2)	(3)	(4)	(4)-(3)	[(4)-(3)]/(3)	
Ⅰ	工程部分投资					
	第一部分 建筑工程					
	…					
	第二部分 机电设备及安装工程					
	…					
	第三部分 金属结构设备及安装工程					
	…					
	第四部分 施工临时工程					
	…					
	第五部分 独立费用					
	…					
	一至五部分合计					
	基本预备费					
	静态投资					
Ⅱ	建设征地移民补偿投资					
一	农村部分补偿费					
二	城(集)镇部分补偿费					
三	工业企业补偿费					
四	专业项目补偿费					
五	防护工程费					
六	库底清理费					

续附表 23

序号	工程或费用名称	可研阶段投资	初步设计阶段投资	增减额度	增减幅度（%）	备注
七	其他费用 一至七项小计 基本预备费 有关税费 静态投资					
Ⅲ	环境保护工程投资 静态投资					
Ⅳ	水土保护工程投资 静态投资					
Ⅴ	工程投资总计（Ⅰ～Ⅳ合计）					
	静态总投资					
	价差预备费					
	建设期融资利息					
	总投资					

附表 24 主要工程量对比表

序号	工程或费用名称	单位	可研阶段投资	初步设计阶段投资	增减数量	增减幅度（%）	备注
(1)	(2)	(3)	(4)	(5)	(5)-(4)	[(5)-(4)]/(4)	
1	挡水工程						
	石方开挖						
	混凝土						
	钢筋						
	…						

注：可根据工程情况进行调整，应列示主要工程项目的主要工程量。

附表 25 主要材料和设备价格对比表

序号	工程或费用名称	单位	可研阶段投资	初步设计阶段投资	增减数量	增减幅度（%）	备注
(1)	(2)	(3)	(4)	(5)	(5)-(4)	[(5)-(4)]/(4)	
1	主要材料价格						
	水泥						
	油料						
	钢筋						
	…						
2	主要设备价格						
	水轮机						
	…						

附录3　艰苦偏远地区类别划分

一、新疆维吾尔自治区(99个)

一类区(1个)

乌鲁木齐市:东山区。

二类区(11个)

乌鲁木齐市:天山区、沙依巴克区、新市区、水磨沟区、头屯河区、达坂城区、乌鲁木齐县、石河子市。

昌吉回族自治州:昌吉市、阜康市、米泉市。

三类区(29个)

五家渠市。

阿拉尔市。

阿克苏地区:阿克苏市、温宿县、库车县、沙雅县。

吐鲁番地区:吐鲁番市、鄯善县。

哈密地区:哈密市。

博尔塔拉蒙古自治州:博乐市、精河县。

克拉玛依市:克拉玛依区、独山子区、白碱滩区、乌尔禾区。

昌吉回族自治州:呼图壁县、玛纳斯县、奇台县、吉木萨尔县。

巴音郭楞蒙古自治州:库尔勒市、轮台县、博湖县、焉耆回族自治县。

伊犁哈萨克自治州:奎屯市、伊宁市、伊宁县。

塔城地区:乌苏市、沙湾县、塔城市。

四类区(37个)

图木舒克市。

喀什地区:喀什市、疏附县、疏勒县、英吉沙县、泽普县、麦盖提县、岳普湖县、伽师县、巴楚县。

阿克苏地区:新和县、拜城县、阿瓦提县、乌什县、柯坪县。

吐鲁番地区:托克逊县。

克孜勒苏柯尔克孜自治州:阿图什市。

博尔塔拉蒙古自治州:温泉县。

昌吉回族自治州:木垒哈萨克自治县。

巴音郭楞蒙古自治州:尉犁县、和硕县、和静县。

伊犁哈萨克自治州:霍城县、巩留县、新源县、察布查尔锡伯自治县、特克斯县、尼勒克县。

塔城地区:额敏县、托里县、裕民县、和布克赛尔蒙古自治县。

阿勒泰地区:阿勒泰市、布尔津县、富蕴县、福海县、哈巴河县。

五类区(16 个)

喀什地区:莎车县。

和田地区:和田市、和田县、墨玉县、洛浦县、皮山县、策勒县、于田县、民丰县。

哈密地区:伊吾县、巴里坤哈萨克自治县。

巴音郭楞蒙古自治州:若羌县、且末县。

伊犁哈萨克自治州:昭苏县。

阿勒泰地区:青河县、吉木乃县。

六类区(5 个)

克孜勒苏柯尔克孜自治州:阿克陶县、阿合奇县、乌恰县。

喀什地区:塔什库尔干塔吉克自治县、叶城县。

二、宁夏回族自治区(19 个)

一类区(11 个)

银川市:兴庆区、灵武市、永宁县、贺兰县。

石嘴山市:大武口区、惠农区、平罗县。

吴忠市:利通区、青铜峡市。

中卫市:沙坡头区、中宁县。

三类区(8 个)

吴忠市:盐池县、同心县。

固原市:原州区、西吉县、隆德县、泾源县、彭阳县。

中卫市:海原县。

三、青海省(43 个)

二类区(6 个)

西宁市:城中区、城东区、城西区、城北区。

海东地区:乐都县、民和回族土族自治县。

三类区(8 个)

西宁市:大通回族土族自治县、湟源县、湟中县。

海东地区:平安县、互助土族自治县、循化撒拉族自治县。

海南藏族自治州:贵德县。

黄南藏族自治州:尖扎县。

四类区(12 个)

海东地区:化隆回族自治县。

海北藏族自治州:海晏县、祁连县、门源回族自治县。

海南藏族自治州:共和县、同德县、贵南县。

黄南藏族自治州:同仁县。

海西蒙古族藏族自治州:德令哈市、格尔木市、乌兰县、都兰县。

五类区(10 个)

海北藏族自治州:刚察县。

海南藏族自治州:兴海县。
黄南藏族自治州:泽库县、河南蒙古族自治县。
果洛藏族自治州:玛沁县、班玛县、久治县。
玉树藏族自治州:玉树县、囊谦县。
海西蒙古族藏族自治州:天峻县。

六类区(7个)

果洛藏族自治州:甘德县、达日县、玛多县。
玉树藏族自治州:杂多县、称多县、治多县、曲麻莱县。

四、甘肃省(83个)

一类区(14个)

兰州市:红古区。
白银市:白银区。
天水市:秦州区、麦积区。
庆阳市:西峰区、庆城县、合水县、正宁县、宁县。
平凉市:崆峒区、泾川县、灵台县、崇信县、华亭县。

二类区(40个)

兰州市:永登县、皋兰县、榆中县。
嘉峪关市。
金昌市:金川区、永昌县。
白银市:平川区、靖远县、会宁县、景泰县。
天水市:清水县、秦安县、甘谷县、武山县。
武威市:凉州区
酒泉市:肃州区、玉门市、敦煌市。
张掖市:甘州区、临泽县、高台县、山丹县。
定西市:安定区、通渭县、临洮县、漳县、岷县、渭源县、陇西县。
陇南市:武都区、成县、宕昌县、康县、文县、西和县、礼县、两当县、徽县。
临夏回族自治州:临夏市、永靖县。

三类区(18个)

天水市:张家川回族自治县。
武威市:民勤县、古浪县。
酒泉市:金塔县、安西县。
张掖市:民乐县。
庆阳市:环县、华池县、镇原县。
平凉市:庄浪县、静宁县。
临夏回族自治州:临夏县、康乐县、广河县、和政县。
甘南藏族自治州:临潭县、舟曲县、迭部县。

四类区(9个)

武威市:天祝藏族自治县。

酒泉市:肃北蒙古族自治县、阿克塞哈萨克族自治县。
张掖市:肃南裕固族自治县。
临夏回族自治州:东乡族自治县、积石山保安族东乡族撒拉族自治县。
甘南藏族自治州:合作市、卓尼县、夏河县。

五类区(2个)

甘南藏族自治州:玛曲县、碌曲县。

五、陕西省(48个)

一类区(45个)

延安市:延长县、延川县、予长县、安塞县、志丹县、吴起县、甘泉县、富县、宜川县。
铜川市:宜君县。
渭南市:白水县。
咸阳市:永寿县、彬县、长武县、旬邑县、淳化县。
宝鸡市:陇县、太白县。
汉中市:宁强县、略阳县、镇巴县、留坝县、佛坪县。
榆林市:榆阳区、神木县、府谷县、横山县、靖边县、绥德县、吴堡县、清涧县、子洲县。
安康市:汉阴县、石泉县、宁陕县、紫阳县、岚皋县、平利县、镇坪县、白河县。
商洛市:商州区、商南县、山阳县、镇安县、柞水县。

二类区(3个)

榆林市:定边县、米脂县、佳县。

六、云南省(120个)

一类区(36个)

昆明市:东川区、晋宁县、富民县、宜良县、嵩明县、石林彝族自治县。
曲靖市:麒麟区、宣威市、沾益县、陆良县。
玉溪市:江川县、澄江县、通海县、华宁县、易门县。
保山市:隆阳县、昌宁县。
昭通市:水富县。
思茅市:翠云区、澜尔哈尼族彝族自治县、景谷彝族傣族自治县。
临沧市:临翔区、云县。
大理白族自治州:永平县。
楚雄彝族自治州:楚雄市、南华县、姚安县、永仁县、元谋县、武定县、禄丰县。
红河哈尼族彝族自治州:蒙自县、开远市、建水县、弥勒县。
文山壮族苗族自治州:文山县。

二类区(59个)

昆明市:禄劝彝族苗族自治县、寻甸回族自治县。
曲靖市:马龙县、罗平县、师宗县、会泽县。
玉溪市:峨山彝族自治县、新平彝族傣族自治县、元江哈尼族彝族傣族自治县。
保山市:施甸县、腾冲县、龙陵县。

昭通市:昭阳区、绥江县、威信县。

丽江市:古城区、永胜县、华坪县。

思茅市:墨江哈尼族自治县、景东彝族自治县、镇沅彝族哈尼族拉祜族自治县、江城哈尼族彝族自治县、澜沧拉祜族自治县。

临沧市:凤庆县、永德县。

德宏傣族景颇族自治州:潞西市、瑞丽市、梁河县、盈江县、陇川县。

大理白族自治州:祥云县、宾川县、弥渡县、云龙县、洱源县、剑川县、鹤庆县、漾濞彝族自治县、南涧彝族自治县、巍山彝族回族自治县。

楚雄彝族自治州:双柏县、牟定县、大姚县。

红河哈尼族彝族自治州:绿春县、石屏县、泸西县、金平苗族瑶族傣族自治县、河口瑶族自治县、屏边苗族自治县。

文山壮族苗族自治州:砚山县、西畴县、麻栗坡县、马关县、丘北县、广南县、富宁县。

西双版纳傣族自治州:景洪市、勐海县、勐腊县。

三类区(20个)

曲靖市:富源县。

昭通市:鲁甸县、盐津县、大关县、永善县、镇雄县、彝良县。

丽江市:玉龙纳西族自治县、宁蒗彝族自治县。

思茅市:孟连傣族拉祜族佤族自治县、西盟佤族自治县。

临沧市:镇康县、双江拉祜族佤族布朗族傣族自治县、耿马傣族佤族自治县、沧源佤族自治县。

怒江傈僳族自治州:泸水县、福贡县、兰坪白族普米族自治县。

红河哈尼族彝族自治州:元阳县、红河县。

四类区(3个)

昭通市:巧家县

怒江傈僳族自治州:贡山独龙族怒族自治县。

迪庆藏族自治州:维西傈僳族自治县。

五类区(1个)

迪庆藏族自治州:香格里拉县。

六类区(1个)

迪庆藏族自治州:德钦县。

七、贵州省(77个)

一类区(34个)

贵阳市:清镇市、开阳县、修文县、息烽县。

六盘水市:六枝特区。

遵义市:赤水市、遵义县、绥阳县、凤冈县、湄潭县、余庆县、习水县。

安顺市:西秀区、平坝县、普定县。

毕节地区:金沙县。

铜仁地区:江口县、石阡县、思南县、松桃苗族自治县。

黔东南苗族侗族自治州：凯里市、黄平县、施秉县、三穗县、镇远县、岑巩县、锦屏县、麻江县。

黔南布依族苗族自治州：都匀市、贵定县、瓮安县、独山县、龙里县。

黔西南布依族苗族自治州：兴义市。

二类区(36个)

六盘水市：钟山区、盘县。

遵义市：仁怀市、桐梓县、正安县、道真仡佬族苗族自治县、务川仡佬族苗族自治县。

安顺市：关岭布依族苗族自治县、镇宁布依族苗族自治县、紫云苗族布依族自治县。

毕节地区：毕节市、大方县、黔西县。

铜仁地区：德江县、印江土家族苗族自治县、沿河土家族自治县、万山特区。

黔东南苗族侗族自治州：天柱县、剑河县、台江县、黎平县、榕江县、从江县、雷山县、丹寨县。

黔南布依族苗族自治州：荔波县、平塘县、罗甸县、长顺县、惠水县、三都水族自治县。

黔西南布依族苗族自治州：兴仁县、贞丰县、望谟县、册亨县、安龙县。

三类区(7个)

六盘水市：水城县。

毕节地区：织金县、纳雍县、赫章县、威宁彝族回族苗族自治县。

黔西南布依族苗族自治州：普安县、晴隆县。

八、四川省(77个)

一类区(24个)

广元市：朝天区、旺苍县、青川县。

泸州市：叙永县、古蔺县。

宜宾市：筠连县、珙县、兴文县、屏山县。

攀枝花市：东区、西区、仁和区、米易县。

巴中市：通江县、南江县。

达州市：万源市、宣汉县。

雅安市：荥经县、石棉县、天全县。

凉山彝族自治州：西昌市、德昌县、会理县、会东县。

二类区(13个)

绵阳市：北川羌族自治县、平武县。

雅安市：汉源县、芦山县、宝兴县。

阿坝藏族羌族自治州：汶川县、理县、茂县。

凉山彝族自治州：宁南县、普格县、喜德县、冕宁县、越西县。

三类区(9个)

乐山市：金口河区、峨边彝族自治县、马边彝族自治县。

攀枝花市：盐边县。

阿坝藏族羌族自治州：九寨沟县。

甘孜藏族自治州:泸定县。

凉山彝族自治州:盐源县、甘洛县、雷波县。

四类区(20个)

阿坝藏族羌族自治州:马尔康县、松潘县、金川县、小金县、黑水县。

甘孜藏族自治州:康定县、丹巴县、九龙县、道孚县、炉霍县、新龙县、德格县、白玉县、巴塘县、乡城县。

凉山彝族自治州:布拖县、金阳县、昭觉县、美姑县、木里藏族自治县。

五类区(8个)

阿坝藏族羌族自治州:壤塘县、阿坝县、若尔盖县、红原县。

甘孜藏族自治州:雅江县、甘孜县、稻城县、得荣县。

六类区(3个)

甘孜藏族自治州:石渠县、色达县、理塘。

九、重庆市(11个)

一类区(4个)

黔江区、武隆县、巫山县、云阳县。

二类区(7个)

城口县、巫溪县、奉节县、石柱土家族自治县、彭水苗族土家族自治县、酉阳土家族苗族自治县、秀山土家族苗族自治县。

十、海南省(7个)

一类区(7个)

五指山市、昌江黎族自治县、白沙黎族自治县、琼中黎族苗族自治县、陵水黎族自治县、保亭黎族苗族自治县、乐东黎族自治县。

十一、广西壮族自治区(58个)

一类区(36个)

南宁市:横县、上林县、隆安县、马山县。

桂林市:全州县、灌阳县、资源县、平乐县、恭城瑶族自治县。

柳州市:柳城县、鹿寨县、融安县。

梧州市:蒙山县。

防城港市:上思县。

崇左市:江州区、扶绥县、天等县。

百色市:右江区、田阳县、田东县、平果县、德保县、田林县。

河池市:金城江区、宜州市、南丹县、天峨县、罗城仫佬族自治县、环江毛南族自治县。

来宾市:兴宾区、象州县、武宣县、忻城县。

贺州市:昭平县、钟山县、富川瑶族自治县。

二类区(22个)

桂林市:龙胜各族自治县。

柳州市:三江侗族自治县、融水苗族自治县。

防城港市:港口区、防城区、东兴市。

崇左市:凭祥市、大新县、宁明县、龙州县。

百色市:靖西县、那坡县、凌云县、乐业县、西林县、隆林各族自治县。

河池市:凤山县、东兰县、巴马瑶族自治县、都安瑶族自治县、大化瑶族自治县。

来宾市:金秀瑶族自治县。

十二、湖南省(14个)

一类区(6个)

张家界市:桑植县。

永州市:江华瑶族自治县。

邵阳市:城步苗族自治县。

怀化市:麻阳苗族自治县、新晃侗族自治县、通道侗族自治县。

二类区(8个)

湘西土家族苗族自治州:吉首市、泸溪县、凤凰县、花垣县、保靖县、古丈县、永顺县、龙山县。

十三、湖北省(18个)

一类区(10个)

十堰市:郧县、竹山县、房县、郧西县、竹溪县。

宜昌市:兴山县、秭归县、长阳土家族自治县、五峰土家族自治县。

神农架林区。

二类区(8个)

恩施土家族苗族自治州:恩施市、利川市、建始县、巴东县、宣恩县、咸丰县、来凤县、鹤峰县。

十四、黑龙江省(104个)

一类区(32个)

哈尔滨市:尚志市、五常市、依兰县、方正县、宾县、巴彦县、木兰县、通河县、延寿县。

齐齐哈尔市:龙江县、依安县、富裕县。

大庆市:肇州县、肇源县、林甸县。

伊春市:铁力市。

佳木斯市:富锦市、桦南县、桦川县、汤原县。

双鸭山市:友谊县。

七台河市:勃利县。

牡丹江市:海林市、宁安市、林口县。

绥化市:北林区、安达市、海伦市、望奎县、青冈县、庆安县、绥棱县。

二类区(67个)

齐齐哈尔市:建华区、龙沙区、铁锋区、昂昂溪区、富拉尔基区、碾子山区、梅里斯达斡尔族区、讷河市、甘南县、克山县、克东县、拜泉县。

黑河市:爱辉区、北安市、五大连池市、嫩江县。

大庆市:杜尔伯特蒙古族自治县。

伊春市:伊春区、南岔区、友好区、西林区、翠峦区、新青区、美溪区、金山屯区、五营区、乌马河区、汤旺河区、带岭区、乌伊岭区、红星区、上甘岭区、嘉荫县。

鹤岗市:兴山区、向阳区、工农区、南山区、兴安区、东山区、萝北县、绥滨县。

佳木斯市:同江市、抚远县。

双鸭山市:尖山区、岭东区、四方台区、宝山区、集贤县、宝清县、饶河县。

七台河市:桃山区、新兴区、茄子河区。

鸡西市:鸡冠区、恒山区、滴道区、梨树区、城子河区、麻山区、虎林市、密山市、鸡东县。

牡丹江市:穆棱市、绥芬河市、东宁县。

绥化市:兰西县、明水县。

三类区(5个)

黑河市:逊克县、孙吴县。

大兴安岭地区:呼玛县、塔河县、漠河县。

十五、吉林省(25个)

一类区(14个)

长春市:榆树市。

白城市:大安市、镇赉县、通榆县。

松原市:长岭县、乾安县。

吉林市:舒兰市。

四平市:伊通满族自治县。

辽源市:东辽县。

通化市:集安市、柳河县。

白山市:八道江区、临江市、江源县。

二类区(11个)

白山市:抚松县、靖宇县、长白朝鲜族自治县。

延边朝鲜族自治州:延吉市、图们市、敦化市、珲春市、龙井市、和龙市、汪清县、安图县。

十六、辽宁省(14个)

一类区(14个)

沈阳市:康平县。

朝阳市:北票市、凌源市、朝阳县、建平县、喀喇沁左翼蒙古族自治县。

阜新市:彰武县、阜新蒙古族自治县。
铁岭市:西丰县、昌图县。
抚顺市:新宾满族自治县
丹东市:宽甸满族自治县。
锦州市:义县。
葫芦岛市:建昌县。

十七、内蒙古自治区(95个)

一类区(23个)
呼和浩特市:赛罕区、托克托县、土默特左旗。
包头市:石拐区、九原区、土默特右旗。
赤峰市:红山区、元宝山区、松山区、宁城县、巴林右旗、敖汉旗。
通辽市:科尔沁区、开鲁县、科尔沁左翼后旗。
鄂尔多斯市:东胜区、达拉特旗。
乌兰察布市:集宁区、丰镇市。
巴彦淖尔市:临河区、五原县、磴口县。
兴安盟:乌兰浩特市。
二类区(39个)
呼和浩特市:武川县、和林格尔县、清水河县。
包头市:白云矿区、固阳县。
乌海市:海勃湾区、海南区、乌达区。
赤峰市:林西县、阿鲁科尔沁旗、巴林左旗、克什克腾旗、翁牛特旗、喀喇沁旗。
通辽市:库伦旗、奈曼旗、扎鲁特旗、科尔沁左翼中旗。
呼伦贝尔市:海拉尔区、满洲里市、扎兰屯市、阿荣旗。
鄂尔多斯市:准格尔旗、鄂托克旗、杭锦旗、乌审旗、伊金霍洛旗。
乌兰察布市:卓资县、兴和县、凉城县、察哈尔右翼前旗。
巴彦淖尔市:乌拉特前旗、杭锦后旗。
兴安盟:突泉县、科尔沁右翼前旗、科尔沁右翼中旗、扎赉特旗。
锡林郭勒盟:锡林浩特市、二连浩特市。
三类区(24个)
包头市:达尔罕茂明安联合旗。
通辽市:霍林郭勒市。
呼伦贝尔市:牙克石市、额尔古纳市、新巴尔虎右旗、新巴尔虎左旗、陈巴尔虎旗、鄂伦春自治旗、鄂温克族自治旗、莫力达瓦达斡尔族自治旗。
鄂尔多斯市:鄂托克前旗。
乌兰察布市:化德县、商都县、察哈尔右翼中旗、察哈尔右翼后旗。
巴彦淖尔市:乌拉特中旗。
兴安盟:阿尔山市。

锡林郭勒盟:多伦县、东乌珠穆沁旗、西乌珠穆沁旗、太仆寺旗、镶黄旗、正镶白旗、正蓝旗。

四类区(9个)

呼伦贝尔市:根河市。

乌兰察布市:四子王旗。

巴彦淖尔市:乌拉特后旗。

锡林郭勒盟:阿巴嘎旗、苏尼特左旗、苏尼特右旗。

阿拉善盟:阿拉善左旗、阿拉善右旗、额济纳旗。

十八、山西省(44个)

一类区(41个)

太原市:娄烦县。

大同市:阳高县、灵丘县、浑源县、大同县。

朔州市:平鲁区。

长治市:平顺县、壶关县、武乡县、沁县。

晋城市:陵川县。

忻州市:五台县、代县、繁峙县、宁武县、静乐县、神池县、五寨县、岢岚县、河曲县、保德县、偏关县。

晋中市:榆社县、左权县、和顺县。

临汾市:古县、安泽县、浮山县、吉县、大宁县、永和县、隰县、汾西县。

吕梁市:中阳县、兴县、临县、方山县、柳林县、岚县、交口县、石楼县。

二类区(3个)

大同市:天镇县、广灵县。

朔州市:右玉县。

十九、河北省(28个)

一类区(21个)

石家庄市:灵寿县、赞皇县、平山县。

张家口市:宣化县、蔚县、阳原县、怀安县、万全县、怀来县、涿鹿县、赤城县。

承德市:承德县、兴隆县、平泉县、滦平县、隆化县、宽城满族自治县。

秦皇岛市:青龙满族自治县。

保定市:涞源县、涞水县、阜平县。

二类区(4个)

张家口市:张北县、崇礼县。

承德市:丰宁满族自治县、围场满族蒙古族自治县。

三类区(3个)

张家口市:康保县、沽源县、尚义县。

参考答案

职业能力训练 1

一、单项选择题

1. B　2. B　3. B　4. C　5. A

二、多项选择题

1. AC　2. ACE　3. BE　4. BC　5. ABCDE

三、判断题

1. √　2. ×　3. ×　4. √　5. ×

四、名词解释

（略）

职业能力训练 2

一、单项选择题

1. B　2. D　3. C　4. B　5. B

二、多项选择题

1. AB　2. BCDE　3. ABCD　4. ACE　5. BCD

三、判断题

1. ×　2. √　3. √　4. √　5. √

四、综合题

（略）

职业能力训练 3

一、单项选择题

1. D　2. A　3. B　4. A　5. B

二、多项选择题

1. ABCD　2. ABC　3. ABCDE　4. ABCD　5. ABE

三、名词解释

（略）

四、论述题

（略）

五、计算题

（略）

职业能力训练4

一、单项选择题

1. A　2. D　3. B　4. C　5. C

二、多项选择题

1. ABCE　2. ABDE　3. BC　4. ABCE　5. ABC

三、判断题

1. √　2. ×　3. ×　4. √　5. √

四、案例分析

(略)

职业能力训练5

一、单项选择题

1. A　2. B　3. C　4. A　5. C　6. C　7. B

二、多项选择题

1. ABCDE　2. ABE　3. ABCE　4. ACD　5. ABC

三、判断题

1. ×　2. ×　3. √　4. √　5. ×

四、案例分析

(略)

职业能力训练6

一、单项选择题

1. D　2. B　3. B　4. B　5. B

二、多项选择题

1. BDE　2. BE　3. AD　4. ABDE　5. BCD

三、判断题

1. ×　2. √　3. ×　4. ×　5. √

四、案例分析

(略)

职业能力训练7

一、单项选择题

1. A　2. A　3. B

二、判断题

1. √　2. √　3. √

三、论述题

(略)

职业能力训练 8

一、单项选择题

1. A　2. A　3. D　4. B　5. D

二、多项选择题

1. ACE　2. ABCDE　3. ABCDE　4. AC　5. ABCE

三、判断题

1. ×　2. √　3. √　4. √　5. √

四、论述题

（略）

五、案例分析

（略）

职业能力训练 9

一、单项选择题

1. D　2. B　3. D　4. B　5. B

二、多项选择题

1. ACE　2. AC　3. ADE　4. ABCDE　5. ABCE

三、判断题

1. √　2. √　3. ×　4. ×　5. √

四、论述题

（略）

五、综合实训

（略）

参考文献

[1] 尹红莲,高玉清,陈文江. 水利水电工程造价与招投标[M]. 2版. 郑州:黄河水利出版社. 2015.
[2] 中国水利工程协会、北京海测工程咨询有限公司. 水利工程计价[M]. 北京:中国水利水电出版社,2019.
[3] 尹红莲,高玉清,杨胜敏. 水利水电工程造价与招投标[M]. 郑州:黄河水利出版社. 2011.
[4] 尹红莲,王典鹤. 水利工程造价与招投标[M]. 郑州:黄河水利出版社,2014.
[5] 中华人民共和国水利部. 水利工程设计概(估)算编制规定[M]. 北京:中国水利水电出版社,2015.
[6] 梁建林. 水利水电工程造价与招投标[M]. 郑州:黄河水利出版社,2004.
[7] 钟汉华. 水利水电工程造价[M]. 北京:高等教育出版社,2007.
[8] 徐学东,姬宝霖. 水利水电工程概预算[M]. 北京:中国水利水电出版社,2005.
[9] 方国华,朱成立. 新编水利水电工程概预算[M]. 郑州:黄河水利出版社,2008.
[10] 张玉明,李春生. 水利水电工程造价与清单报价[M]. 北京:中国水利水电出版社,2008.
[11] 周召梅,徐凤永,等. 工程造价与招投标[M]. 北京:中国水利水电出版社,2007.
[12] 黄森开,袁平,等. 水电工程造价编制实务[M]. 北京:中国水利水电出版社,2007.
[13] 陈全会,谭兴华,王修贵,等. 水利水电工程定额与造价[M]. 北京:中国水利水电出版社,2003.
[14] 水利部. 水利建筑工程概算定额[M]. 郑州:黄河水利出版社,2002.
[15] 水利部. 水利建筑工程预算定额[M]. 郑州:黄河水利出版社,2002.
[16] 水利部. 水利水电设备安装工程概算定额[M]. 郑州:黄河水利出版社,2002.
[17] 水利部. 水利水电设备安装工程预算定额[M]. 郑州:黄河水利出版社,2002.
[18] 水利部. 水利工程施工机械台时费定额[M]. 郑州:黄河水利出版社,2002.
[19] 中国水利学会水利工程造价管理专业委员会. 水利工程造价(上、下册)[M]. 北京:中国计划出版社,2002.
[20] 张立中. 水利水电工程造价管理[M]. 北京:中央广播电视大学出版社,2004.
[21] 杨培岭. 水利水电工程概预算[M]. 北京:中国农业出版社,2005.
[22] 钟汉华. 水利水电工程造价[M]. 北京:中国农业出版社,2005.
[23] 标准文件编制组. 中华人民共和国水利部标准施工招标资格预审文件[M]. 北京:中国计划出版社,2007.
[24] 标准文件编制组. 中华人民共和国标准施工招标文件[M]. 北京:中国计划出版社,2007.
[25] 中华人民共和国建设部,中华人民共和国国家质量监督检验检疫总局. GB 50501—2007 水利工程工程量清单计价规范[S]. 北京:中国计划出版社,2007.
[26] 中华人民共和国水利部. 水利水电工程标准施工招标文件(2009年版)[M]. 北京:中国水利水电出版社,2010.